职业设计师岗位技能培训系列教程

从设计到印刷

InDesign CS5

平面设计师必读

1 DVD 影音视频教学光盘

张凤娟 魏 薇 刘 颖 编著

ID

印刷工业出版社

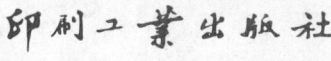

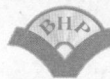

北京希望电子出版社
Beijing Hope Electronic Press
www.bhp.com.cn

内容提要

本书全面、详细地讲解了Adobe InDesign CS5的基础知识和各项功能，是介绍Adobe InDesign CS5软件应用和印刷知识的平面设计专业教材。

本书由11章组成，包括Adobe InDesign CS5工作环境、Adobe InDesign CS5基本操作、工具箱中工具以及工具选项栏的使用方法、文字的基础应用、段落的编辑、应用框架和图像对象、文字的高级应用、框架和图形对象绘制、色彩管理、页面设置、图层、表格和打印与输出知识等。

本书由业内资深人士和一线设计工作人员编写，讲解明确、清晰，语言生动详实，内容丰富，并且配有大量的图片，方便读者更有效率地掌握Adobe InDesign CS5的重点和难点。本书打破一贯到底的叙述方式，采用"理论知识+实战案例"的结构，使读者通过理论联系实际，能够更好、更快、更牢固地掌握Adobe InDesign CS5的软件知识。

本书可以作为全国高等院校艺术专业类计算机图形软件的课程教材，也适合各类职业培训班和自学人员使用。

本书配套光盘内容为书中案例视频教学、从设计到印刷的设计流程教学视频，同时还配有部分图片素材。

图书在版编目（CIP）数据

从设计到印刷InDesign CS5平面设计师必读/张凤娟，魏薇，刘颖编著.-北京：印刷工业出版社，2011.6

职业设计师岗位技能培训系列教程

ISBN 978-7-5142-0215-1

I. 从… II. ①张…②魏…③刘… III. ①电子排版－应用软件，InDesign CS5－技术培训－教材 IV. TP391.41

中国版本图书馆CIP数据核字(2011)第094511号

从设计到印刷InDesign CS5平面设计师必读

编　　著：	张凤娟　魏　薇　刘　颖
责任编辑：	郭　蕊　周凤明　　责任校对：黄如川
责任印制：	密　东　　　　　　责任设计：深度文化
出版发行：	印刷工业出版社（北京市翠微路2号　邮编：100036）
	北京希望电子出版社（北京市海淀区上地三街9号嘉华大厦C座610　邮编：100085）
网　　址：	www.bhp.com.cn
经　　销：	各地新华书店
印　　刷：	北京市密东印刷有限公司
开　　本：	787mm×1092mm　　1/16
字　　数：	368千字
印　　张：	15.75
印　　数：	1～4000
印　　次：	2011年6月第1版　　2011年6月第1次印刷
定　　价：	39.80元　（配1张DVD光盘）

ISBN：978-7-5142-0215-1

序

职业教育是我国教育事业的重要组成部分,是衡量一个国家现代化水平的重要标志,我国一直非常重视职业教育的发展。西方发达国家的职业教育一直处于一个较高的水平,有效地促进了国家的经济发展、社会进步,增加了就业。发展职业教育,提高劳动者的素质,培养实用型人才是职业教育的一个重要目标,尤其是在当前我国城镇化步伐加快,农村剩余劳动力大转移的前提下,职业教育的地位更为突出和重要。经过20多年探索,我国职业教育改革发展的思路日益清晰。《国务院关于大力发展职业教育的决定》明确提出,要"推进职业教育办学思想的转变。坚持'以服务为宗旨、以就业为导向'的职业教育办学方针,积极推动职业教育从计划培养向市场驱动转变,从政府直接管理向宏观引导转变,从传统的升学导向向就业导向转变。促进职业教育教学与生产实践、技术推广、社会服务紧密结合,推动职业院校更好地面向社会、面向市场办学"。各级政府和社会各界对这种职业教育的办学思路已逐步形成共识,并引导着我国职业教育不断深化改革,在服务中求支持,在改革中求发展。

在此背景下,新闻出版总署教育培训中心与相关专业培训公司、软件厂商、相关院校合作推出了"职业数码出版设计师"培训计划,旨在培养出符合企业需求的平面设计师。该培训计划将实际工作场景融入培训课程,以实际工作案例作为课程内容,将大大激发学生的学习热情。随着排版设计的新技术和平板电脑、手机等硬件设备的广泛应用,人们渐渐更乐意使用这些硬件来阅读电纸书,以获取信息。电纸书的排版设计师也成为市场稀缺的高薪人才。"职业数码出版设计师"培训计划更是根据此市场需求,推出了"电、纸媒体排版"学习课程,让学员不光掌握传统的设计印刷知识,对前沿技术也能充分了解。

"职业数码出版设计师"培训地点位于北京大兴区的北京印刷学院高职院内,从这里已经走出了一批批高素质平面设计师。他们深深地感到"职业数码出版设计师"培训为其工作打下了良好的基础,并且起到了连接学校和企业的桥梁作用。本系列图书是根据"职业数码出版设计师"培训计划编写的教材,作者将多年的工作经验和技巧融入教材实例中,也希望该书能对有兴趣从事平面设计工作的读者有所帮助。

本套教材是配合该项目的实施,专门开发的教材。教材采用了大量实际案例,并将软件知识点与专业知识进行综合分析与讲解,力求帮助读者通过强化专业技能培训与实务训练,迅速掌握软件在平面设计中的关键应用方法、平面设计工作的工艺流程、各种常见印刷类设计稿的设计规范,清楚了解在平面设计工作中常遇到的技术难题与易犯错误,熟练掌握正确的工作方法,以达到具有两年以上工作经验的设计师的工作水平。

本书附赠的光盘中包括案例教学视频，拍摄了本套书封面从设计、制作、出片、打样、印刷以及装订的完整流程，带领读者实地跟踪、参观演练从设计到印刷的完整工艺流程，以对其有一个完整的感性认识，从而更加清晰地掌握手中涉及到的专业知识。

编著者

前言

本套教材以职业活动为导向，以"理论实践一体化"为原则，有较强的针对性和适应性，能帮助阅读者更准确、更快捷地理解和掌握平面设计与印刷的有关专业知识。本书充分体现了理论与实践的可操控性，既可以作为具有应用和实践特色的主题教材，也可以作为自学的实践教材，帮助学习者切实地把握本课程的知识内涵，提高其理论知识与实践能力。

设计软件是设计师完成视觉传达的得力助手，平面类设计软件中最深入人心的当数Photoshop、Illustrator、InDesign、CorelDRAW，它们分工协作，相辅相成。通过对本教材的学习，可以传授给读者视觉思维的表达能力和软件设计能力。

在版面设计工作中就是把文字和处理好的图形图像进行合理的安排达到突出主题的目的。随着社会的进步，人们对印刷品的质量要求越来越高，昔日的标准已经不再适合现代市场的需求了，排版软件区别于其他两类软件就是能对文字更加高效精确地编辑，对版面的控制也最方便。InDesign博采众家之长，从多种桌面排版软件技术中吸取精华，为杂志、书籍、平面广告等灵活多变、复杂的设计工作提供了一系列完善的排版功能。

本书介绍的InDesign是Adobe公司推出的一款优秀的图文软件，在实际的设计工作中运用广泛，如印刷领域中的版式设计、图文混排、书籍、报刊、杂志等。

本书内容与特点

本书介绍了InDesign CS5软件的使用方法，同时讲解了InDesign CS5的新功能，并通结合设计公司的案例，全面讲解了软件界面设置、色彩管理应用、工具箱中工具以及工具选项栏的使用方法、文字的基础应用、段落的编辑、文字的高级应用、框架和图形对象绘制、应用框架和图像对象、色彩管理、页面设置、图层、表格、电子出版知识和打印与输出知识等内容，以及职业设计工作中涉及到的最多的实际案例，包括封面设计、招贴广告等。

本书的最大特点就是在保证基础知识讲解完整的基础上，进而融入了工作中应该掌握的印刷知识，并且以实际案例让读者身临其境地感受平面设计。

在图书的最后，还通过实际案例介绍、陷阱分析来帮助读者迅速掌握软件在平面设计中的关键应用方法、平面设计工作的工艺流程、各种常见印刷类设计稿的设计规范、清楚了解在平面设计工作中常遇到的技术难题与易犯错误，熟练掌握正确的操作方法，以达到具有两年以上工作经验的设计师的操作水平。

本书配套光盘内容为书中案例视频教学、从设计到印刷的设计流程教学视频，同时还配有部分图片素材、矢量成品案例供读者学习使用。

本书由张凤娟、魏薇、刘颖编写，同时参与编写和资料整理的还有霍奇超、王夕勇、王静、蔡欣平、陈涛杰、韦娜娜、姚秀菊、李娜、李畅、韩妥、张冠玉、于亚杰，在此一并表示感谢。

因为编者水平有限，敬请读者批评指正。

编著者

CONTENTS 目录

第1章 畅游InDesign CS5

1.1 InDesign在设计流程中的作用 2
1.2 认识界面及操作流程 2
    1.2.1 界面设置 2
    1.2.2 InDesign CS5操作流程 6
1.3 创建一个典型的文件 7
1.4 小结 10
1.5 习题 10

第2章 开始前的准备工作

2.1 文件的管理 12
    2.1.1 界面设置 12
    2.1.2 素材与制作文件的管理 15
2.2 创建合格的文件 16
    2.2.1 新建文档之前 16
    2.2.2 新建文档 16
    2.2.3 文档创建实例 20
2.3 文件的基本操作 27
    2.3.1 打开文件 27
    2.3.2 保存文件 27
    2.3.3 恢复文件 28
2.4 小结 29
2.5 习题 29

第3章 文字的处理

3.1 文件的管理 32
    3.1.1 文本框的运用 32
    3.1.2 添加文字的方法 35
3.2 文字的编辑 39
    3.2.1 字体字号的设置 39
    3.2.2 段落排版的设置 51
    3.2.3 文字的查找与修改 71
3.3 小结 74
3.4 习题 74

第4章 样式的运用

4.1 创建样式 76
4.2 载入其他文档中的样式 78
4.3 样式选项 79
4.4 小结 82
4.5 习题 82

第5章 图片的运用

5.1 图片的置入和管理 84
 5.1.1 制作图形框 84
 5.1.2 图片的置入 88
 5.1.3 图片的整理与存放 101
 5.1.4 管理图片链接 102
5.2 图片的编辑 107
 5.2.1 移动图片 107
 5.2.2 缩放图片的尺度 110
 5.2.3 翻转和旋转图片 112
5.3 图片效果处理 116
 5.3.1 角效果 116
 5.3.2 投影 117
 5.3.3 羽化 118
 5.3.4 剪切路径 119
5.4 小结 122
5.5 习题 122

第6章 图形的运用

6.1 从Illustrator CS5中导入图形 124
 6.1.1 置入图形 124
 6.1.2 粘贴、拖曳图形 125
6.2 在InDesign CS5中绘制图形 127
 6.2.1 绘图基本知识 127
 6.2.2 制作图形框 136
6.3 小结 138
6.4 习题 138

CONTENTS 目录

第 7 章 表格的处理

7.1 其他软件表格的处理 140
    7.1.1 导入Word表格 140
    7.1.2 Word表格的编辑 141
    7.1.3 导入Excel表格 143
    7.1.4 Excel表格的编辑 144
7.2 InDesign CS5表格的制作 146
    7.2.1 直接插入表格 146
    7.2.2 InDseign CS5表格的编辑 148
7.3 制表符的运用 157
7.4 小结 158
7.5 习题 158

第 8 章 出版物的制作

8.1 版式设计 160
    8.1.1 创建文档 160
    8.1.2 更改文档设置 161
    8.1.3 更改边距和分栏设置 162
8.2 主页的制作 163
    8.2.1 参考线的运用 163
    8.2.2 新建主页 165
    8.2.3 向主页添加页码 167
    8.2.4 应用主页 169
    8.2.5 删除主页 170
8.3 整体样式的设定 171
    8.3.1 标题样式的设定 171
    8.3.2 正文样式的设定 173
    8.3.3 图片样式的设定 174
8.4 文字与图片的置入 175
    8.4.1 置入文字和图片 176
    8.4.2 应用样式 179
    8.4.3 排版文字与图 180
8.5 图层的运用 183
    8.5.1 创建图层 183
    8.5.2 编辑图层 183
    8.5.3 删除图层 184
8.6 页面的处理 185
    8.6.1 添加新页面 185
    8.6.2 页面与跨页 185
    8.6.3 处理页面 186
8.7 目录的制作 188
    8.7.1 创建目录样式 188
    8.7.2 更新目录 191
8.8 综合检查 191
    8.8.1 检查字体 191
    8.8.2 综合检查 192
    8.8.3 输出前的打包 193
8.9 输出PDF 194
    8.9.1 导出PDF 194
    8.9.2 用于客户查看的PDF文件的设置 ... 197
    8.9.3 用于印刷的PDF文件的设置 197
8.10 小结 198
8.11 习题 199

第9章 实战案例

- 9.1 实战案例 202
  - 9.1.1 创建多重页面文档 202
  - 9.1.2 添加页面元素 204
- 9.1.3 添加文字 207
- 9.1.4 设置UV专色板 208
- 9.2 小结 210

第10章 逃出陷阱

- 10.1 底色的陷阱 212
- 10.2 文字对齐文本框的陷阱 215
- 10.3 置入带Word颜色的陷阱 217
- 10.4 小结 220

第11章 迅速提高工作效率

- 11.1 正确的工作习惯与流程 222
  - 11.1.1 正确的工作习惯 222
  - 11.1.2 设计制作流程 222
- 11.2 快捷键 226
  - 11.2.1 常用快捷键分类 226
  - 11.2.2 操作快捷键的方法 229
  - 11.2.3 定义快捷键 230
- 11.3 数据合并 232
  - 11.3.1 创建数据源文件 232
- 11.3.2 创建目标文档 234
- 11.3.3 数据合并 234
- 11.4 从多种操作中选择最为快捷的方法 ... 236
  - 11.4.1 快速使用样式法 237
  - 11.4.2 快速粘贴文本内容 238
- 11.5 有效工作的界面设置 239
  - 11.5.1 色板调板设置 239
  - 11.5.2 复合字体设置 241
- 11.6 小结 242

第1章
畅游InDesign CS5

InDesign CS5是功能极为强大的专业排版设计和制作工具，用它可以精确控制参考线、图形图像和文字等元素的位置，并与Adobe公司的专业图形图像处理程序（Photoshop与Illustrator）无缝集成，让设计师的创意表现得淋漓尽致。了解InDesign CS5在设计中的重要作用以及使用InDesign CS5进行设计创作的正确流程，让设计师从宏观上了解InDesign CS5能够做什么和怎么做。熟悉InDesign CS5的工作环境以及如何创建一个符合自己工作习惯的界面，可以使设计工作更加轻松愉快。

设计要点

- 浮动调板的设置
- 快捷键的设置
- 运用主页统一版式

印刷要点

- 制作文件与图片的存放位置
- 运用预检检查文件

1.1 InDesign在设计流程中的作用

用InDesign CS5能处理如杂志和报纸等版面复杂的设计,以及制作后期文件的输出。对于来自图像处理、图形设计软件的原生文件可以直接使用。InDesign CS5、Photoshop CS5、Illustrator CS5这3个软件分别处于设计流程的不同环节,它们之间能无缝衔接、高效地完成工作。另外,设计师对这3个软件不会感到陌生,因为它们之间都具有相似的界面,如图1-1所示。

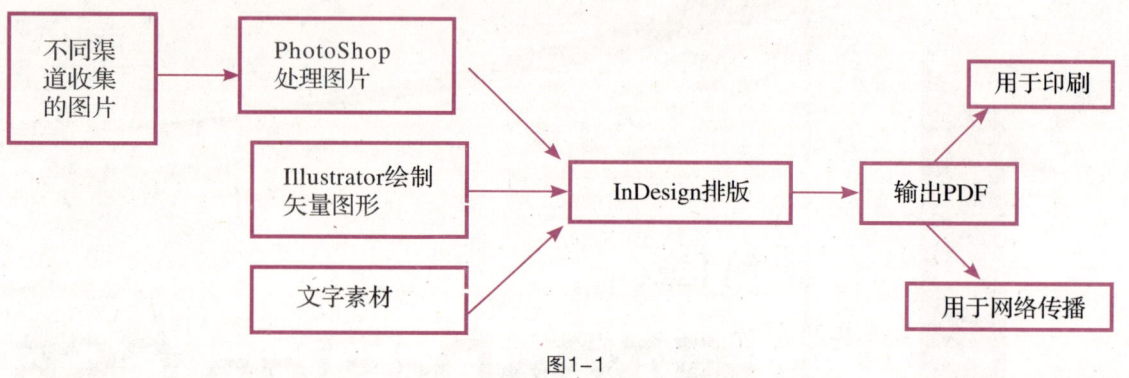

图1-1

1.2 认识界面及操作流程

InDesign CS5的自定义化界面,可以让设计师随心所欲地对其调整以符合自己的工作习惯。与Photoshop CS5、Illustrator CS5的界面相似,使设计师更快地掌握界面操作。

在1.1节讲了InDesign CS5在设计工作中的位置,使设计师在总体上认识到InDesign CS5的作用。下面将概述InDesign CS5的操作流程,规范的操作对于设计师进行繁琐的排版工作是极为重要的,同时也可为后期的校对及文件输出减少不必要的麻烦。

1.2.1 界面设置

学习InDesign CS5,首先要学习它的工作环境,了解如何调整界面,可以更方便地调用工具。

InDesign CS5的操作界面如图1-2所示。

1. 浮动调板的运用

设计师可以根据自己的习惯调整调板,将多个调板组合成浮动调板,如图1-3(a)所示,还可使两个或多个调板首尾相连,如图1-3(b)所示。浮动调板分为3种视图:普通视图、简化视图、折叠视图,反复双击选项卡可完成3种视图之间的切换操作,如图1-3(c)所示。

畅游InDesign CS5 第1章

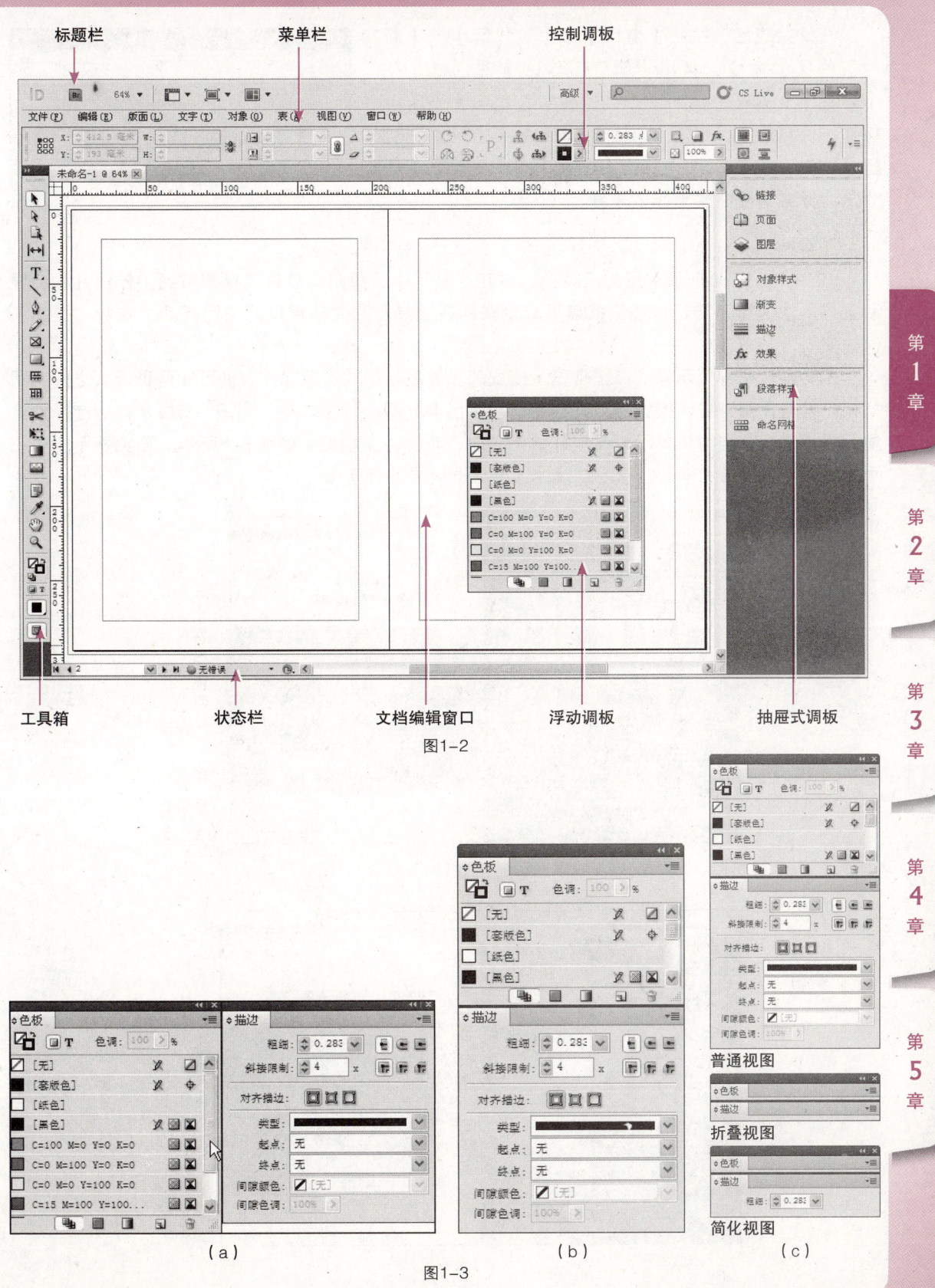

图1-2

（a） （b） （c）

图1-3

设置完成后，执行【窗口】→【工作区】→【新建工作区】命令，弹出【新建工作区】对话框，在【名称】文本框中输入工作区的名字，单击【确定】按钮，完成存储工作区的操作，如图1-4所示。下次打开InDesign CS5时，执行【窗口】→【工作区】命令，选择上次存储的工作区即可。

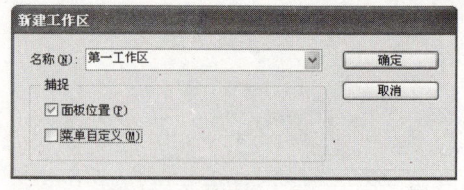

图1-4

2. 掌握工具箱的操作方法

InDesign CS5把最常用的工具都放置在工具箱中，将鼠标放在工具箱按钮上停留几秒会显示工具的快捷键，熟记这些快捷键可减少鼠标在工具箱和文档窗口间来回移动的次数，提高工作效率。

工具箱有两种显示模式：正常显示模式和预览显示模式，反复按W键可在两种模式之间来回切换。当选择正常显示模式时，文档窗口显示出血、版心、文本框，如图1-5所示；当选择预览显示模式时，文档窗口显示成品尺寸，无出血、版心、文本框，如图1-6所示。预览显示模式还可分为两种：出血和辅助信息区，设计师可根据需要进行选择。

图1-5

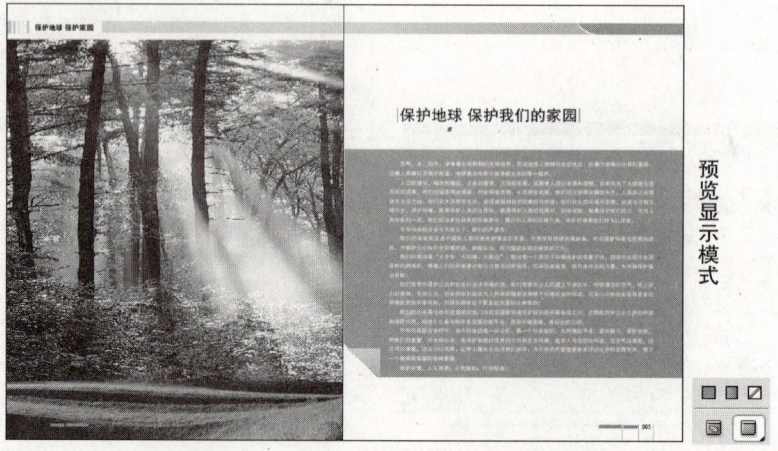

图1-6

3. 使用快捷键选择菜单命令

在设计工作中，经常会使用到菜单命令，而使用菜单命令的快捷键能提高工作效率。菜单命令快捷键的使用方法可分为3类：直接使用快捷键执行菜单命令；通过菜单快捷键打开对话框，然后使用菜单命令；在菜单命令中没有设置快捷键，需要设计师自己设置快捷键然后再使用菜单命令。以下将详细说明后两类的操作。

通过菜单快捷键打开对话框来使用菜单命令。

按住Alt键+菜单快捷键，在弹出的下拉菜单中，再按住需要执行命令的快捷键。例如，按住Alt键+【文件】菜单快捷键F，在弹出的下拉菜单中按L键，即弹出【置入】命令对话框。

在菜单命令中没有设置快捷键，需要自己设置快捷键的。

设计师在工作中会发现，InDesign CS5的菜单命令有些没有设置快捷键，对于经常使用的命令无法快速使用。这时，设计师可以通过执行【编辑】→【键盘快捷键】命令，在弹出的【键盘快捷键】对话框中进行设置，操作步骤如下。

❶ 在【命令】文本框中选择需要设置快捷键的命令。如果该命令当前没有设置快捷键，在【当前快捷键】文本框中不会显示快捷键，如图1-7所示。

❷ 此时可以在【新建快捷键】文本框中设置快捷键，在键盘上输入设置按键即可。如果设置的快捷键与某个命令的快捷键重复，系统会在【新建快捷键】文本框的下方给予提示，如图1-8所示。

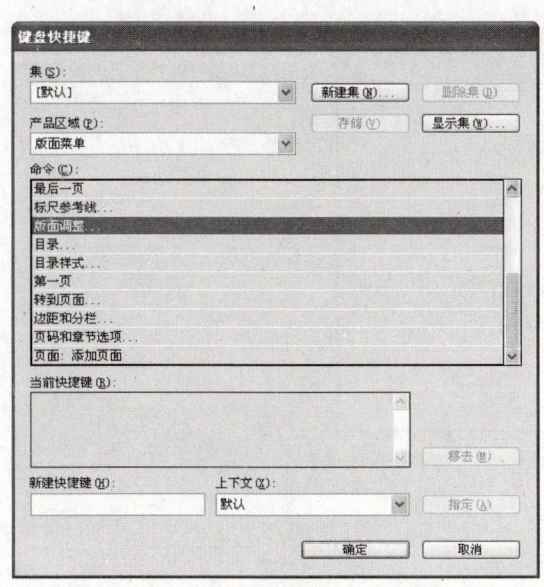

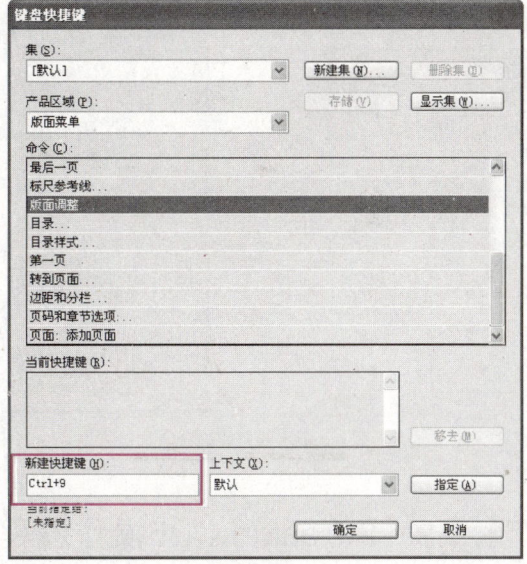

图1-7　　　　　　　　　　　　　　图1-8

❸ 在【新建快捷键】文本框下方，系统会对未指定的快捷键给予提示。单击【指定】按钮，再单击【确定】按钮，完成设置快捷键的操作，如图1-9所示。

❹ 如果要更改快捷键设置，可以在【当前快捷键】文本框中选择快捷键，然后单击【移去】按钮即可，如图1-10所示。

❺ 单击【显示集】按钮，可以看到InDesign CS5菜单中的全部快捷键命令。【无定义】表示该命令没有设置快捷键，如图1-11所示。

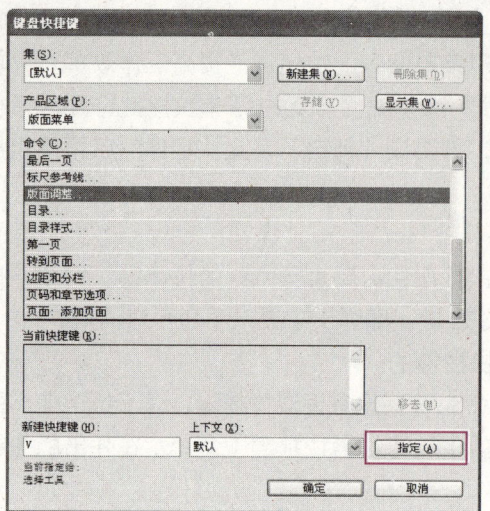

图1-9　　　　　　　　　　　图1-10

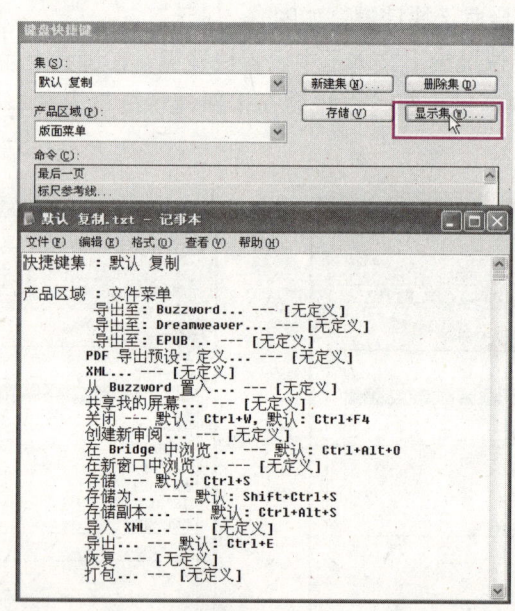

图1-11

1.2.2 InDesign CS5操作流程

下面介绍InDesign CS5的操作流程。首先对收集的素材进行分类管理，然后启动InDesign CS5，按照设计要求新建文档，在主页上设计版式，将主页应用到页面中，将之前收集的素材置入到需要排版的页面中。如果出版物的页数较多，最好先设置好样式，这样既能减轻工作量也可以避免出错。在排版完成后，对文件进行预检，检查文件中的图片是否丢失链接、文字是否缺失等。检查无误后输出PDF。

操作流程如图1-12所示。

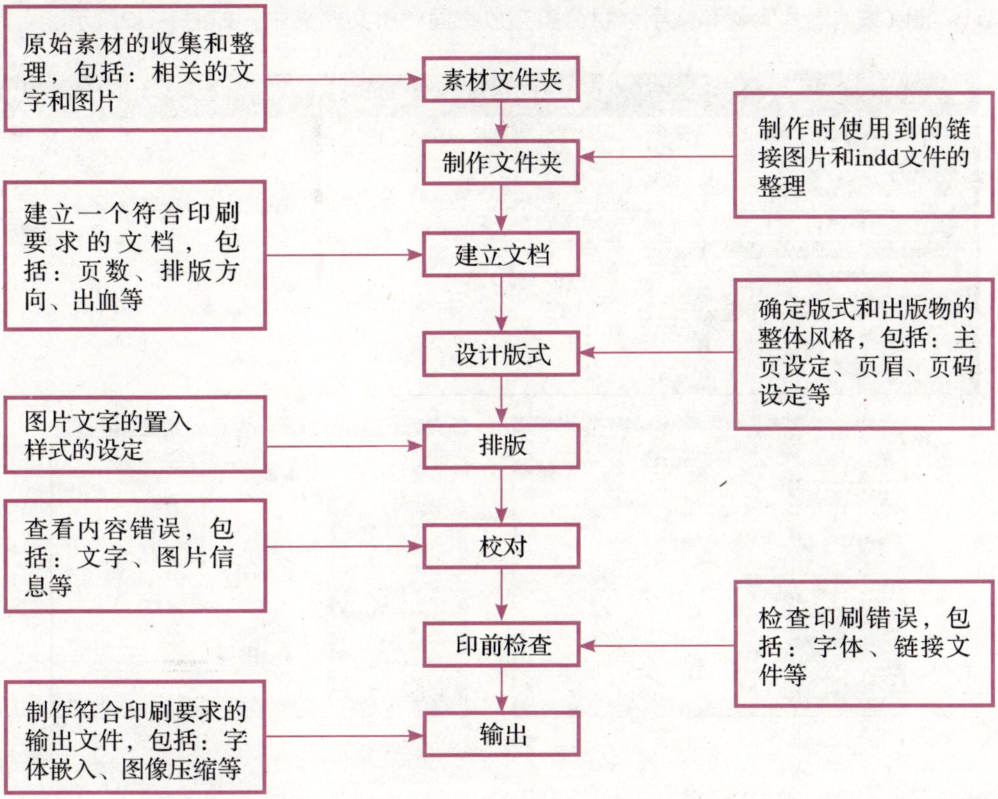

```
原始素材的收集和整       ┌─────────────┐
理，包括：相关的文  ───→ │  素材文件夹  │
字和图片                 └──────┬──────┘
                                ↓                  制作时使用到的链
                         ┌─────────────┐           接图片和indd文件的
                         │  制作文件夹  │ ←───────  整理
                         └──────┬──────┘
建立一个符合印刷                ↓
要求的文档，包           ┌─────────────┐
括：页数、排版方  ───→  │   建立文档   │
向、出血等               └──────┬──────┘
                                ↓                  确定版式和出版物的
                         ┌─────────────┐           整体风格，包括：主
                         │   设计版式   │ ←───────  页设定、页眉、页码
                         └──────┬──────┘           设定等
图片文字的置入                  ↓
样式的设定        ───→   ┌─────────────┐
                         │     排版     │
                         └──────┬──────┘
查看内容错误，包                ↓
括：文字、图片信  ───→   ┌─────────────┐
息等                     │     校对     │
                         └──────┬──────┘
                                ↓                  检查印刷错误，包
                         ┌─────────────┐           括：字体、链接文
                         │   印前检查   │ ←───────  件等
                         └──────┬──────┘
制作符合印刷要求的              ↓
输出文件，包括：字 ───→  ┌─────────────┐
体嵌入、图像压缩等       │     输出     │
                         └─────────────┘
```

图1-12

> **提示**
>
> 什么是主页、样式、预检、页眉？
>
> **主页**：如果一个出版物中的许多页面都有相同的元素（如页眉和页脚等），要逐一插入这些元素到每一页中非常麻烦。使用主页可以将主页上的元素快速显示到其所应用的所有页面上。
>
> **样式**：将字体、字号、行距、制表符和缩排方式等组合在一起，使它能最快且最容易地改变文本的格式。
>
> **预检**：打印文档或将文档提交给客户之前，可以对此文档进行品质检查。预检是此过程的行业标准术语。预检程序会警告可能影响文档或书籍不能正确成像的问题。例如，缺失文件或字体。预检还提供了有关文档或书籍的帮助信息。例如，使用的链接、显示字体的第一个页面和打印设置。
>
> **页眉**：就是在版心以外的天头附近的空白处表述书名、部、章、节标题等的简单文字。

1.3 创建一个典型的文件

妥善地管理文件和规范的操作方式，可以避免原文件的丢失，并减少后期出片、印刷中出现的各种问题。下面以创建一个典型文件为例讲解InDesign CS5的规范操作流程。

创建典型文件的操作步骤如下。

❶ 将收集的图片素材和文字素材分类存放在同一个文件夹中,如图1-13所示。

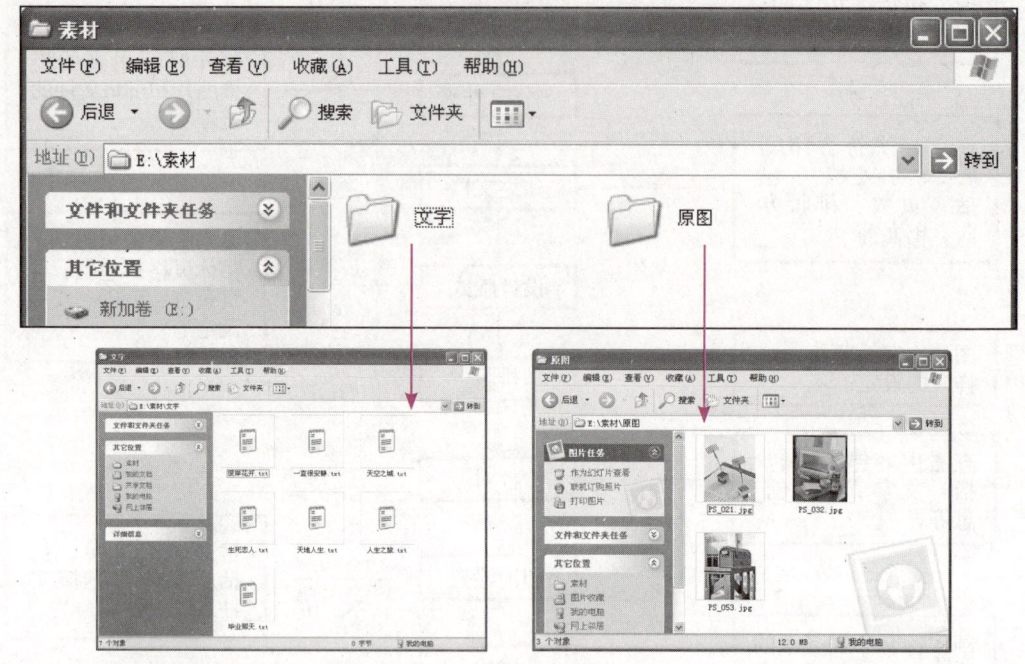

图1-13

❷ 通过图像软件处理来自不同渠道的图片,调整图片的大小、分辨率、清晰度,使图片符合制作文件的要求,如图1-14所示。修改后的图片与indd文件一起保存在制作文件夹中,可避免图片链接的丢失。

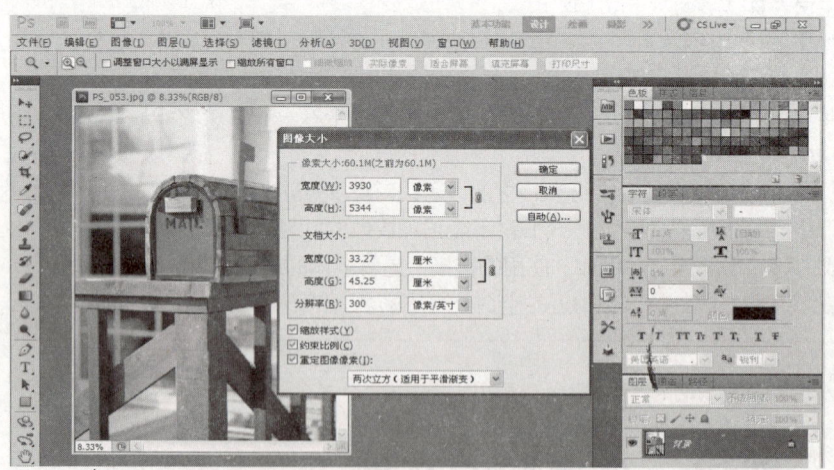

图1-14

❸ 新建文档,对文档的页数、页面大小、出血和辅助信息区、边距和分栏等进行设置。本例设置页数为16,页面大小为140毫米×210毫米,边距上下外均为15毫米、内为20毫米,如图1-15所示。

❹ 在主页中设计页眉、页码以及内文版式,统一出版物的风格,如图1-16所示。

图1-15

图1-16

⑤ 将主页运用到页面中,并置入图片和文字进行排版。处理大量的文字时,要使用样式以减少错误率,如图1-17所示。

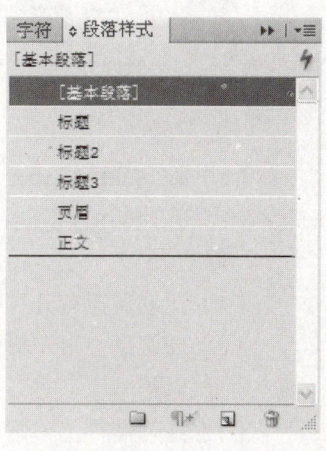

图1-17

❻ 排版工作完成后，接下来是对文件的校对以及设置符合印刷要求的输出文件。通过执行【窗口】→【输出】→【印前预检】命令，可以检查字体是否缺失、链接图片是否丢失、图像是否使用符合印刷的色彩空间等，如图1-18所示。检查无误后，进行导出PDF的设置，如图1-19所示。

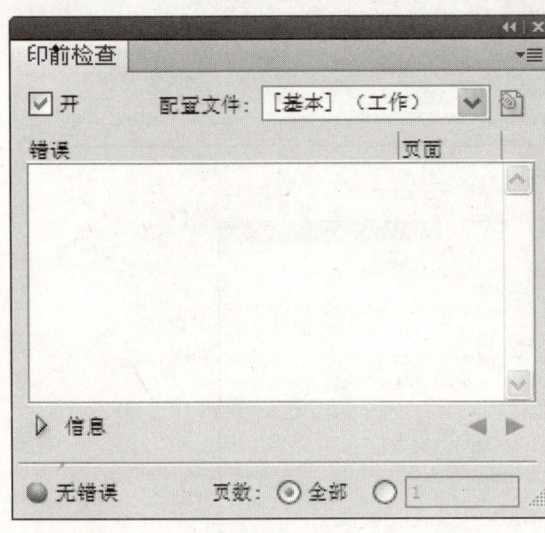

图1-18

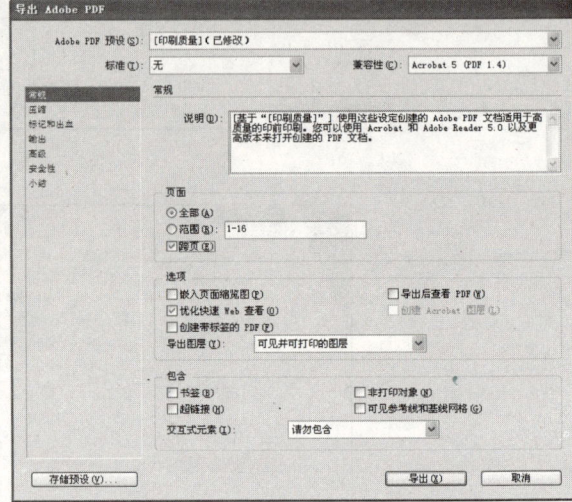

图1-19

1.4 小结

在开始使用InDesign之前，首先要了解它的用途。本章主要介绍了InDesign这个排版软件在设计流程中所处的位置，让设计师对InDesign有一个初步的认识。还介绍了InDesign的界面、工具箱及菜单命令，让设计师了解关于InDesign软件的基础设置，这些操作是高级操作的基础。最后讲解了如何在InDesign中正确地制作一个文件。

1.5 习题

1. 填空题

（1）InDesign CS5是功能极为强大的（　　）软件。

（2）InDesign CS5能与Adobe公司的（　　）、（　　）无缝集成。

2. 问答题

（1）浮动调板有几种视图，分别是什么？

（2）什么是主页、样式、预检、页眉？

3. 操作题

（1）练习储存工作区。

（2）练习设置菜单快捷键。

第2章
开始前的准备工作

在使用InDesign CS5进行设计工作前，需要做好充分的准备工作，这样才能在设计过程中事半功倍。

本章主要讲解如何管理制作文件以及如何根据设计要求创建合格的文档，使设计工作更加规范。

设计要点

- 文字、图片、制作文件的管理
- 边距、分栏的设置
- 书刊封面、单页、对页、纸袋文档的创建

印刷要点

- Word文字、网页文字、纯文本、Excel表格的处理
- 从Word文档中获取较清晰的图片
- 常见印刷品尺寸介绍
- 出血的设置

2.1 文件的管理

在使用InDesign CS5进行设计之前，先来了解如何收集和管理素材以及对InDesign CS5制作文件进行统一管理，使设计师养成良好的工作习惯，尽可能避免出错。

2.1.1 界面设置

InDesign CS5的素材主要分为文字和图片，下面分别讲解文字和图片的主要来源。通过这一节的学习能让设计师在开始设计前快速、正确地收集好有用的素材。

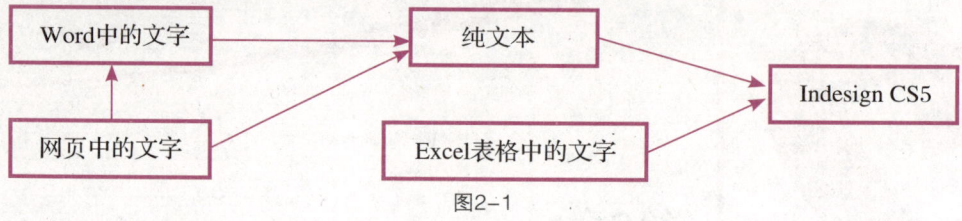

图2-1

文字是排版中最重要的环节之一，所以对文字的前期处理要规范，随便地排入文字会出现各种各样令人烦恼的问题。下面将讲解Word中的文字、网页中的文字、纯文本文字以及Excel表格中的文字分别排入到InDesign CS5中的常见问题。

1. Word的文字

很多人都习惯把Word中的文字直接置入到InDesign CS5中，虽然快捷方便，但是隐含了很多问题，如图2-2所示。在InDesign CS5的页面上出现带颜色的小方块或是出现带颜色底的文字等，出现这种情况是因为Word中的一些文字样式在置入到InDesign CS5中无法识别。这样会给排版工作带来很多麻烦。

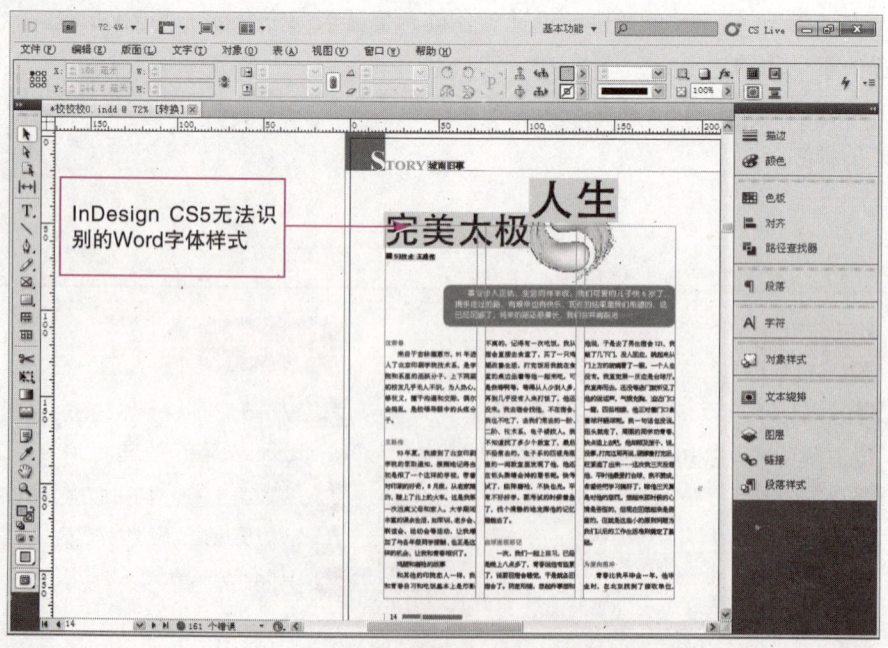

图2-2

2. 网页中的文字

（1）从网站上搜索设计所需要的资料，把搜集到的资料直接复制到Word中，通常会发现复制的速度非常慢，出现这种情况是因为从网页复制到Word的过程中会带有超链接、图片和文字样式。

（2）如果直接把网页上的图文样式复制到InDesign CS5中，InDesign CS5在置入文字时会显示导入选项功能，如图2-3所示，此时可以去掉置入文字所带的样式，这样虽然不会出现较严重的文字错误，但还是建议通过保存为纯文本，再置入到InDesign CS5中，这样还可以做一个文本备份，以便在发生意外损坏时调用。好的工作习惯对提高工作效率很重要。

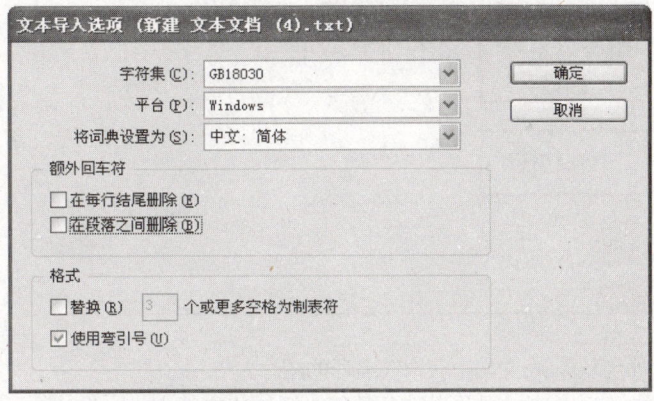

图2-3

3. 纯文本

在InDesign CS5中所使用到的文字，建议都转为纯文本格式再置入到InDesign CS5中。纯文本相当于文字的过滤器，可以清除带有样式的文字，避免了文字丢失以及带警告字体的情况。

4. Excel表格

Excel表格中的文字能直接在InDesign CS5中置入并进行编辑，如图2-4所示。详细的内容将在第6章中介绍。

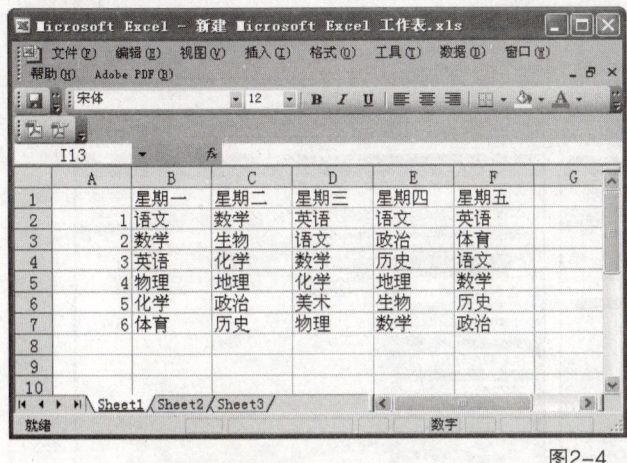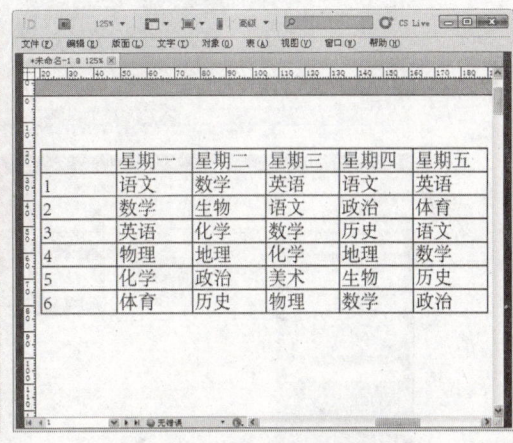

图2-4

5. 图片的来源

图片的来源如图2-5所示。

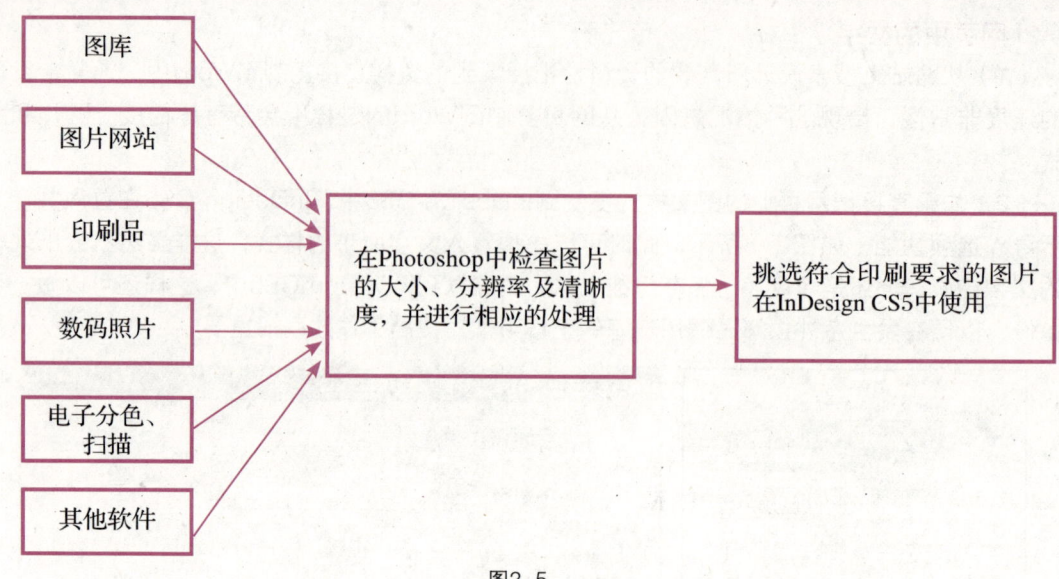

图2-5

 **提 示**

如何从Word文档中获取较清晰的图片？

　　Word会对放入的图片进行压缩，以减小文件大小，设计师可以把Word文件另存为网页格式，保存后会生成一个包含Word文档中所有图片的文件夹，打开文件夹会看到，每一张图片会存为两个文件，选择文件较大的图片置入到InDesign CS5中，此图片为较清晰的图片，如图2-6所示。

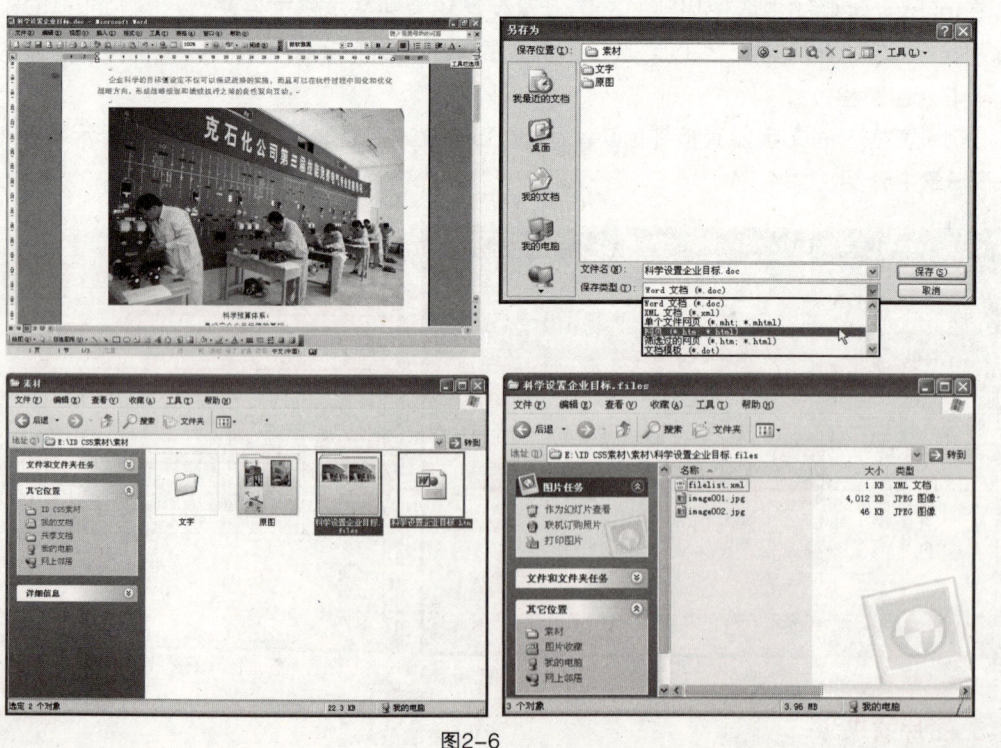

图2-6

2.1.2 素材与制作文件的管理

在进行设计工作前，对搜集到的素材进行分类管理，可以在设计过程中快速找到需要的素材，以提高工作效率。InDesign CS5为防止文件过大，文件中用到的图片通常采用链接的形式保存，因此编辑过的图片和indd文件要进行统一管理，这样可防止图片链接丢失、错误链接图片等，也为日后修改文件带来方便（关于图片的链接会在第5章里详细讲解）。

一个多页出版物在需要几位设计师进行分工协作时，对于图片的命名很重要。当多个文档合并为一个文档时，在整理链接图片时重命名的图片很容易被覆盖，因此图片的名称应该按页码及用图顺序进行设置。例如，第一页的第一张图片起名为1-1，如图2-7所示。

InDesign文件的分类管理如图2-8所示。

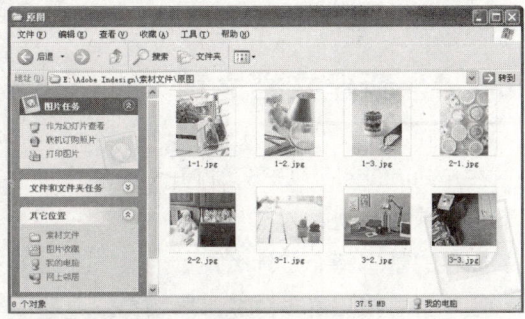

图2-7

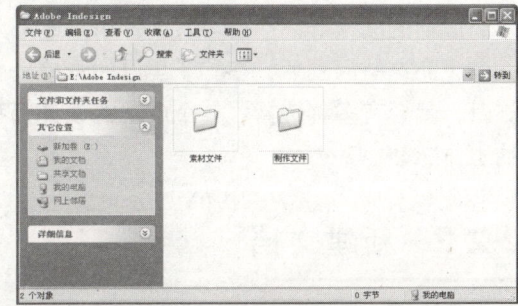

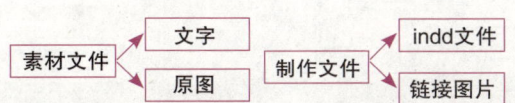

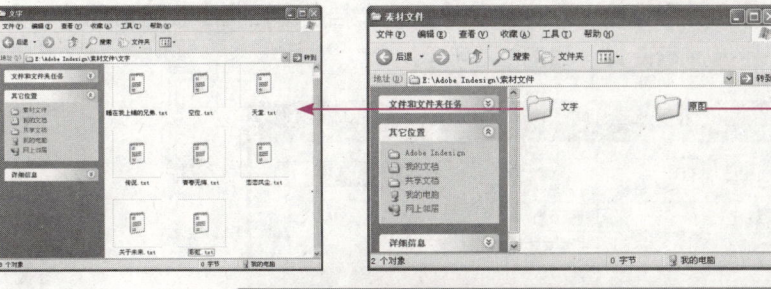

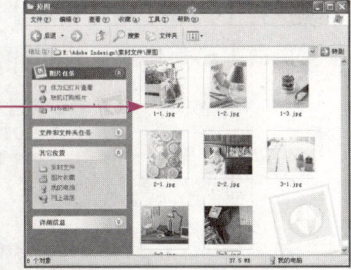

图2-8

2.2 创建合格的文件

好的开始是成功的一半。新建文档是开始设计的第一步。掌握印刷尺寸的要求以及页面设置的技巧对于设计师创建一个合格的文件是非常重要的。下面介绍根据作品的设计要求新建文档的方法，以及常见的设计尺寸。

2.2.1 新建文档之前

在启动InDesign CS5，打开一个新文件并且开始工作之前，必须根据即将建立的出版物考虑以下几个基本问题。

文件的基本特点是什么？

是单页海报还是多页数出版物？

把它做成一本以文字为主的书，或是图文混排的杂志，还是以图为主的画册？

出版物的阅读群体？是老人、青年，还是儿童？根据阅读群体的不同进行相应的设置。

考虑完这些问题后，在脑子里开始形成一个关于该出版物的粗略印象。当准备将想法付诸于实施时，就会有多种选择。一个成功的设计师都会事先做好计划，有计划才能有条不紊地进行下面的工作。

2.2.2 新建文档

执行【文件】→【新建】→【文档】命令，在弹出的【新建文档】对话框中，可对用途、页数、页面大小、出血、边距和分栏等进行设置，如图2-9所示。

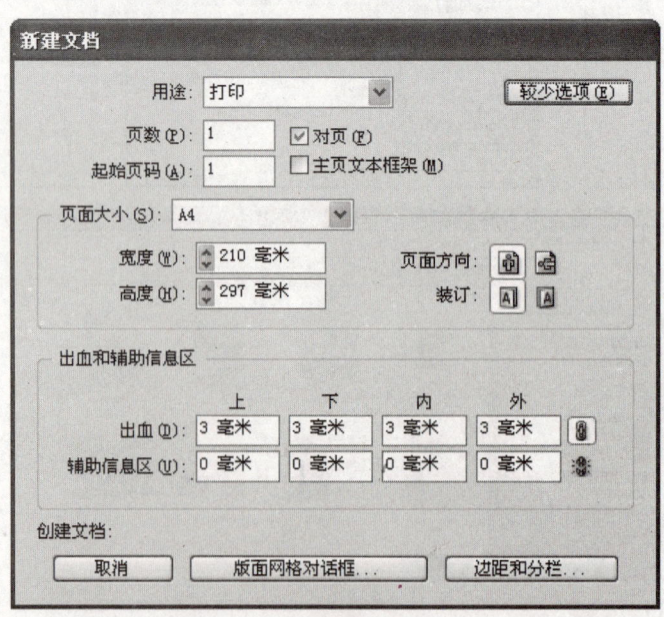

图2-9

1. 页数

根据装订方式的不同设定页数。

骑马订：以4的倍数设置页码。

环装：可根据出版物的要求设计对页或是单页，对页以2的倍数设置页码，单页则不需要考虑。

2. 对页和主页文本框架

根据出版物的要求选中【对页】复选框，如书、杂志，就需要选中【对页】复选框。如果创建的是单页的文件，如名片，海报，就不需要选中【对页】复选框。

选中【主页文本框架】复选框可以在主页中创建一个与版心大小相同的文本框架，以文字为主的统一版心的书籍经常使用到【主页文本框架】项。

3. 页面大小

页面尺寸的设置正确与否关系着整个设计品的成败，所以设计师在设置页面大小时需要格外注意，正确设置符合印刷要求的尺寸。

常见设计品的成品尺寸，如表2-1所示。

表2-1 常见设计品的印刷尺寸

设计品	尺寸（单位：毫米）
名片	横版：90毫米×55毫米（方角） 85毫米×54毫米（圆角）
	竖版：90毫米×50毫米（方角） 85毫米×54毫米（圆角）
	方版：90毫米×90毫米 90毫米×95毫米
IC卡	85毫米×54毫米
三折页广告	（A4）210毫米×285毫米
普通宣传册	（A4）210毫米×285毫米
文件封套	220毫米×305毫米
招贴画	540毫米×380毫米
手提袋	400毫米×285毫米×80毫米
信纸/便条	185毫米×260毫米/210毫米×285毫米

> **提 示**
>
> A4纸是设计师常用的设计用纸，A4纸的尺寸是210毫米×285毫米，而210毫米×297毫米是打印纸的尺寸，在印刷中没有适合210毫米×297毫米的纸。210毫米×285毫米才是标准的印刷品尺寸。

4. 出血

出血是指为了印刷品最后的切割而在设计时预留的尺寸，通常在印刷品的每边都多留3毫米，也就是设计作品要在实际尺寸的基础上长宽各加6毫米，如图2-10所示。

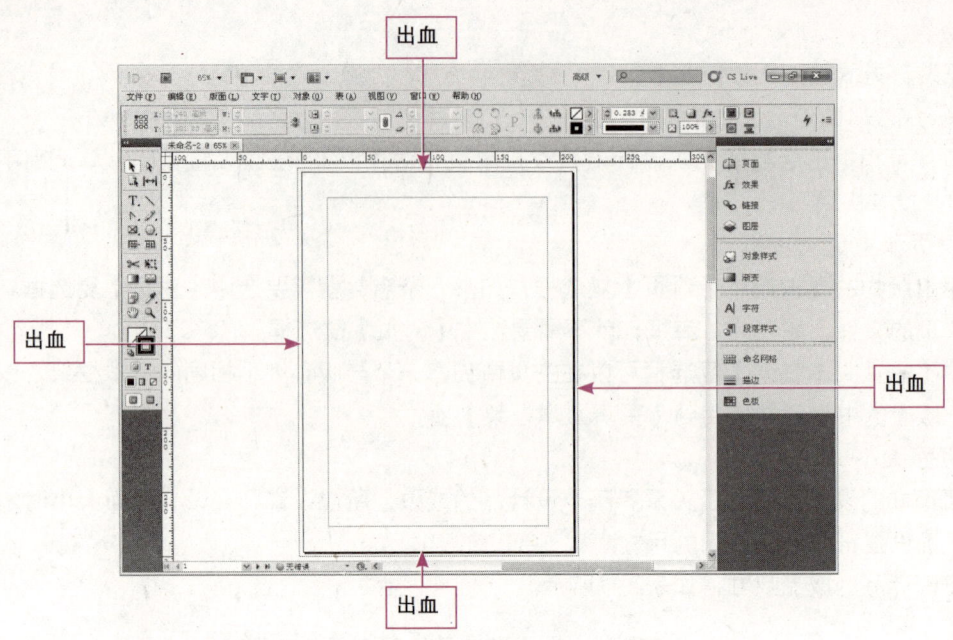

图2-10

如果出版物为跨页设置，则内出血的设置量为0，这一点在设计时常常被忽略，在选中【对页】复选框时，不能采用InDesign CS5默认的出血设置，而应进行如图2-11所示的设置。

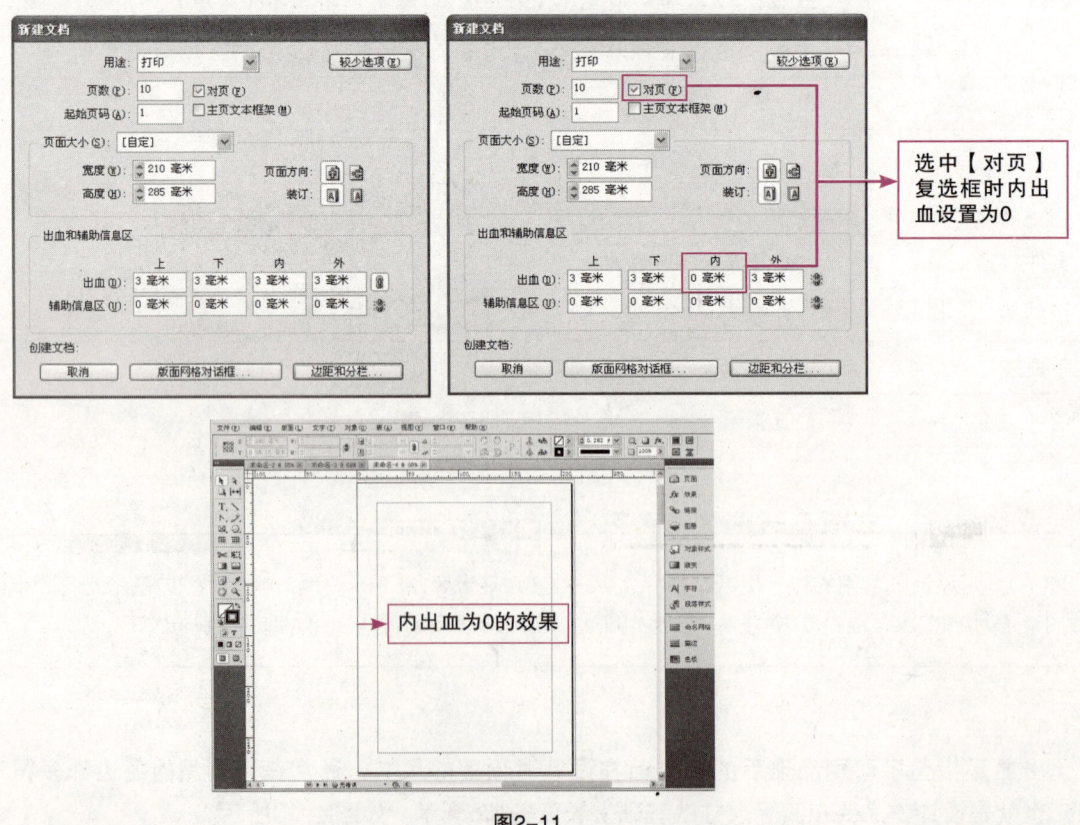

图2-11

5. 边距

版心是容纳正文的空间，它与印刷用纸的规格不同。在一个页面中，除去四周空白的部分，余下的就是版心，而边距是控制版心大小的标尺，如图2-12所示。

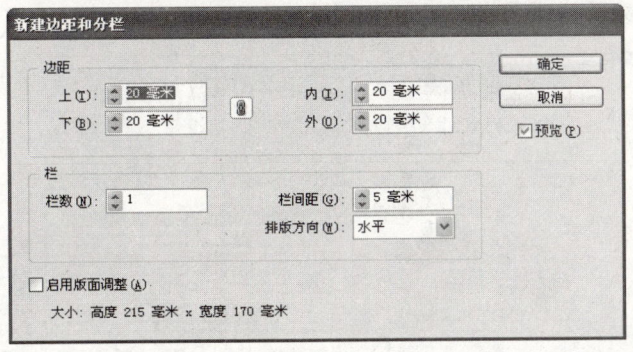

图2-12

如果在设定边距时没有考虑书籍整体的平衡，那么整个版面就会很难看。通常，天头地脚的留白宽度一般为10～20毫米，天头要比地脚宽，这样使版心看起来比较稳当，避免头重脚轻。如果版心设得过大，会使页面看起来太满，造成阅读不适；版心设得过小会使页面看起来太空、不实。页数比较多的书籍，书本的张合不太方便，订口位置的文字阅读起来也会有些难度，在这种情况下，订口内侧的空白就应该留得更大一些，如图2-13所示。

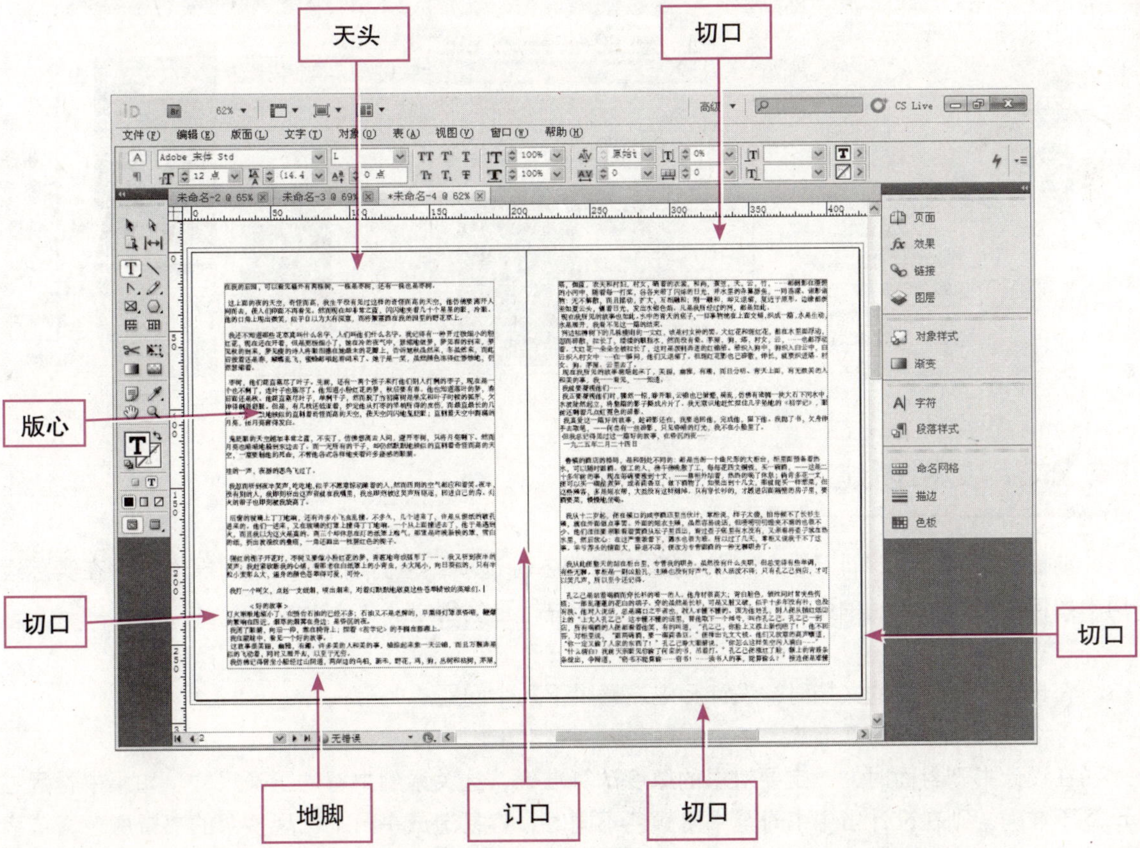

图2-13

6. 分栏

在不同类型的出版物中，设置分栏也是很有讲究的，下面介绍几种常见出版物的分栏方法。

报纸通常分为5栏或6栏，如图2-14所示。

期刊杂志通常分为两栏或三栏，如图2-15所示。

图2-14　　　　　　　　　　　　　　　图2-15

文字较多的书籍，如小说、散文、传记通常不分栏，如图2-16所示。

科技类书籍，如以文字为主的，通常不分栏；以图为辅助性说明的，通常是两栏，如图2-17所示。

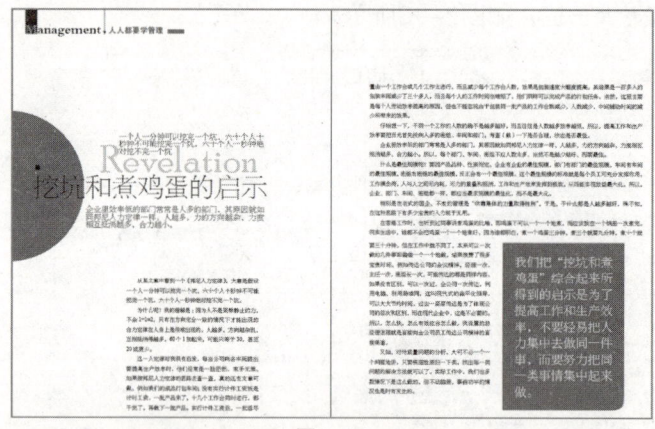 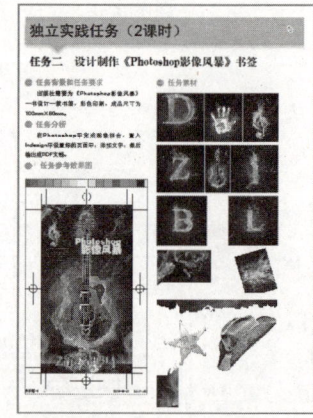

图2-16　　　　　　　　　　　　　　　图2-17

2.2.3　文档创建实例

前面讲解了常见设计品的尺寸和创建文档的各种选项，下面通过4个案例操作讲解在实际运用中如何对书刊封面、单页、对页和纸袋的文档进行正确创建。

1. 书刊封面

在创建书刊封面的文档时，设计师应注意以下几个问题。

① 书脊的尺寸要计算准确

在设计书刊封面时，一定要对书的厚度计算准确，这关系到书脊的正确尺寸。如果书脊尺寸计算不准确，则在设计当中书脊与书封颜色不同时，容易造成书封上出现多余的书脊颜色，或者书脊上出现多余的书封颜色，如图2-18所示。为避免此情况出现，建议设计师在设计书封和书脊时尽量使用相同的颜色。

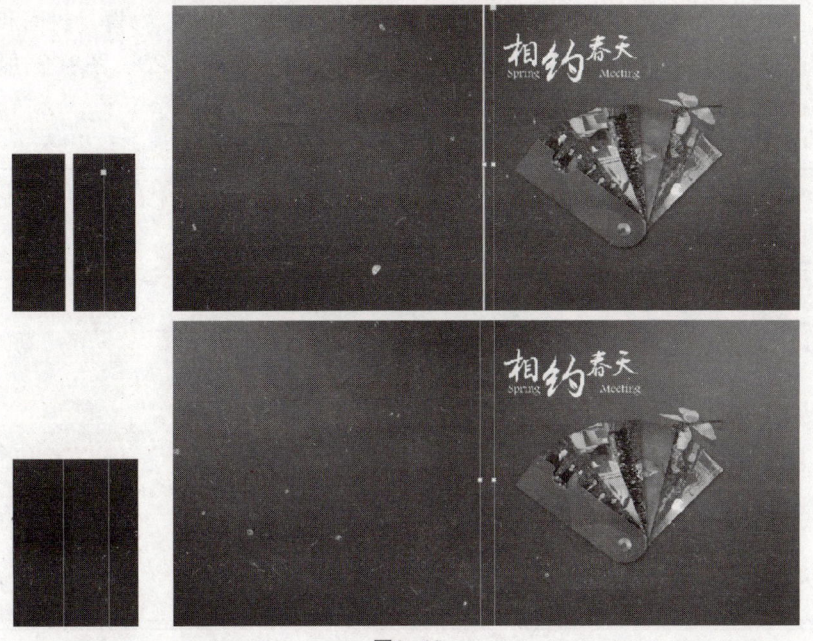

图2-18

②勒口尺寸设计要合理

封面在制作勒口时不宜过大，这会造成印刷成本提高；也不宜过小，这会使勒口失去保护书籍的作用。

③制作书刊封面的方法

（1）组合。在Photoshop中处理图像，然后将书封、书脊和勒口组合成为一张图，再将其置入到InDesign CS5中与文字组合。

（2）拆分。在Photoshop中处理图像，然后将书封、书脊和勒口分别拆成独立的部分，再将其分别置入到InDesign CS5中拼合成一张图，然后再与文字组合。该方法的好处是便于修改，详细的操作步骤如下。

1 在InDesign CS5中新建文档，执行【文件】→【新建】→【文档】命令，打开【新建文档】对话框。在本例中设置封面大小为210毫米×285毫米、封底为210毫米×285毫米、书脊厚度为10毫米、勒口宽度为70毫米，把这些部分的宽度相加、高度不变，页面大小为570毫米×285毫米、页数为1、上下内外边距为0，其他均保持默认设置，如图2-19所示。

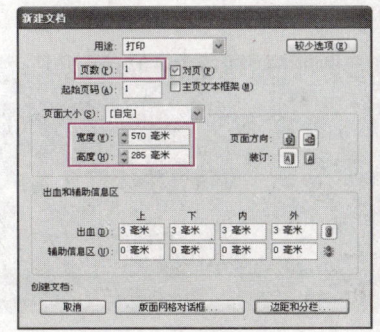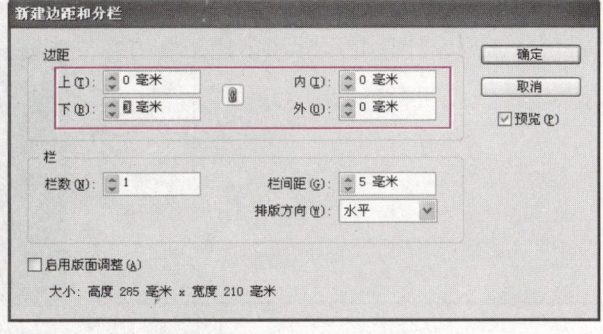

图2-19

❷ 为新建的页面打上折线，方便印后工作人员根据折线折叠封面。使用【直线工具】绘制4条垂直直线，将整张页面分为5个部分：与封底相邻的勒口、封底、书脊、封面和与封面相邻的勒口。使用【变换】调板，精确调整这4条直线放置的位置，如图2-20、图2-21所示。

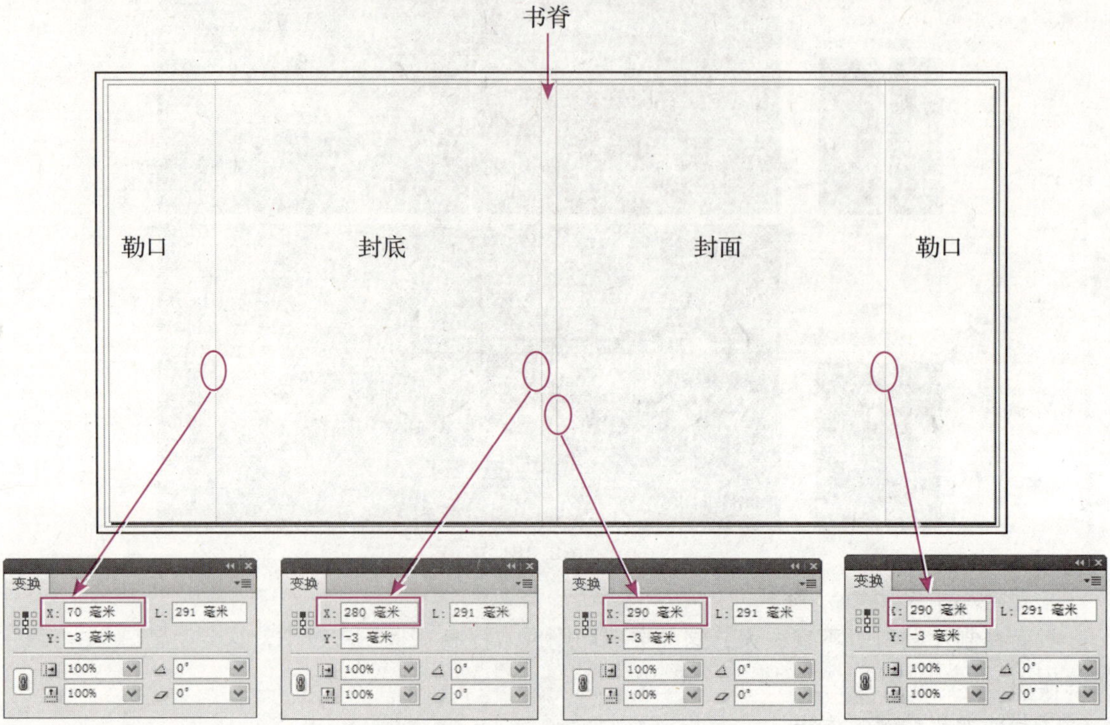

图2-20

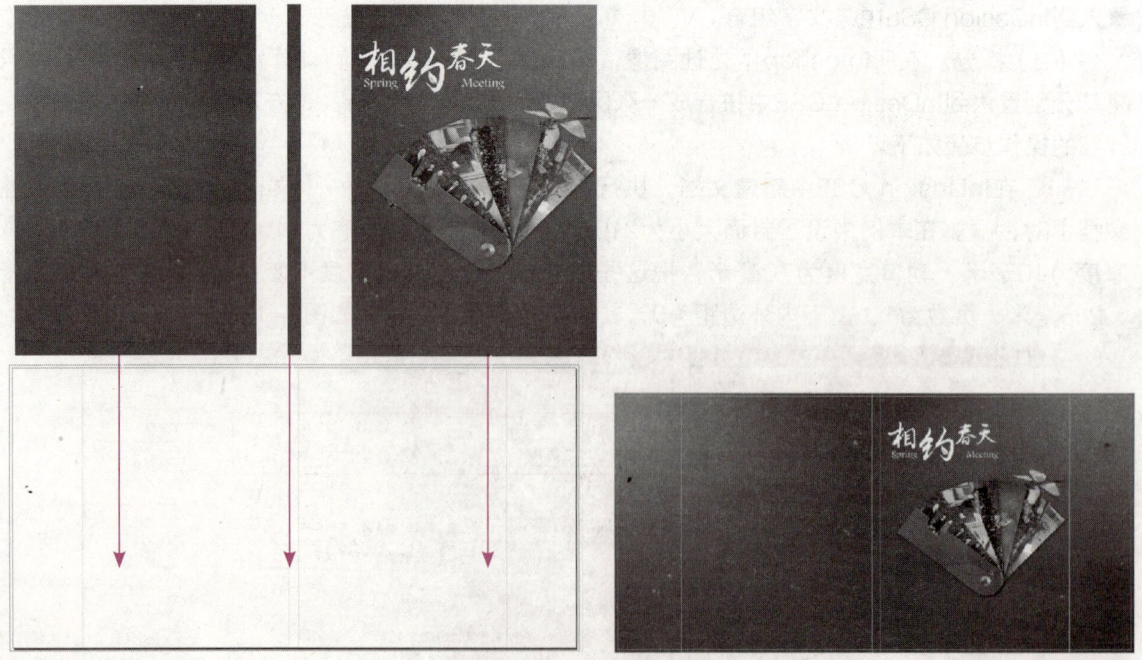

图2-21

2. 单页

在创建文档时，如果将单页出版物设置成对页，将会少一边出血，裁切中导致成品尺寸的错误，如图2-22所示。下面以挂历为例讲解如何根据出版物的需要设置单页文档。

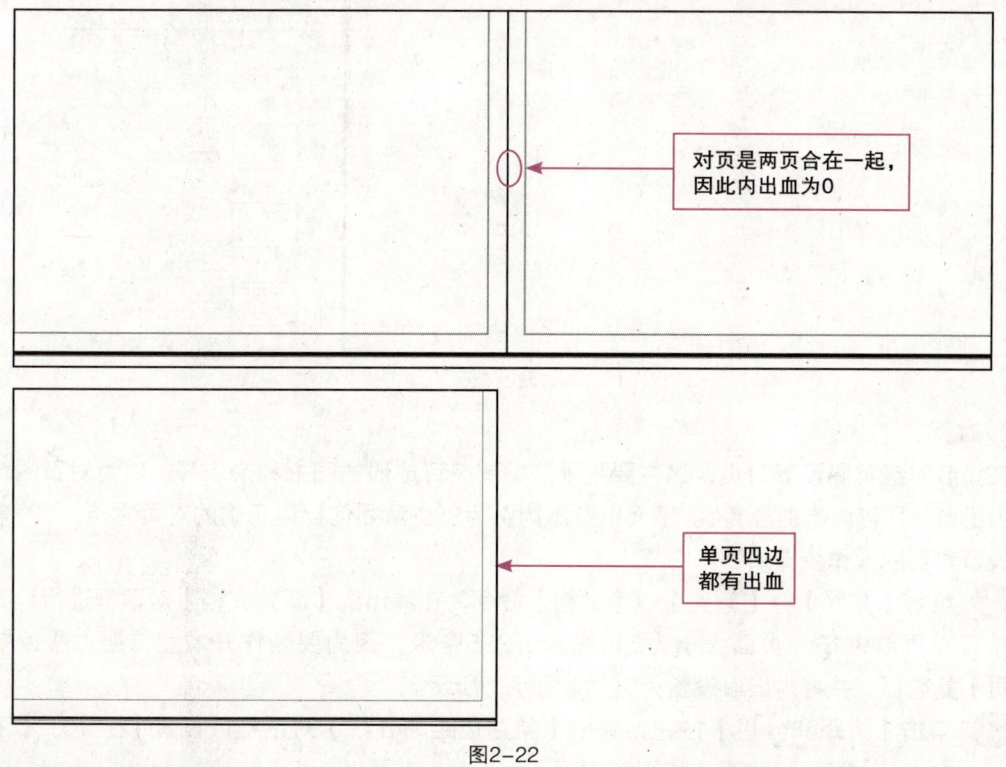

图2-22

设置单页的操作步骤如下。

❶ 执行【文件】→【新建】→【文档】命令，在弹出的【新建文档】对话框中进行设置。在本例中设置页数为13，页面大小为430毫米×300毫米，因为制作的是挂历，所以要把【对页】复选框的对勾去掉，如图2-23所示。

❷ 单击【边距和分栏】按钮，弹出【新建边距和分栏】对话框。在设置边距时要注意，上边距应预留打孔串环的地方，所以上边距要比其他边距宽一些，如图2-24所示。

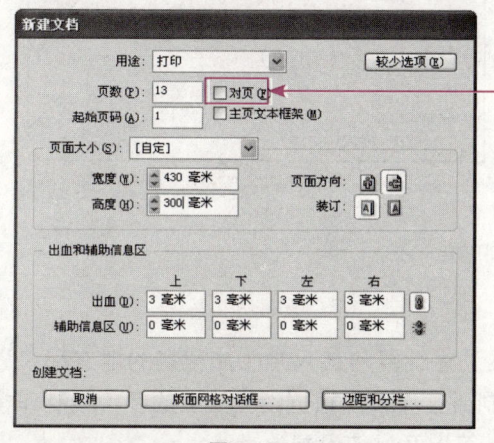

图2-23　　　　　图2-24

③ 单击【确定】按钮，完成挂历的创建，如图2-25所示。

图2-25

3. 对页

在排版时经常要设置对页，这主要是那些需要装订成册的图书和杂志等。因为对页的地方不需要内出血，所以内出血应为0。下面以杂志内页为例讲解如何创建正确的对页文档。

设置对页的操作步骤如下。

① 执行【文件】→【新建】→【文档】命令，在弹出的【新建文档】对话框进行设置。在本例中设置页数为16、页面大小为210毫米×285毫米，因为要制作开本宣传册，所以要选中【对页】复选框，并将内出血设置为0，如图2-26所示。

② 单击【边距和分栏】按钮，弹出【新建边距和分栏】对话框。设置【上】、【下】、【内】、【外】边距为17毫米，如图2-27所示。

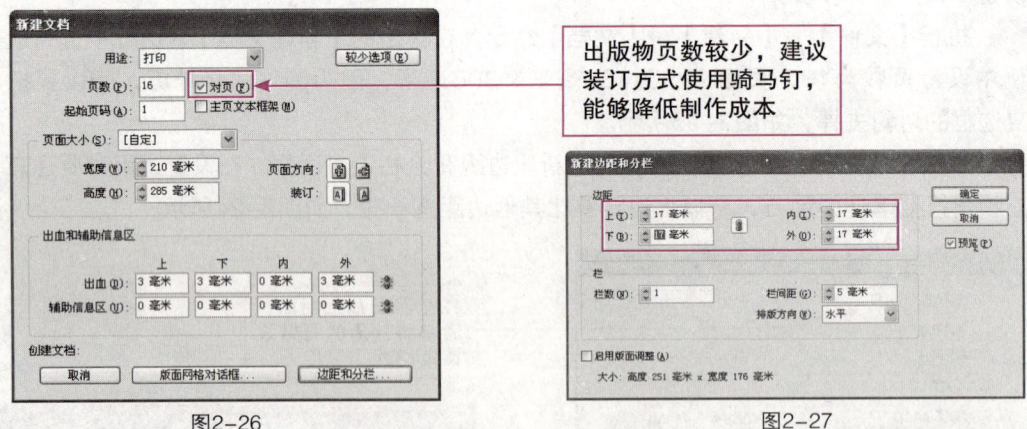

图2-26　　　　　　　　图2-27

③ 单击【确定】按钮，完成宣传册的创建，如图2-28所示。

4. 纸袋

用InDesign CS5制作包装方面的设计品时，要注意计算包装尺寸（如裁切的地方都要计算出血）以及参考线的设置，设置参考线是为了在印制时工作人员根据设计图上的参考线制作模切板。下面以纸袋为例讲解创建纸袋时应注意尺寸的计算以及如何设置参考线。

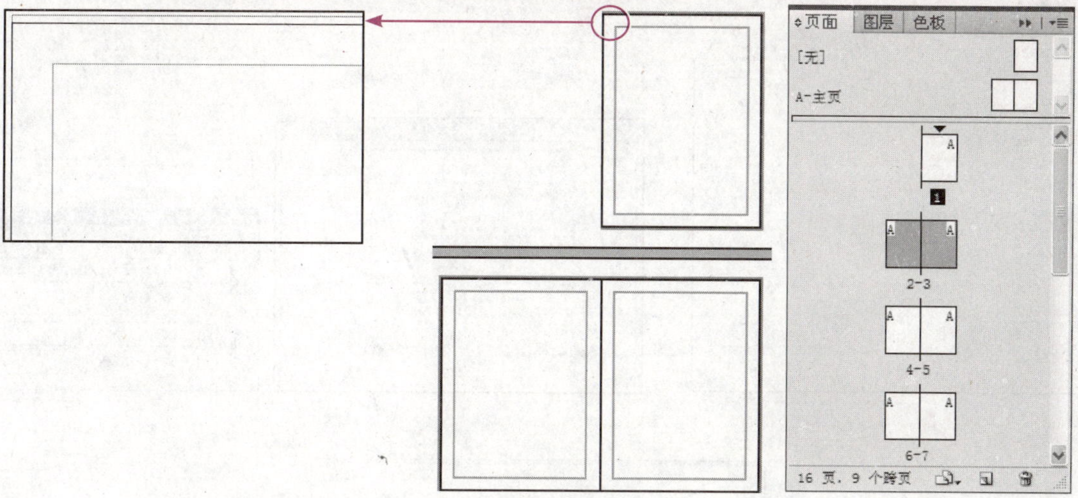

图2-28

设置纸袋尺寸的操作步骤如下。

① 执行【文件】→【新建】→【文档】命令,在弹出的【新建文档】对话框中进行设置。在本例中设置页数为1、页面大小为860毫米×700毫米,如图2-29所示。

② 单击【边距和分栏】按钮,弹出【新建边距和分栏】对话框。设置【上】、【下】、【内】、【外】边距为0毫米,如图2-30所示。

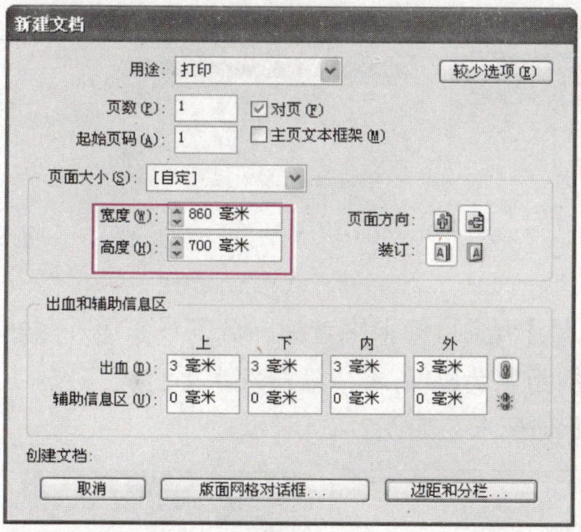

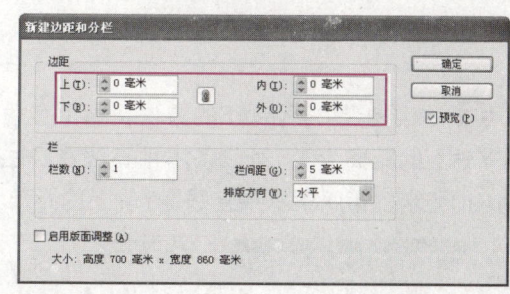

图2-29　　　　　　　　　　　　图2-30

③ 单击【确定】按钮,完成纸袋的创建。接着设置参考线,用【直线工具】绘制一条垂直直线,把描边粗细改为0.25毫米并复制5条直线,如图2-31所示。

④ 用【选择工具】选择第一条直线,然后执行【窗口】→【对象和版面】→【变换】命令,调出【变换】调板。将标尺左上角的十字交叉线拖曳到第一条线的位置上,将第一条直线设置在X轴的0点上,如图2-32所示。

⑤ 然后依次设置其他直线在X轴上的距离。第二条直线在X轴上的距离为320毫米,第三条直线在X轴上的距离为405毫米,第四条直线在X轴上的距离为725毫米,第五条直线在X轴上的距离为810毫米,第六条直线在X轴上的距离为830毫米,如图2-33所示。

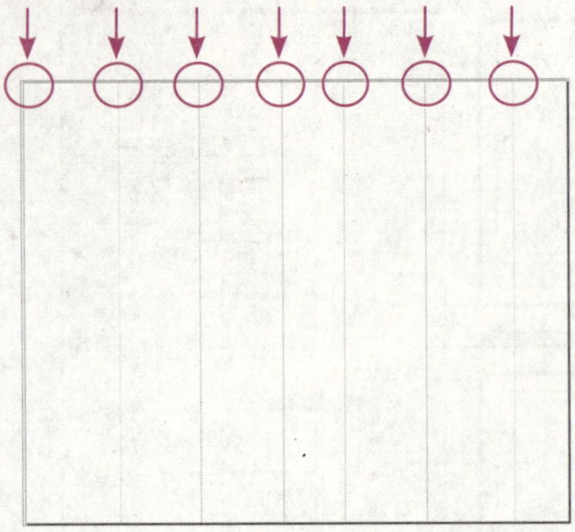

图2-31 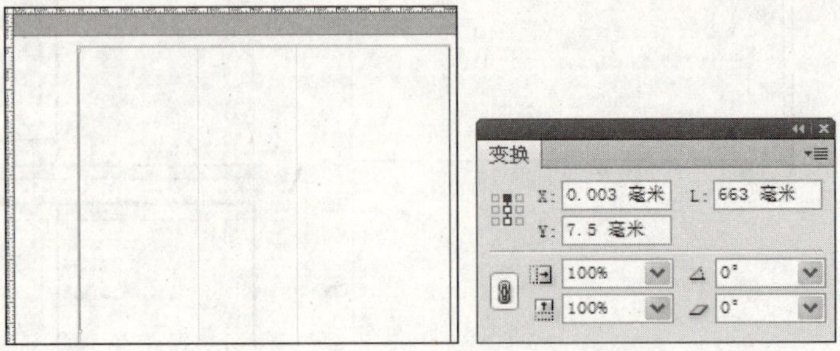　　　　　　　　　　　　图2-32

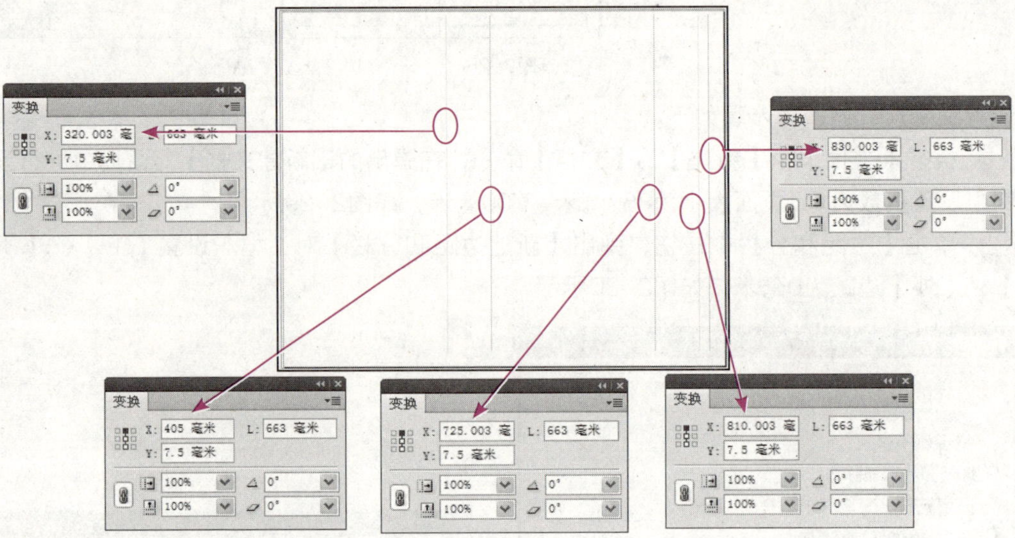

图2-33

❻ 依照步骤3至步骤5的方法，用【直线工具】绘制4条水平直线，分别设置第一条水平直线在Y轴上的距离为0，第二条水平直线在Y轴上的距离为60毫米，第三条水平直线在Y轴上的距离为510毫米，第四条水平直线在Y轴上的距离为570毫米，如图2-34所示。

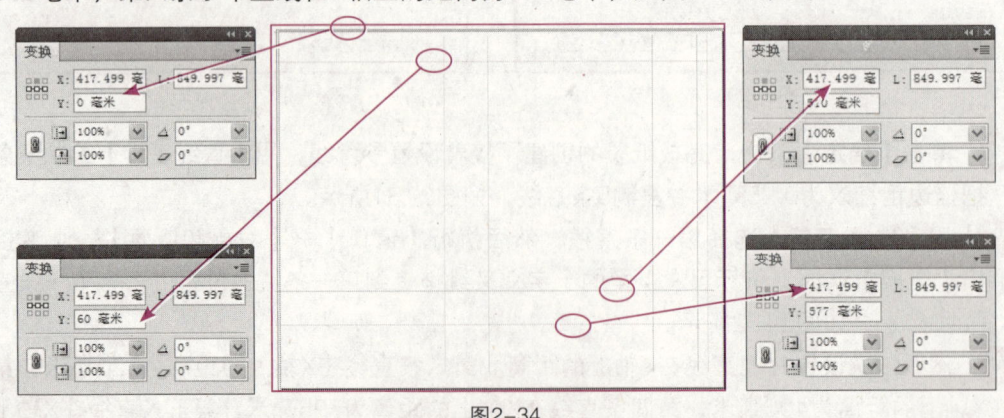

图2-34

通过使用【变换】调板设置精确的参考线，可以避免印刷误差。

2.3 文件的基本操作

下面讲解打开文件的方法，转换成其他文件的常见问题，保存文件的重要性以及如何恢复文档等。

2.3.1 打开文件

有3种打开InDesign CS5文件的方法。

执行【文件】→【打开】命令，打开InDesign CS5文件。

使用快捷键Ctrl+O，打开InDesign CS5文件。

用鼠标拖动图标，直接打开InDesign CS5文档，如图2-35所示。

单击窗口右上角的图标，打开Bridge，如图2-36所示。用鼠标拖动indd图标至InDesign CS5窗口中打开InDesign CS5文件。

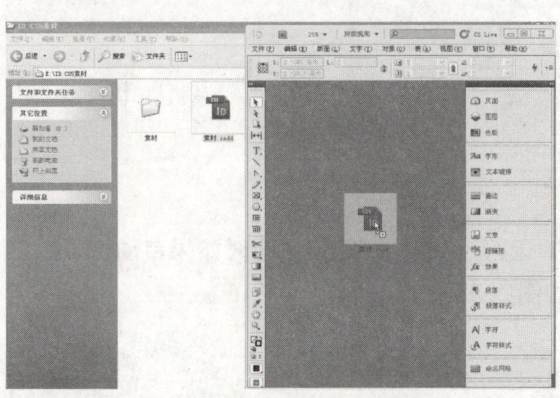
图2-35

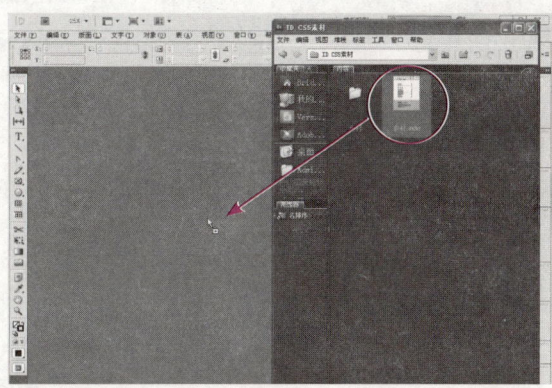
图2-36

提示

如果设计师所使用的电脑配置比较低，建议不要使用Bridge，否则会影响电脑的运行速度。

InDesign CS5除了可以打开InDesign 1.0、1.5、2.0、CS以及PageMaker 6.5、7.0的文档和模板，其indd文件还可以跨平台使用。InDesign CS5能够转换QuarkXPress 3.3或4.1x的文档和模板文件，而且还能够转换多语言版QuarkXPress Passport 4.x的文档和模板文件。因此不仅为以前使用PageMaker的设计师带来方便，而且设计师不再需要先将这些文件存储为单一语言的文件了。

2.3.2 保存文件

保存一个新文件时，执行【文件】→【存储为】命令，在弹出的【存储为】对话框中选择文件存放的路径，在【保存类型】下拉文本框中选择"InDesign CS5文档"或"InDesign CS5模版"保存类型。

选择存储为模版的保存类型，能在不破坏原文件的情况下继续使用上一次的版面，因此存储为模版非常适用于设计师在制作每期只改变文字内容而不改变版面设计的期刊杂志，如图2-37所示。

InDesign CS5文件还可存储为副本，作为备份文件，防止原文件损坏。建议设计师经常存储文档，保护设计师的工作文件不会丢失。

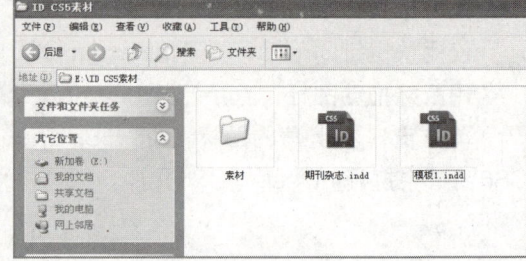

图2-37

2.3.3 恢复文件

在意外断电或系统崩溃时，重新启动计算机并运行InDesign CS5，此时如果自动恢复数据存在，InDesign CS5会自动显示恢复后的文档，如图2-38所示。

当重新启动软件时，会弹出【Adobe InDesign】对话框，单击【是】按钮，文件将自动恢复

图2-38

在文档窗口标题栏上的文件名后面会出现"恢复"字样，表示该文档中包含未被保存的、被自动恢复的变更内容。

此时可保存恢复后的数据，执行【文件】→【存储为】命令，指定位置和新的文件名，单击【保存】按钮。保存后，"恢复"字样会从标题栏中消失。

> **提示**
>
> 设计师在打开一个InDesign CS5文件时,在原文件的同一目录下会自动生成一个带锁图标的文件,此文件将会保存用户意外退出前的文件内容,如图2-39所示。
>
>
>
> 图2-39

2.4 小结

通过本章的学习可以了解从客户那里收集到的素材如何进行筛选及分类管理。新建文档是开始设计的第一步,本章主要通过提供常用印刷品尺寸,即根据出版物要求设置页数、出血、边距和分栏的方法,让设计师掌握新建文档的技巧。还通过讲解创建书刊封面、单页、对页、纸袋的实例,让设计师熟练掌握InDesign CS5新建文档的各种设置选项。最后介绍了文件的基本操作,包括打开文件、保存文件和恢复文件。

2.5 习题

1. 填空题

(1)图片的主要来源是(   )、(   )、(   )、(   )、(   )、(   )。

(2)InDesign文件的分类管理:素材分为(   )、(   );制作文件分为(   )、(   )。

(3)A4的设计成品尺寸是(   )。

2. 问答题

什么是出血?

3. 操作题

(1)练习打开文件的4种方法。

(2)练习将文件保存为InDesign CS5文档和InDesign CS5模版。

读书笔记

第3章
文字的处理

InDesign CS5为设计师提供了很强的文字编辑处理功能,设计师不仅能够完成一般的文字编辑操作,还可以按照要求灵活方便地进行各种版式设计。为了达到版式多样化的要求,就需要对文字进行调整处理。通过本章的学习,设计师能掌握文字创建的基本操作,中文排版中文字编辑需要注意的问题以及运用样式提高工作效率,最后通过纯文字设计实例让设计师熟练掌握InDesign CS5对文字的处理功能。

设计要点

- 图书、期刊杂志、报纸、公文字体字号的设定
- 复合字体
- 对齐方式的运用
- 标点挤压设置

印刷要点

- 置入文字常见问题:出现乱码、出现网格、出现带颜色底的警告字体
- 输出中的字体问题:系统字问题、小字描边问题、宋体与中等线字套准问题

3.1 文件的管理

在InDesign CS5中创建文字必须要有文本框，文本框是承载文字的框架，然后才能在InDesign CS5中添加文字。本小节主要讲解文本框的创建和编辑，以及添加文字的方法和经常遇到的问题。

3.1.1 文本框的运用

在InDesign CS5文档中，所有的文本都必须在文本框内，文本框是InDesign CS5区别于其他排版软件的重要功能，它的作用在于方便设计师对文本进行调整及修改。

下面主要讲解创建文本框以及使用文本框选项编辑文本框的方法。

1. 文本框的创建

设计师可以使用【文字工具】拖曳绘制一个文本框，也可以通过图形转换为文本框或者在置入文本时生成文本框，下面分别介绍这3种创建文本框的方法。

①创建任意大小的文本框

设计师可以根据版面的需要在页面中拖曳任意大小的文本框，操作步骤如下。

在工具箱中选择【文字工具】，在页面内文字起点处按住鼠标左键沿对角线方向拖曳，绘制一个矩形框，光标自动插入到文本框内，如图3-1所示。设计师可以直接输入文字，也可以复制粘贴一段文字到文本框内。

②图形转换为文本框

设计师可以先使用矩形工具、矩形框架工具创建矩形、椭圆形、多边形，再转换为文本框，也可以用路径绘制出较为复杂的文本框，让文本框不再是单一的矩形。

【矩形工具】绘制文本框的操作步骤如下。

❶ 在工具箱中选择【矩形工具】，在页面内文字起点处按住鼠标左键沿对角线方向拖曳绘制一个矩形框。

❷ 使用【文字工具】，单击新建的矩形框，当光标插入到文本框内时，则设计师可以输入文字，如图3-2所示。

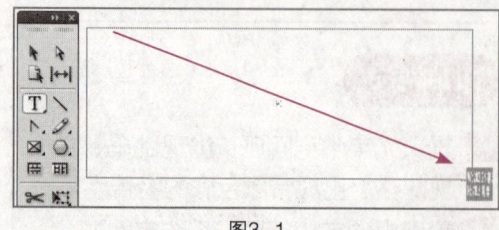
图3-1

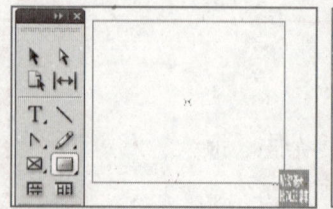

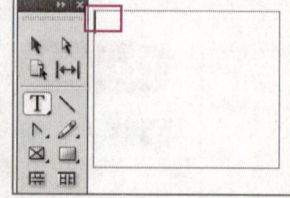
图3-2

【钢笔工具】绘制文本框的操作步骤如下。

在工具箱中选择【钢笔工具】，绘制一个图形，然后使用【文字工具】，单击此图形，将其转换为文本框，如图3-3所示。

图3-3

③置入时自动生成文本框

可以通过置入文字自动生成一个文本框，操作步骤如下。

执行【文件】→【置入】命令，或者按快捷键Ctrl+D，选择一段文本，单击【确定】按钮。置入的文字自动生成文本框，如图3-4所示。

在执行完置入命令之后，设计师通常习惯在页面内直接单击鼠标置入文字，然后再调整到适合的位置。为了提高工作效率，可以使用一步到位的方法，即在置入文本之前用鼠标拖曳出适合版面的文本框，再松开鼠标，如图3-5所示。

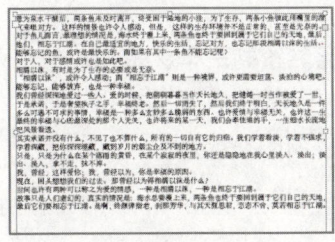

图3-4

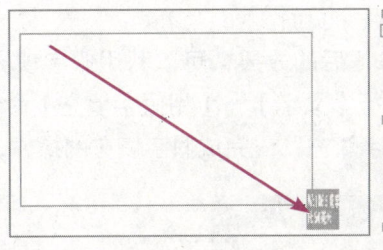

图3-5

2. 文本框的编辑

【框架适合内容】和【文本框选项】是调整文本框最常使用到的两个功能，尤其是【文本框选项】，其中的一些设置能够使带描边或填充效果的文本框更美观。

①框架适合内容

在创建文本框时，文本框不一定都合适文字的内容。若文本框较大而文字较少，文本框内就会有多余的空白部分；若文本框较小而文字较多，就会出现溢流文本。这都需要对文本框进行调整。【框架适合内容】按钮是最常用到的调整文本框的工具。

在置入文字后，使用【选择工具】选择文本框，【框架适合内容】按钮才会在控制调板中出现。单击控制调板右上角的【框架适合内容】按钮，如图3-6(a)所示，文本框就能与文字容量相一致，如图3-6(b)所示。调整框架适合内容还有一个好处，就是能准确地对齐对象。

> **提示**
>
> 用【选择工具】选中文本框后，单击鼠标右键，在弹出的下拉菜单中选择【适合】→【使框架适合内容】命令。如果该工具使用频率较高，也可以执行【编辑】→【键盘快捷键】命令，创建快捷键。

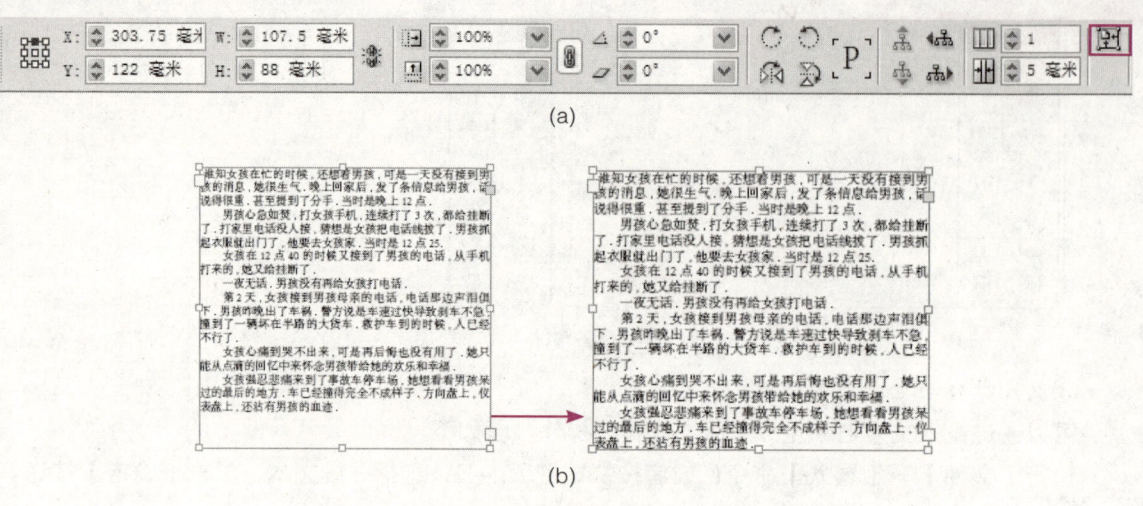

图3-6

② 文本框选项

【文本框选项】能调整文本框的内边距和分栏，如图3-7所示。它与在新建文档时看到的【边距和分栏】功能类似，但两个选项作用的对象不同。【文本框选项】作用的对象是单个文本框，而【边距和分栏】调整的是整个页面。

为了让设计师看到调整文本框后的效果，可以利用假字填充功能。绘制一个文本框，使用【文字工具】插入光标，然后执行【文字】→【用假字填充】命令，或者在文本框中右击鼠标，在弹出的下拉菜单中选择"用假字填充"，完成假字填充的操作，效果如图3-8所示。

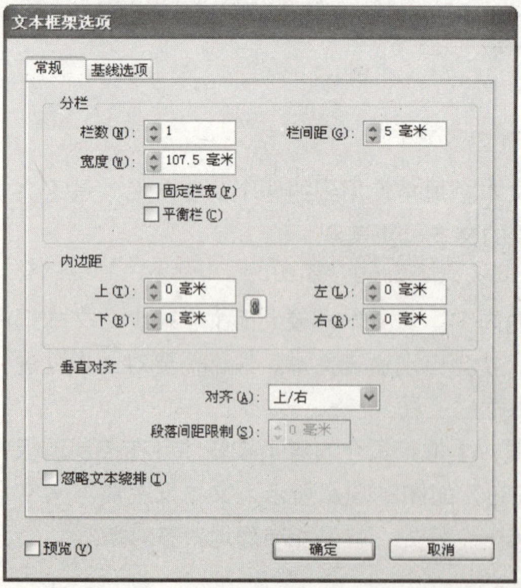

图3-7 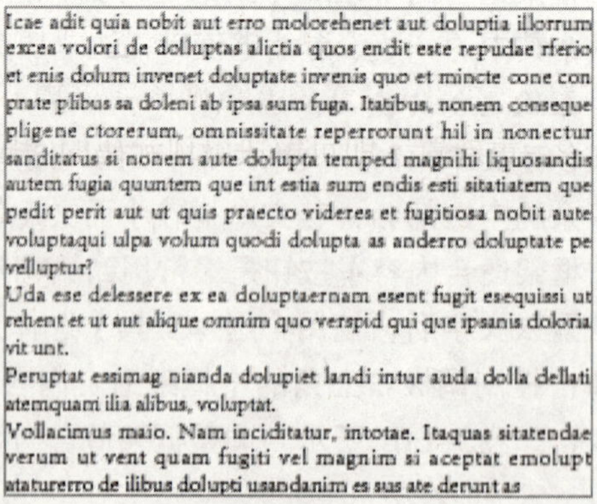　　　　　　　　　　　图3-8

在对文本框描边或者填充底色时可以看到，文字紧挨着边框，影响版面效果，如图3-9所示。可以使用【文本框选项】中的【内边距】选项解决这一问题，如图3-10所示。

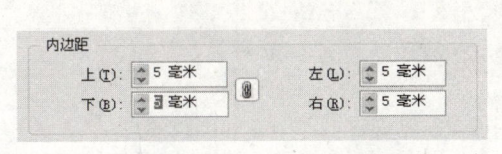
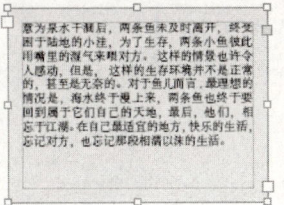

图3-9　　　　　　　　　　　　　图3-10

设计师还可根据需要调整文本框的分栏数以及栏宽和行间距，如图3-11所示。

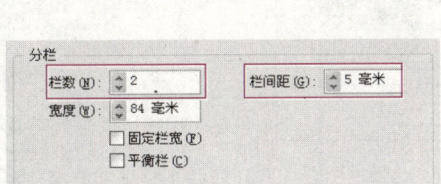
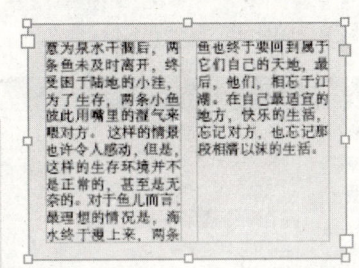

图3-11

3.1.2　添加文字的方法

在InDesign CS5中可以直接输入、置入、复制粘贴、拖曳文本，设计师在执行这些操作时常会碰到文字出现乱码、带颜色底字体等问题。下面将介绍解决这些问题的方法。

1. 输入文字

一般情况下，很少在InDesign CS5中输入篇幅很长的文字，通常只输入较短的文字或者标题。使用【文字工具】拖曳文本框后，插入光标，即可开始输入文字，如图3-12所示。

2. 置入文字

"置入"是添加文字最常使用的方法，而错误的设置和置入文件的不规范常导致下面3个问题：置入文字出现乱码、置入文字出现网格、置入的Word文件出现带颜色底的警告文字。

① 置入文字出现乱码

在置入文字时设置了不正确的字符集，就会出现文字乱码，如图3-13所示。把字符集改为GB2312后重新置入即可解决出现乱码的问题。

图3-12　　　　　　　　　　　　　图3-13

操作步骤如下。

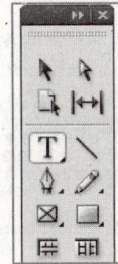 执行【文件】→【置入】命令，弹出【置入】对话框。在【置入】对话框中选中【显示

导入选项】复选框，单击【打开】按钮，如图3-14所示。

图3-14

❷ 弹出【文本导入选项】对话框，在【字符集】下拉文本框中选择GB2312，单击【确定】按钮，如图3-15所示。

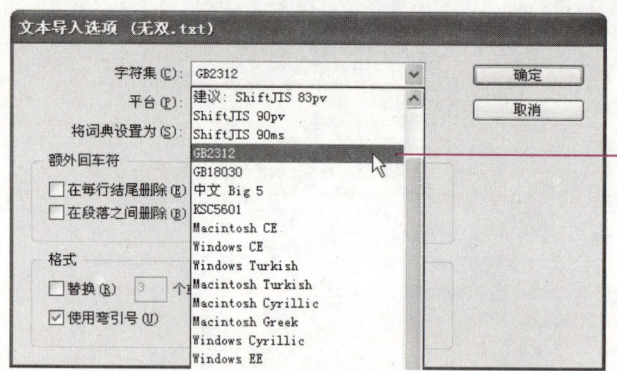

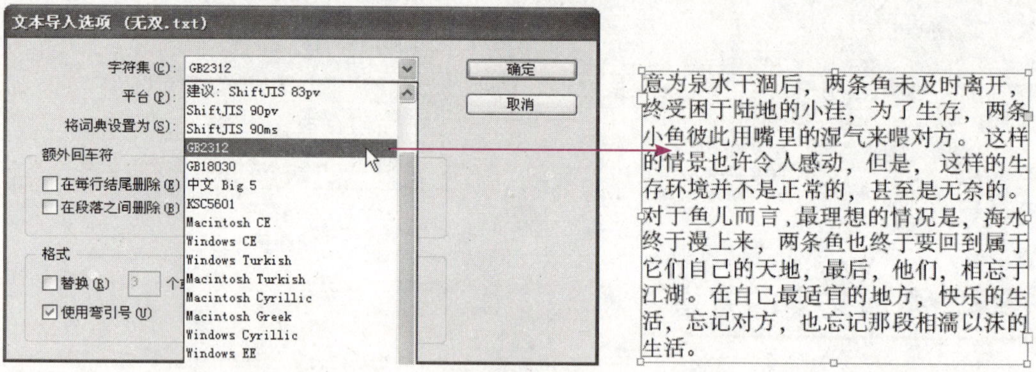

图3-15

提示

不同的字符集设置不同的文字。
GB2312、GB18030字符集支持简体中文，中文 Big 5字符集支持繁体中文。在简体中文排版时通常设置字符集为GB2312。

②置入文字出现网格

置入文字时看到带网格的文本，如图3-16所示。要使置入的文本不带网格，可执行【文件】→【置入】命令，在弹出的【置入】对话框中，取消选中【应用网格格式】复选框，如图3-17所示。

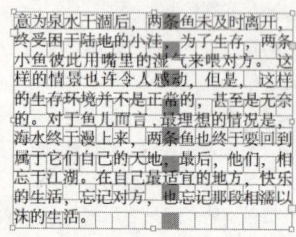

图3-16

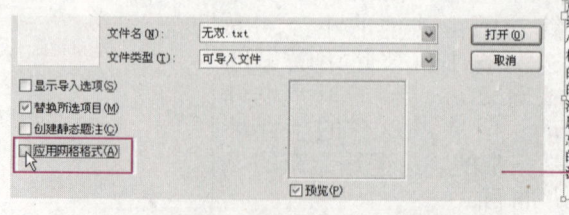

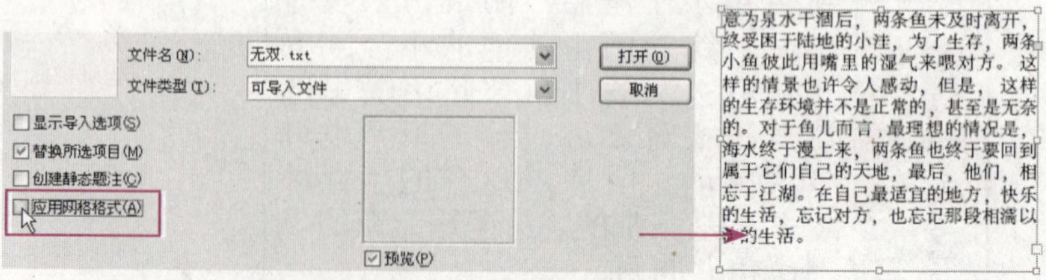

图3-17

如果文本已经带有网格，又不想重新置入，可以执行【视图】→【网格和参考线】→【隐藏框架网格】命令，或者按快捷键Ctrl+Shift+E，使网格不在屏幕上显示，如图3-18所示。

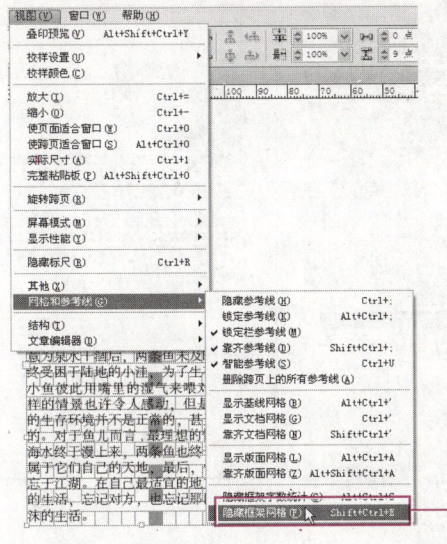

图3-18

③置入的Word文件出现带颜色底的警告文字

在置入Word文件时，若出现带颜色底的文字，说明一些文字样式在置入到InDesign CS5中无法识辨，如图3-19所示。这时只要在段落样式中清除InDesign CS5无法识辨的样式即可，如图3-20所示，操作步骤如下。

❶ 执行【文件】→【置入】命令，在【置入】对话框的【查找范围】下拉文本框中打开光盘目录下的"素材\第3章\初秋的雨.doc"文件，单击【打开】按钮后，弹出【缺失字体】对话框，单击【确定】按钮。可看到带颜色底的警告字体，并且无法看到原来在Word中设计的版式，所以建议设计师不要在Word中排版，如图3-19所示。

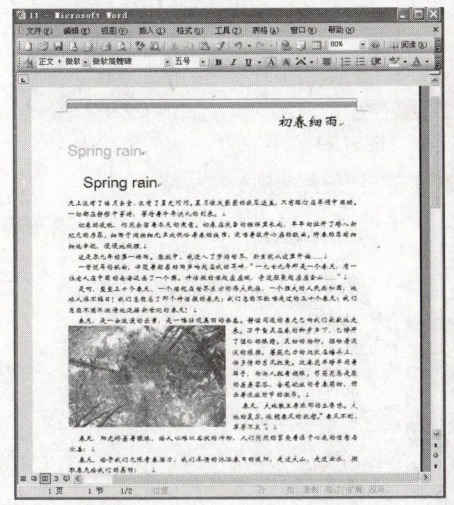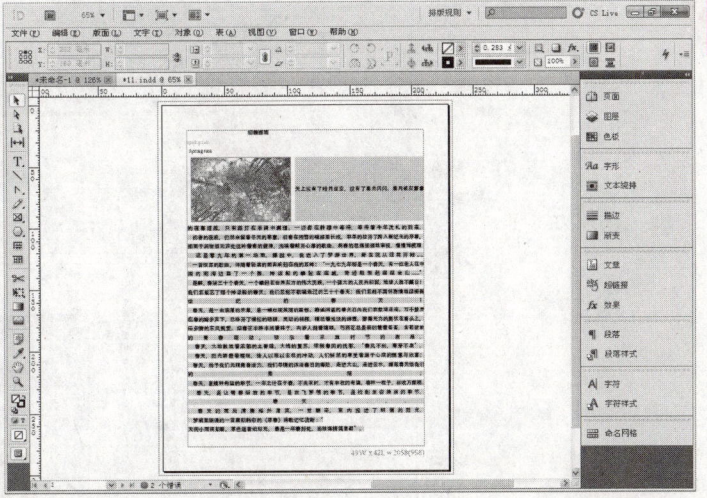

图3-19

❷ 打开【段落样式】调板，按住Alt键单击正文，可清除在Word中使用的样式，如图3-20所示。为了避免字体出错，建议设计师把Word文字存储为纯文本格式。

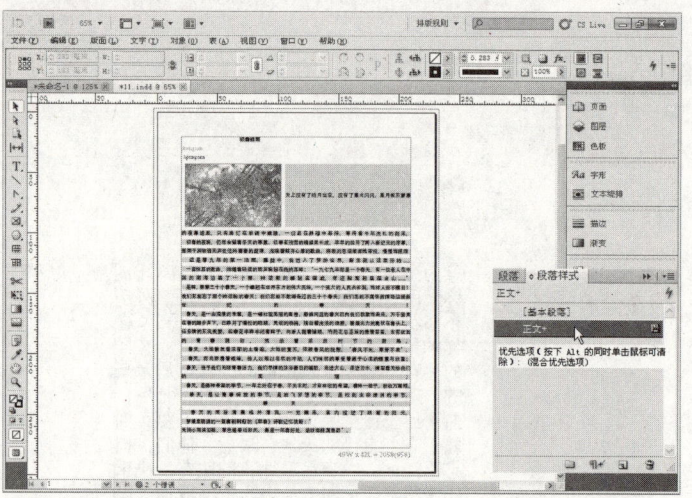
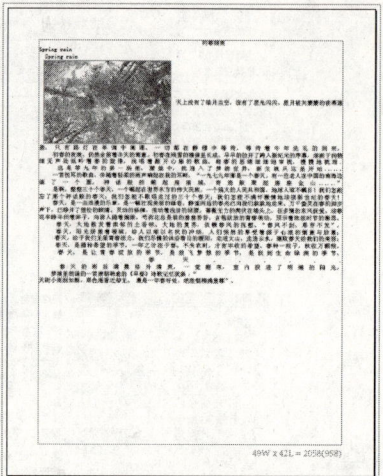

图3-20

提 示

InDesign CS5一般默认置入的字体为宋体,设计师可以根据平常工作中常使用的字体进行调整。调整方法如下。

在没有新建或者打开InDesign CS5文档之前,打开【字符】调板,在【字体】下拉文本框中选择需要设置的字体,如图3-21所示。完成操作后,在下次置入文本时,将显示设计师所设置的字体,如图3-22所示。

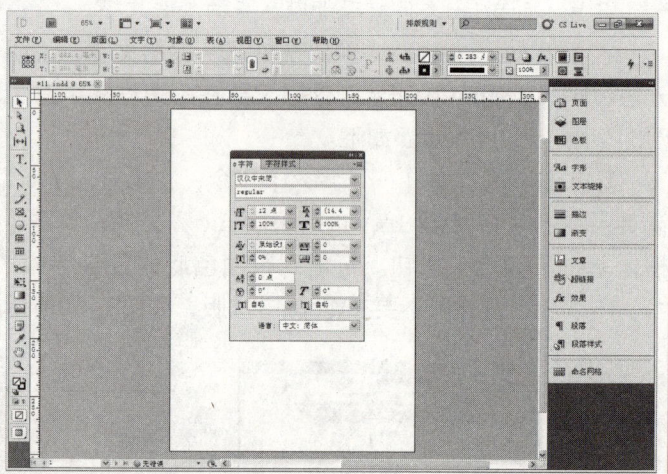

图3-21

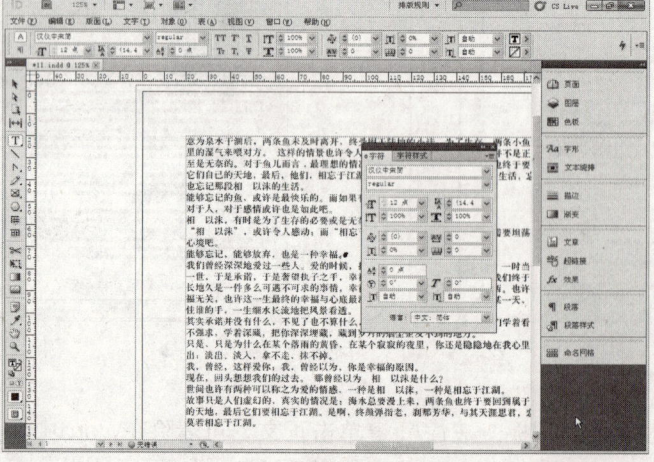

图3-22

3. 粘贴文字

将文本从不同软件（如Word、纯文本等）粘贴到InDesign CS5时，InDesign CS5可去掉文字原有的样式，以不带文字样式的文本出现在页面中；也可以使文字带有原有的样式。操作方法如下。

在粘贴文字之前，执行【编辑】→【首选项】→【剪贴板处理】命令，弹出【首选项】对话框，在【从其他应用程序粘贴文本和表格时】复选区中，有两个选项：所有信息、纯文本，如图3-23所示。设计师可根据需要进行选择。如图3-24所示为保留所有信息粘贴时的效果，图3-25所示为以纯文本格式粘贴时的效果。

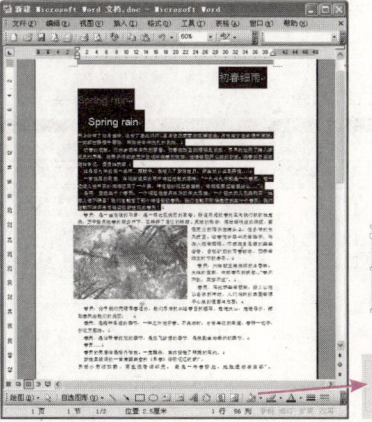

图3-23

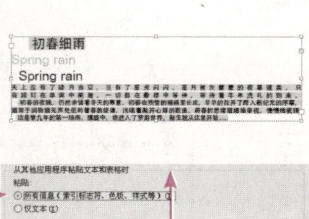

图3-24

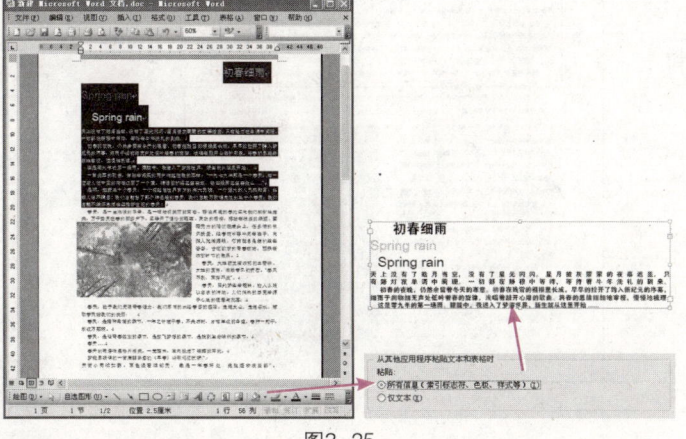

图3-25

> **提示**
>
> 打开光盘目录下的"素材\第3章\初秋的雨.doc"文件，复制一段文字，然后粘贴到InDesign CS5中。因为该Word文档带有InDesign CS5不支持的样式，所以字体都带有底色。

3.2 文字的编辑

排版离不开文字与图，因此熟练掌握文字编辑功能很重要。通过本节的学习，设计师能了解一般出版物字体、字号的设置方法以及文字的校对方法。

3.2.1 字体字号的设置

下面就介绍几种常见出版物的字体、字号，并介绍复合字体的创建方法以及一些常用选项的操作，解决输出中的常见字体问题。

1. 各种出版物常用的字体字号

①图书

图书版面标题字大小选择的主要依据是标题的级别层次、版面开本的大小、文章篇幅长短和出版物的类型及风格4个方面。下面以成品尺寸为140毫米×210毫米的图书为例，介绍图书字体和字号的常用设置，如图3-26所示。

在图书排版时，标题往往要分级处理，因此，一般要根据级别的划分来选择标题字的字号大小和字体变化。一级标题通常称为大标题，可选用大号字体，而后依次递减选用字号，由大到小。

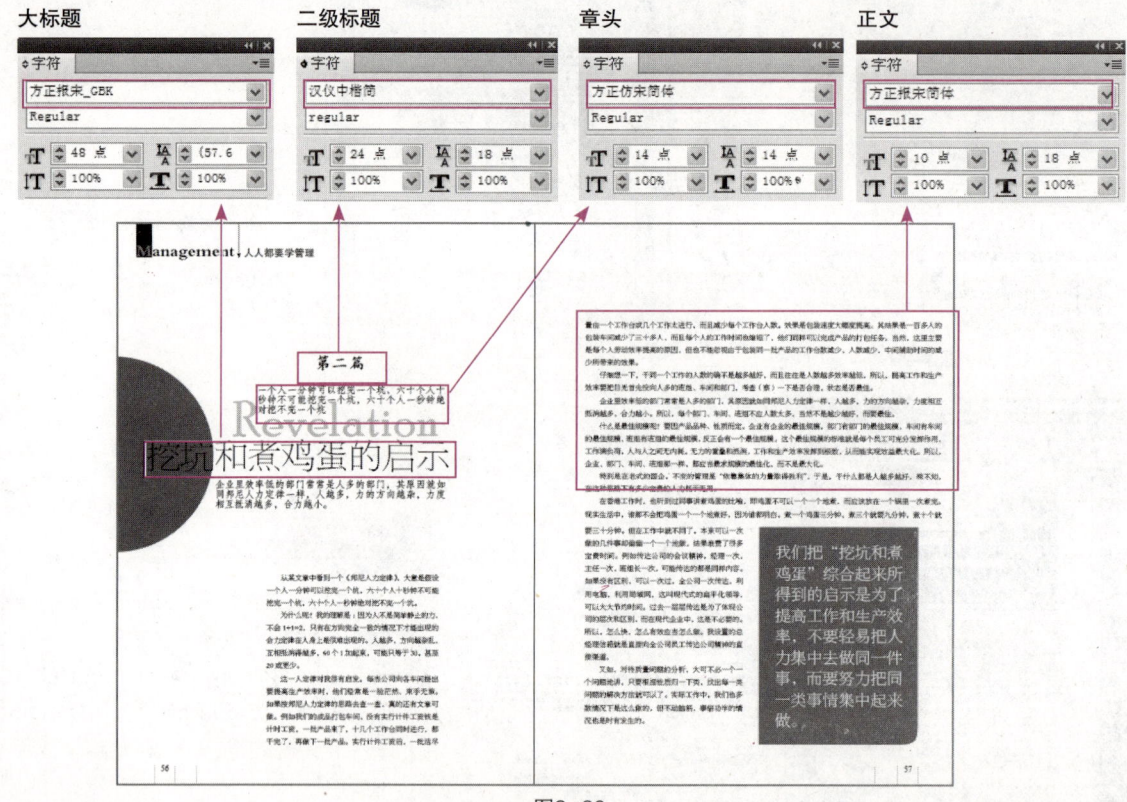

图3-26

> **提示**
>
> 图书标题的字体一般不追求太多的变化，多采用黑体、宋体、仿宋体和楷体等基本字体，不同级的标题可以选用不同的字体。
>
> 图书标题字体的大小主要根据标题的级别来选择，常见的大标题字体选择范围有以下几种。
>
> ①16开版面的大标题可选用小初号（36磅）、一号（27.5磅）和二号字（21磅）。
>
> ②32开版面的大标题可选用二号字（21磅）和三号字（15.8磅）。
>
> ③64开版面的大标题可选用三号字（15.8磅）和四号字（14磅）。

②期刊杂志

期刊杂志非常重视标题的处理，把标题排版作为版面修饰的主要手段。标题的字体变化更为讲究。期刊杂志的标题无分级要求，标题字号普遍要比图书标题字号大，字体的选择更加多样化，字号的变化修饰更为丰富。期刊杂志标题的排法要能够体现出版物的特色，与文章内容、栏目等内容风格相符。

下面以成品尺寸为210毫米×285毫米的杂志为例，介绍字体和字号的设置，如图3-27所示。

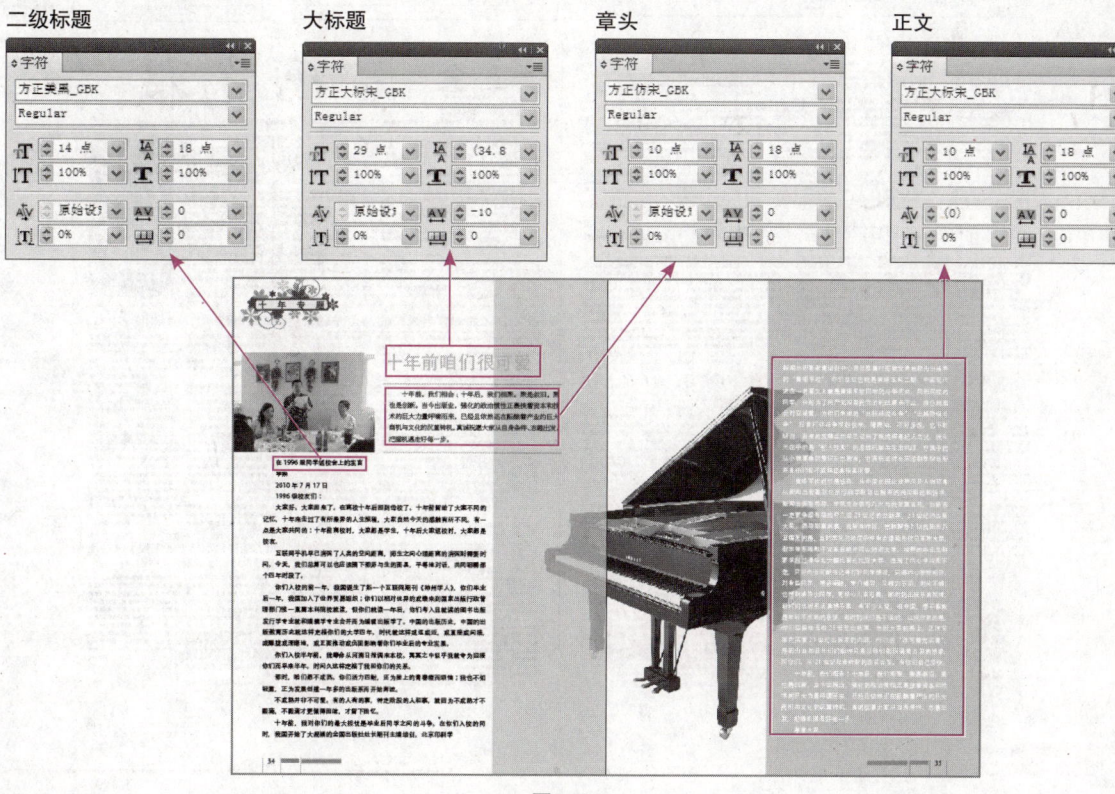

图3-27

> **提 示**
>
> 针对不同阅读场合的出版物，字号要求也不同。如适用于地铁、公交车上阅读的出版物字号一般要比室内阅读的出版物字号大。因为在略带晃动的场合，字号太小不易看清出版物的内容，所以设计师在设计出版物时要考虑出版物的使用范围。
>
> 针对不同年龄层阅读的出版物的字号大小也不尽相同。比如，老人往往视力下降，因此针对老年人的出版物通常字号设置为小四号（12磅）、五号（10.5磅）；儿童出版物的文字不宜过密、字号也应大些，字号一般为小四号（12磅）、五号（10.5磅）；普通出版物的字号一般为五号（10.5磅）、小五号（9磅）。

③报纸

报纸标题的用字非常讲究，标题字的大小要根据文章的内容、版面的位置、篇幅的长短进行安排，字体上往往追求多样化。因此，在报纸排版时，字体应尽量配置齐全，以满足编排报纸的需要，如图3-28所示。

图3-28

> **提示**
>
> 字号单位的换算关系及用途见表3-1。

表3-1

字号	磅数（p）	级数	（近似）毫米	主要用途
七号	5.25	8	1.84	排角标
小六号	7.78	10	2.46	排角标、注文
六号	7.87	11	2.8	角注、版权注文
小五号	9	13	3.15	注文、报纸正文
五号	10.5	15	3.67	书籍报纸正文
小四号	12	18	4.2	标题、正文
四号	13.75	20	4.81	标题、公文正文
三号	15.75	22	5.62	标题、公文正文
小二号	18	24	6.36	标题
二号	21	28	7.35	标题
小一号	24	34	8.5	标题
一号	27.5	38	9.63	标题
小初号	36	50	12.6	标题
初号	42	59	14.7	标题

④公文

公文的标题用字主要有两个部分，一是文头字，二是正文标题字。文头就是文件的名称，多用较大的标题字，如标宋体、大黑体、隶书、美黑体或者专门的手写体字；正文大标题多采用二号标题宋体或黑体，小标题采用三号黑体或标题宋体。公文用字比较严谨，字体变化不多，但需要注意的是，公文中的标题字体不要用一般的宋体，而应当使用标题宋体，如小标宋体，否则排出的版面不美观，标题不突出，显得"题压不住文"。

下面以成品尺寸为210毫米×285毫米的通告为例，介绍通告字体和字号的设置，如图3-29所示。

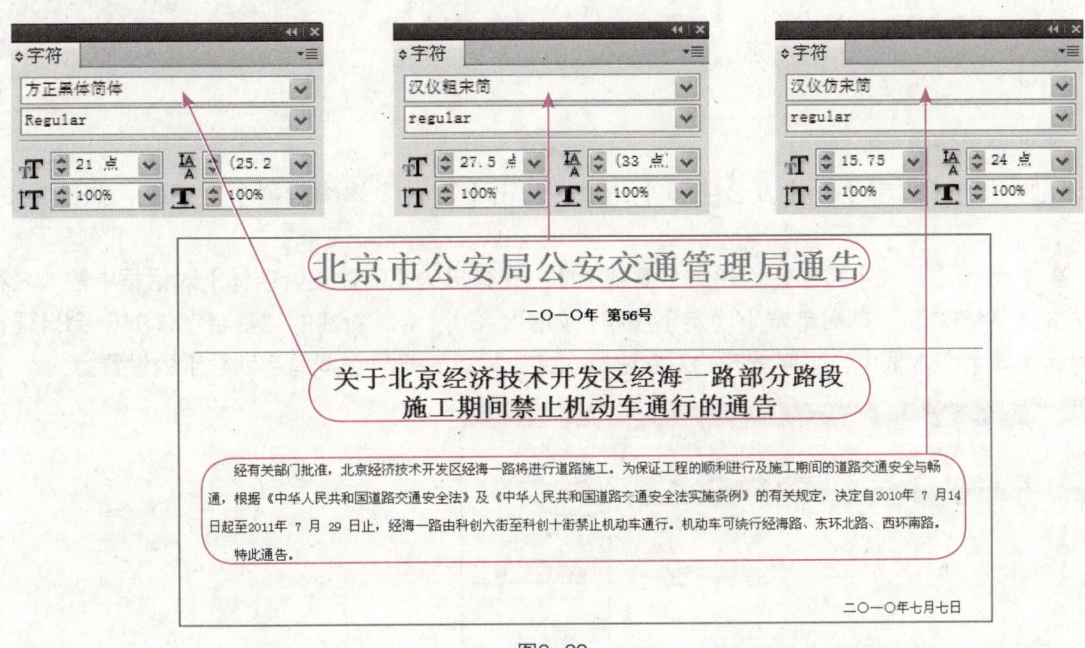

图3-29

> **提示**
>
> 正文的排列形式分为文字的密排、疏排和紧排三种。
> ①密排是常规的排版方式。文字被导入到排版软件中后，排版软件会根据文字大小自动设置符合人类视觉习惯的字间距。
> ②疏排常用于儿童读物、小学课本和老年刊物等特殊排版，也适用于篇幅较短的文章。使用疏排方式排版的文字可以减轻人们在阅读时的疲劳。
> ③紧排就是文字与文字之间紧密排列。紧排可能造成字与字之间的笔画相连。一般很少使用这种排法，这种方式只用于报纸排版中，正文剩下少量文字排不下时的"挤版"，或按正常排版显得过于稀疏的外文字符的特殊处理，以及信息量较大的出版物。

2. 复合字体

将不同字体的不同部分混合在一起，即为复合字体。通常，这种方法用于混合罗马字体与中日韩文字体。在中英文混排时，为了使版面更加美观，通常对汉字使用中文字体，英文字符使用英文字体，并作为一种复合字体来使用，以避免出错。

如图3-30所示，可以看到设置复合字体与不设置复合字体的区别。

5月19日，Adobe公司在北京召开题为“创意5极限”的Adobe Creative Suite 5中国区用户大会，并重磅推出了全新Creative Suite 5产品系列。与会的1000余位来自各个行业的设计和研发人员、合作伙伴、终端用户及媒体记者共同见证了这一创意设计无疆界时代开启的重要时刻。在Creative Suite 5产品系列各种全新特性的支持下，相信无论你是创意专业人员、编码开发人员、视频艺术家，亦或是从事其它创意产业的相关人士，甚至业余的视觉创意发烧友，都将感受到Adobe席卷来的新一轮创意浪潮！

无复合字体

5月19日，Adobe公司在北京召开题为“创意5极限”的Adobe Creative Suite 5中国区用户大会，并重磅推出了全新Creative Suite 5产品系列。与会的1000余位来自各个行业的设计和研发人员、合作伙伴、终端用户及媒体记者共同见证了这一创意设计无疆界时代开启的重要时刻。在Creative Suite 5产品系列各种全新特性的支持下，相信无论你是创意专业人员、编码开发人员、视频艺术家，亦或是从事其它创意产业的相关人士，甚至业余的视觉创意发烧友，都将感受到Adobe席卷来的新一轮创意浪潮！

有复合字体

图3-30

①复合字体的创建

1 执行【文字】→【复合字体】命令，弹出【复合字体编辑器】对话框，如图3-31所示。

2 单击【新建】按钮，创建一个复合字体。在弹出的【新建复合字体】对话框中输入名称为“复合字体01”，然后单击【确定】按钮，如图3-32所示。新建的“复合字体01”会出现在【复合字体】文本框中，下面就开始对它进行汉字、标点、符号、罗马字和数字的设置。

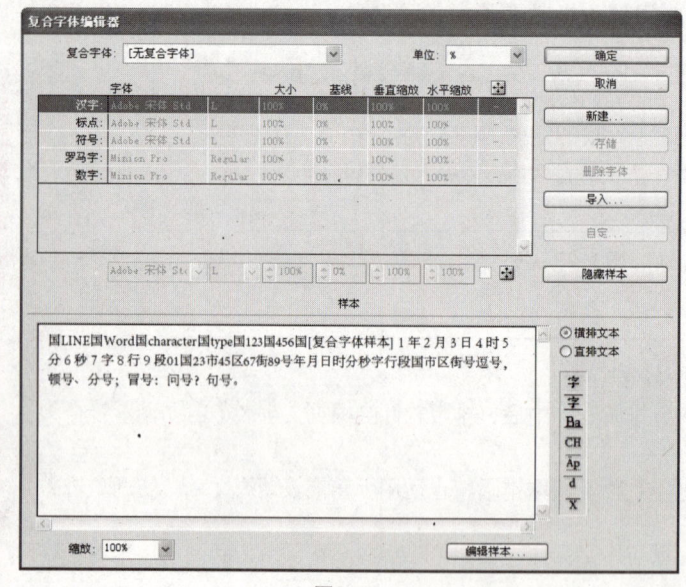

图3-31

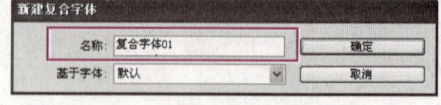

图3-32

3 对复合字体进行的设置都可以通过【样本】看到效果，并且可以对样本进行编辑，单击【编辑样本】按钮，在弹出的【编辑样本】对话框中输入内容即可，如图3-33所示。还可以通过设置【缩放】来调整样本显示的大小，如图3-34所示。

4 单击汉字字符，在【汉字】输入菜单中可以看到，汉字的大小、基线、垂直缩放和水平缩放都显示为灰色，表示不能对其进行设置，只能对汉字选择字体。在本例中选择“汉仪中等线简”，如图3-35所示。在排版时，设计师可以根据需要设置经常要用到的字体。

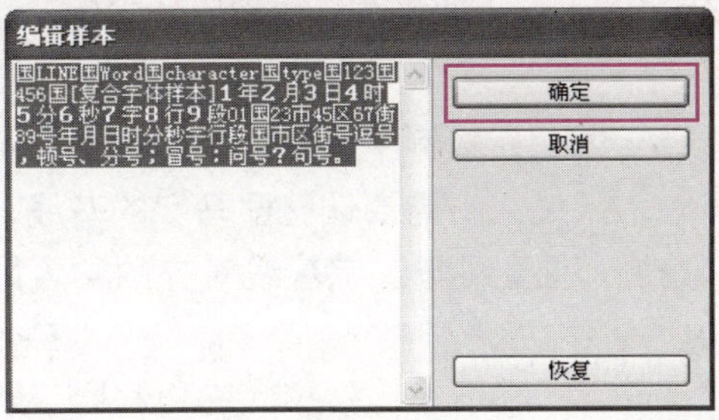

文字的处理　第3章

图3-33

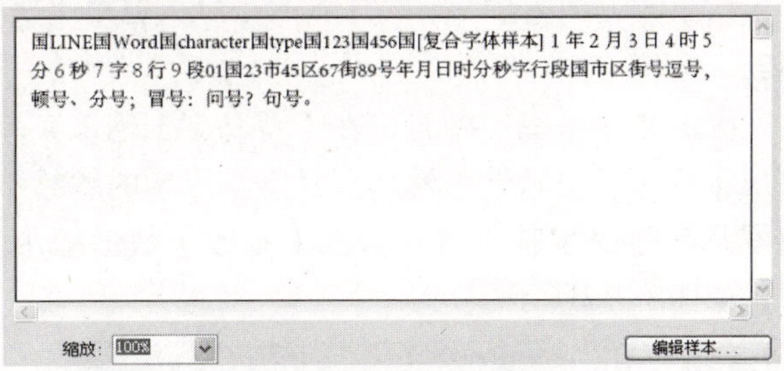

图3-34

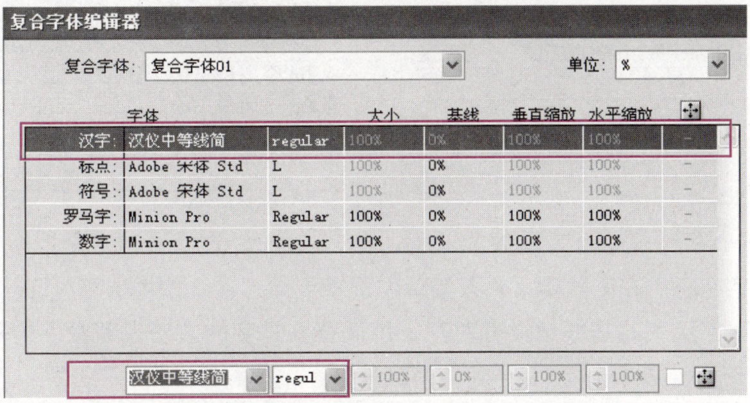

图3-35

❺　单击标点字符，在【标点】输入菜单中选择字体。一般选择较为圆滑的中文标点，在本例中选择"汉仪中宋简"。另外，还可以调整标点的基线，单击【样本】右边的【全角字框】按钮，可以看到不同字体的基线位置，发现它们没有在同一水平位置上，如图3-36所示，因此要对基线进行调整。

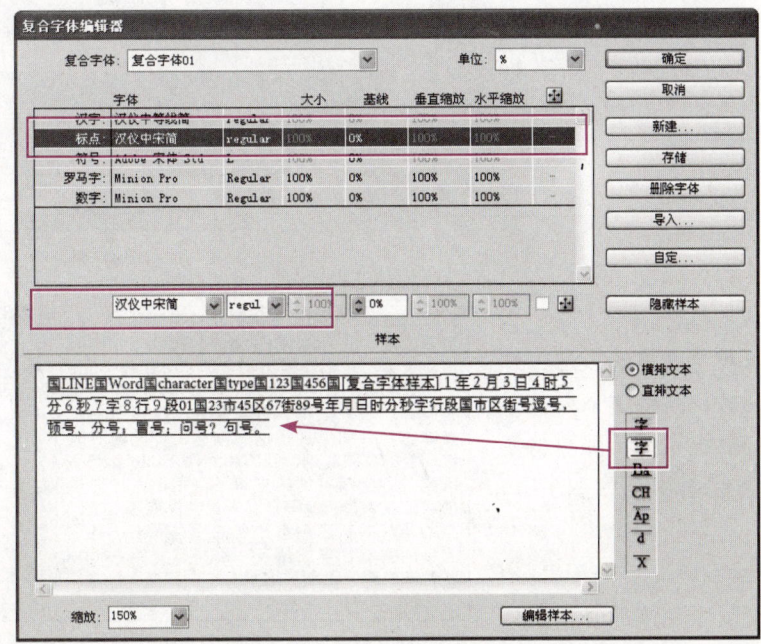

图3-36

InDesign CS5　第3章　45

❻ 单击符号字符，在【符号】输入菜单中选择字体，在本例中选择与标点相同的字体，如图3-37所示。

❼ 单击罗马字字符，在【罗马字】输入菜单中选择字体，在本例中选择Arial。设计师可以从【样本】文本框中看到罗马字与汉字的基线不在同一水平线上，需要调整罗马字的基线，使罗马字与汉字基线对齐。在【基线】数值框中输入数值，调整到与汉字基线对齐的位置即可，如图3-38所示。

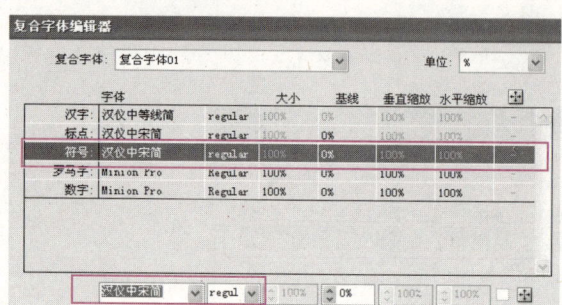

图3-37

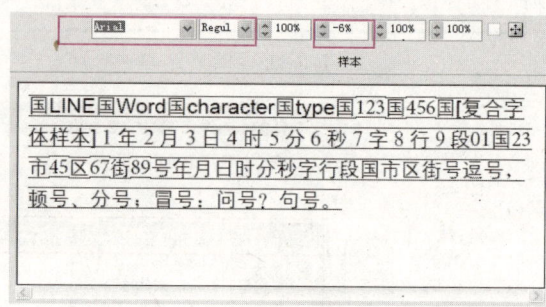

图3-38

❽ 单击数字字符，在【数字】输入菜单中选择字体，在本例中选择Arial。在【样本】文本中可以看到，数字与汉字的基线也没有对齐，用调整罗马字的方法调整数字的基线，如图3-39所示。

❾ 设置完成后，单击【存储】按钮，保存复合字体。单击【确定】按钮，完成复合字体的操作。如果继续设置下一个复合字体，可以单击【新建】按钮，然后在弹出的【新建复合字体】对话框中，在【基于字体】下拉文本框中选择上一个复合字体（本例中讲解的是"复合字体01"），这样可以基于上一个复合字体进行设置，如图3-40所示。

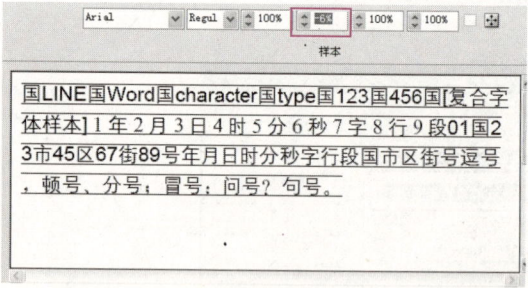

图3-39

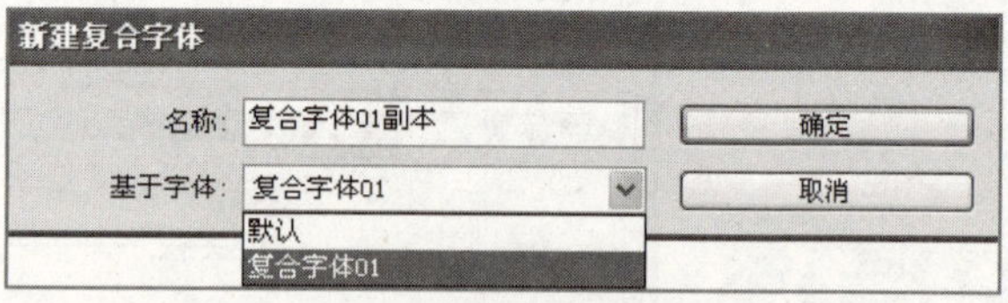

图3-40

② 复合字体的应用

选择需要设置复合字体的段落，然后打开【字符】调板，在字体下拉菜单中找到前面设置的复合字体，即可将复合字体应用到所选段落中，如图3-41所示。

③ 复合字体的提取

设计师将带有复合字体的indd文档拿到出片公司或者在另一台计算机上修

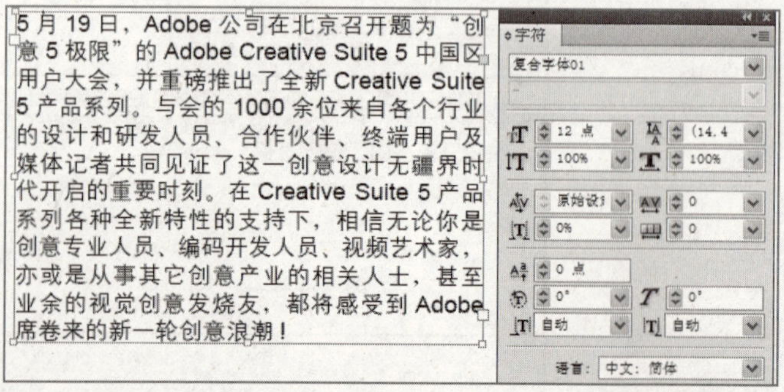

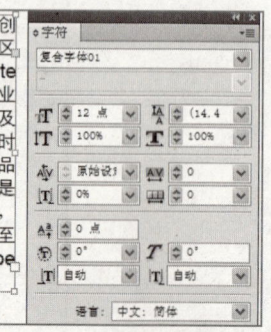

图3-41

改时，需要将复合字体中用到的字体与indd文档一起复制过来，这样可以避免缺失字体的情况。

提示

Windows字体的存放路径是"C:\WINDOWS\Fonts"。
在这个文件夹下可以找到文档中用到的字体，并复制粘贴到indd文档所在的文件夹中。

3. 输出中的字体问题

在输出时，经常会碰到由于字体出现的各种问题，如系统字问题、小字描边问题、宋体字与中等线字套准问题。

①小字描边问题

设计师在排版时，应该考虑到后期印刷能否较好地实现设计效果。尤其是在对字体进行描边时，如图3-42所示。由于太小的字体印刷套准比较困难，因此，建议不要对9点或9点以下的字体进行描边，并且，使用单色字体可减轻套准难度。

②宋体字与中等线字的套准问题

在选择正文字体时，建议使用中等线字体（如汉仪中等线简和方正中等线简体等），而不使用横细竖粗的宋体字（如汉仪仿宋简、汉仪大宋简和方正宋一简体等），如图3-43所示。使用粗细均匀的中等线字体便于印刷套准，使用宋体字时，特别是用小号字时，对于较细的横笔画，往往会导致套印不准、字体模糊的情况。

 设计时对字号为7点的字体进行了0.25毫米的绿色描边。此设计方案所用颜色多，且字号较小，并使用了描边效果，给印刷套准加大了难度，容易出现印刷质量问题。

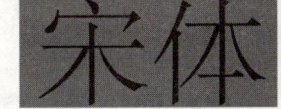 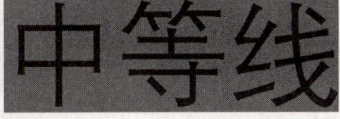

图3-42　　　　　　　　　　　　　　图3-43

4. 其他常用选项

在对字体进行设置时，除了常用的【字符】调板，还有其他一些比较实用的功能，如着重号的使用、分行缩排设置、上标和下标的运用以及字形等。下面为设计师分别讲解这些知识。

①着重号

在排版需要重点突出的文字时，可以使用着重号来突出效果，下面讲解设置着重号的操作步骤。

1 选择一段文字，打开【字符】调板，单击【字符】调板右侧的黑色三角按钮，在弹出的下拉菜单中选择【着重号】→【着重号】选项，或者按快捷键Ctrl+Alt+K，打开【着重号】对话框，如图3-44所示。

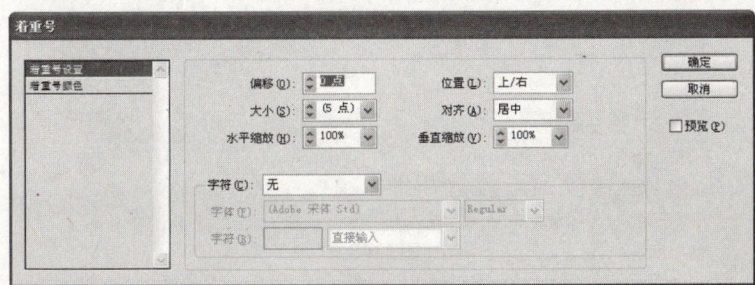

图3-44

❷ 在【字符】下拉文本框中选择"实心小圆点",如图3-45所示。然后调整字符的偏移、大小、位置、对齐方式,在本例中设置字符偏移为1点、位置设为下/左,大小为4点,对齐为居中,如图3-46所示。

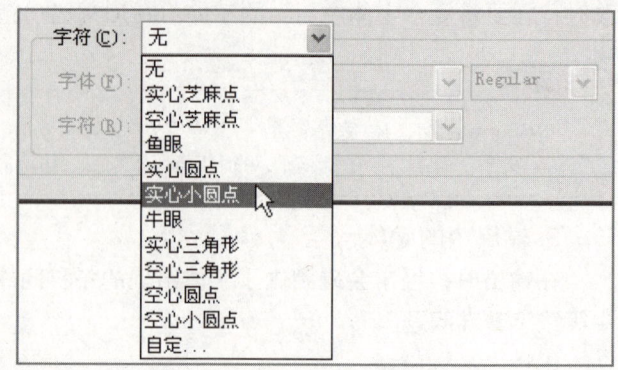

图3-45

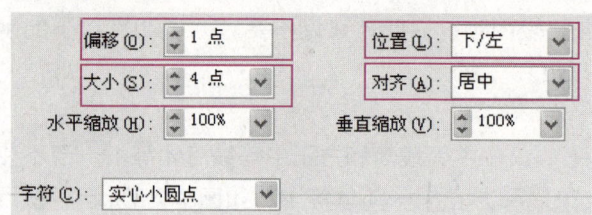

图3-46

❸ 着重号设置完毕后,还可以为其添加颜色。选择【着重号】对话框左边的【着重号颜色】选项,在调板中可以设置字符的颜色和描边。在本例中设置色调为蓝色(C=100,M=0,Y=0,K=0),描边为品红(C=0,M=100,Y=0,K=0),粗细为0.1毫米,如图3-47所示。

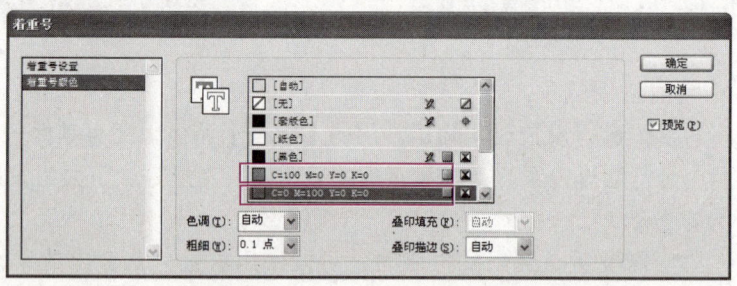

图3-47

提示

在对着重号进行填色和描边时,要注意填色与描边调板是否在当前的选中状态。

另外,在对着重号设置字符时,也可以自定字符。在【字符】下拉文本框中选择"自定",然后选择所需的字体,直接输入字符即可,如图3-48所示。

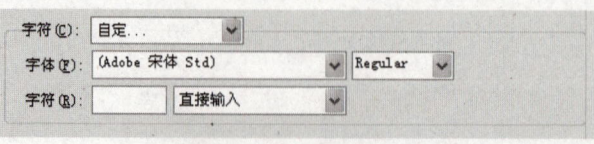

图3-48

②分行缩排

分行缩排设置可以将同一行中的几个文字分行缩小排放在一起，通常在广告语、古文注释中用到，设置操作如下。

❶ 用【文字工具】拖曳出一个文本框，并输入文字"买新星电脑送正版软件"。选中"新星电脑"并单击【字符】调板右侧的黑色三角按钮，选择【分行缩排设置】，如图3-49所示。

❷ 在弹出的【分行缩排设置】对话框中，选中【分行缩排】复选框，分行行数设为2，分行缩排大小为原来的50%，对齐方式为居中，然后单击【确定】按钮完成操作，如图3-50所示。

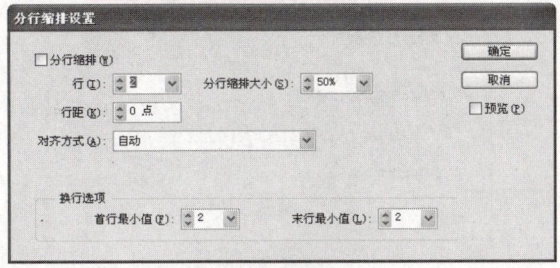

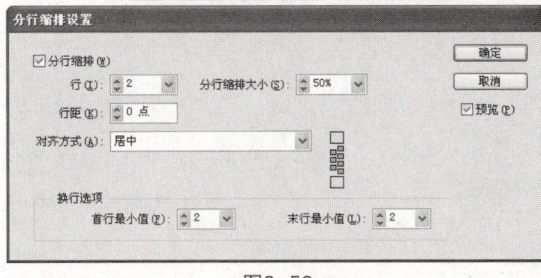

图3-49

图3-50

③上标和下标

InDesign CS5的【上标】和【下标】功能，能够很好地实现对数学公式的排版。设置上标和下标的操作步骤如下。

❶ 选择【文字工具】，拖曳出一个文本框，输入"a23"。然后选择"2"，单击【字符】调板右侧的黑色三角按钮，在弹出的下拉菜单中选择"下标"，如图3-51所示。

❷ 选择"3"，单击字符调板右侧的黑色三角按钮，在弹出的下拉菜单中选择"上标"，如图3-52所示。

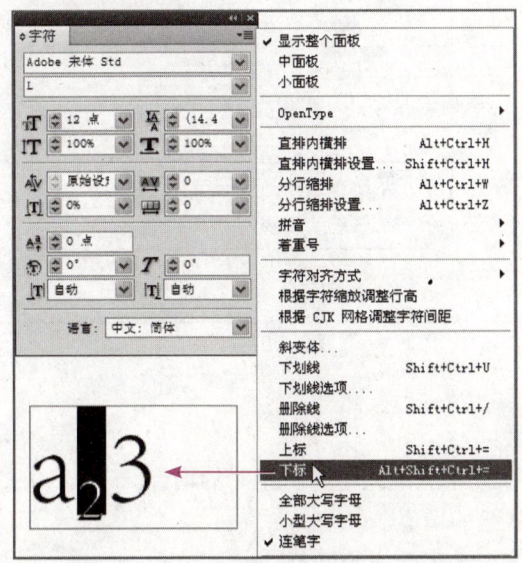

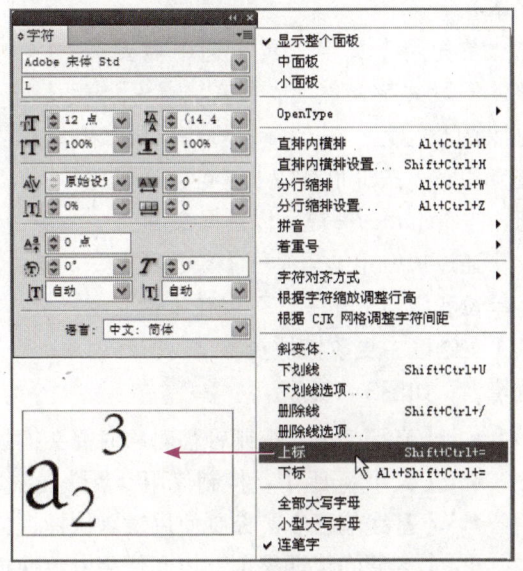

图3-51

图3-52

❸ 还可通过【字符】调板中的【字符间距调整】调整"2"和"3"的距离，如图3-53所示。

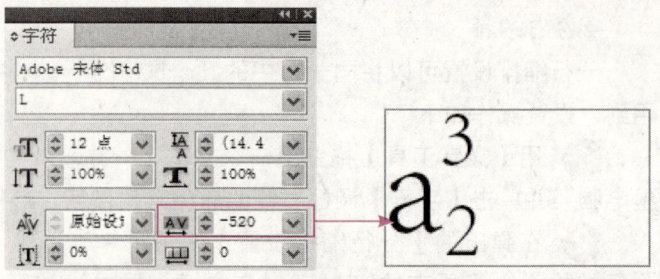

图3-53

另外，还可通过执行【编辑】→【首选项】→【高级文字】命令，指定【上标】和【下标】的移动量，如图3-54所示。

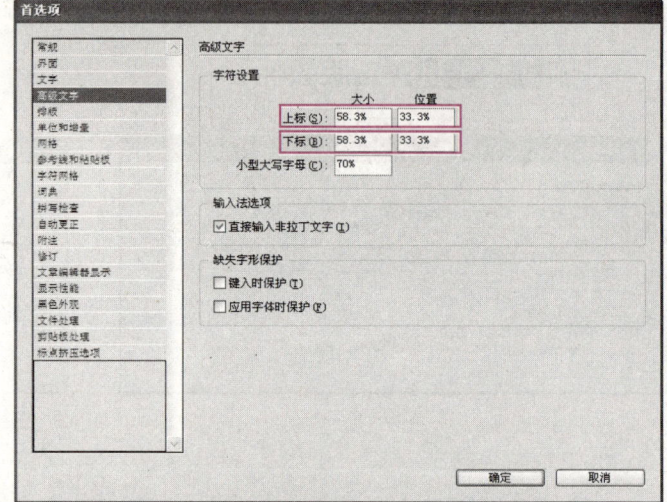

图3-54

④ 快捷键的运用

排版是一项非常繁琐的工作，灵活运用快捷键可以提高工作效率，下面介绍如何快速调整字间距和行距以及选择文本。

首先用【文字工具】选中需要调整的一段文字，然后，按Alt+↑/↓键可以调整行距；按Alt+←/→键可以调整字间距。按Shift+↑/↓键可以选择整行，按Shift+←/→键可以选择文字。

通过执行【编辑】→【首选项】→【单位和增量】命令，可以在【键盘增量】复选区中更改按快捷键进行操作时的增量，如图3-55所示。

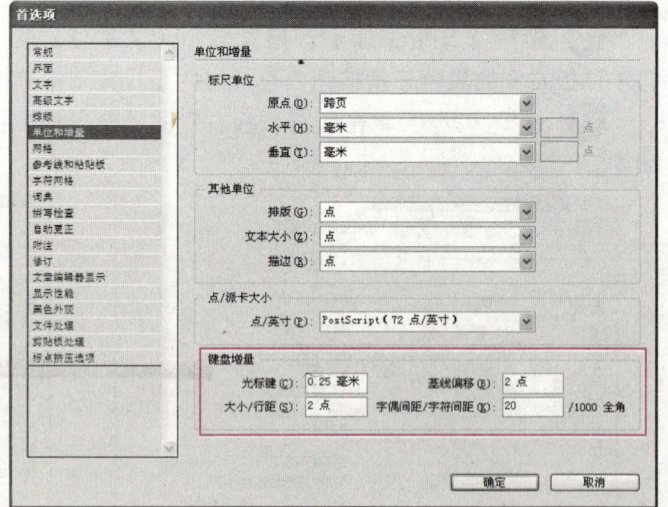

图3-55

- 【光标键】：控制轻移对象时箭头键的增量。
- 【大小/行距】：控制使用键盘快捷键增加或减小点的大小、行距时的增量。
- 【基线偏移】：控制使用键盘快捷键偏移基线的增量。
- 【字偶间距调整】：控制使用键盘快捷键进行字距微调的增量。

⑤ 字形

通过执行【文字】→【字形】命令可以插入输入法中没有的字体和一些特殊字符，如图3-56所示。

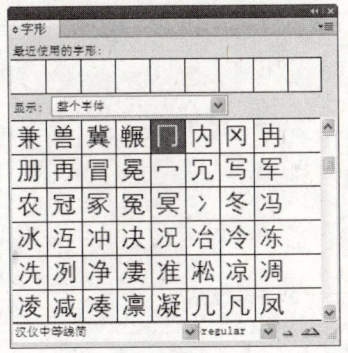  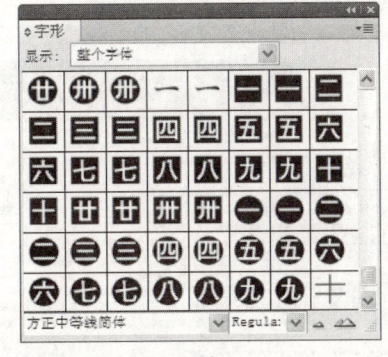 

图3-56

选择【文字工具】，拖曳出一个文本框，然后在【字形】调板中双击需要插入的字符即可。在【字形】调板的左下角还可以选择字体，根据选择字体的不同，字形也会随之变化。

3.2.2 段落排版的设置

下面通过实际案例讲解段落排版中常用的功能。包括：对齐方式的运用、缩进的运用、标点挤压设置和段落中常用到的其他选项设置等。讲解的段落功能都是针对中文排版的设置，建议设计师在实际工作中灵活运用，多做练习，熟练操作。

1. 对齐方式的运用

广告中文字的对齐方式灵活多变，不拘泥于一种文本对齐方式，常用到的是左对齐、右对齐和居中对齐，如图3-57所示。文字较多的书籍、报纸、公文等，一般使用双齐末行齐左，如图3-58所示。

左对齐

右对齐

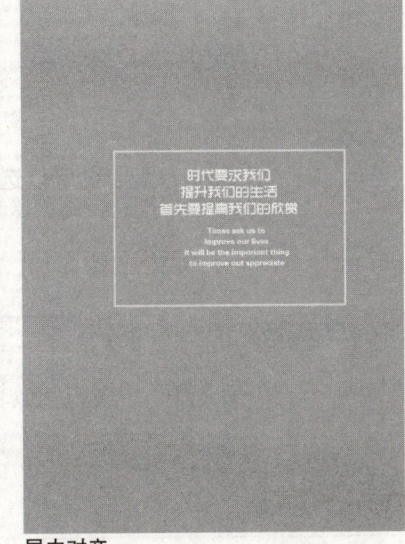

居中对齐

图3-57

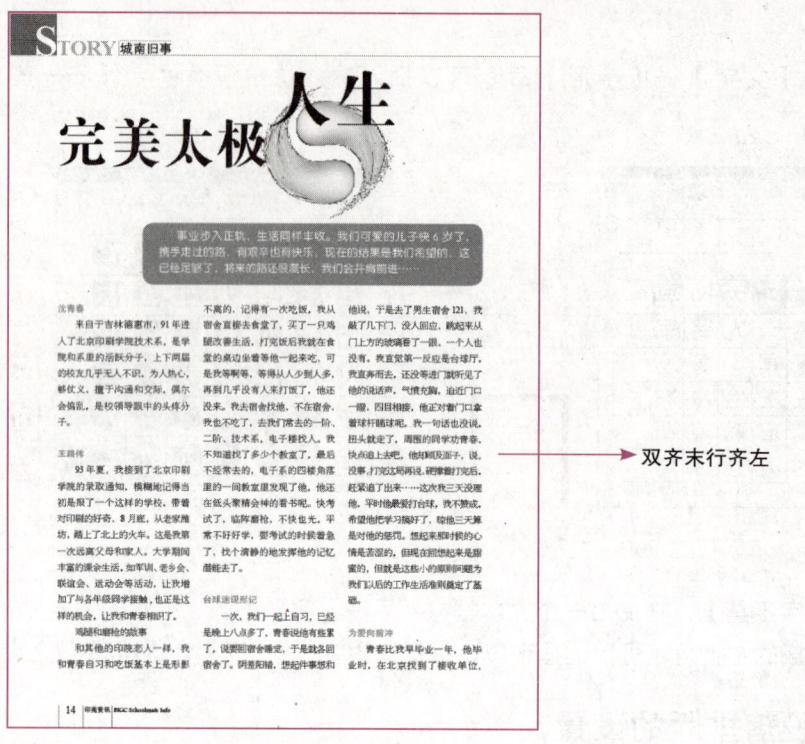

图3-58

2. 缩进的运用

在中文排版中，经常使用到缩进功能。使用左缩进可以与其他段落相区分，如图3-59所示；使用左右缩进可突出显示重要段落，如图3-60所示；而首行左缩进功能常用于段前空两格，如图3-61所示。

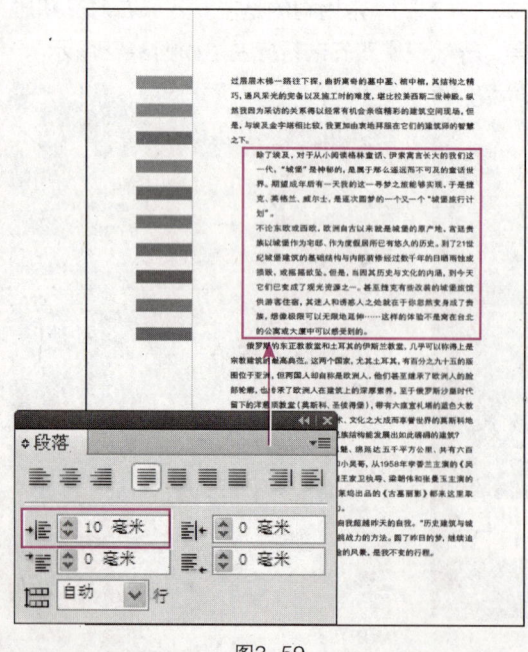

图3-59

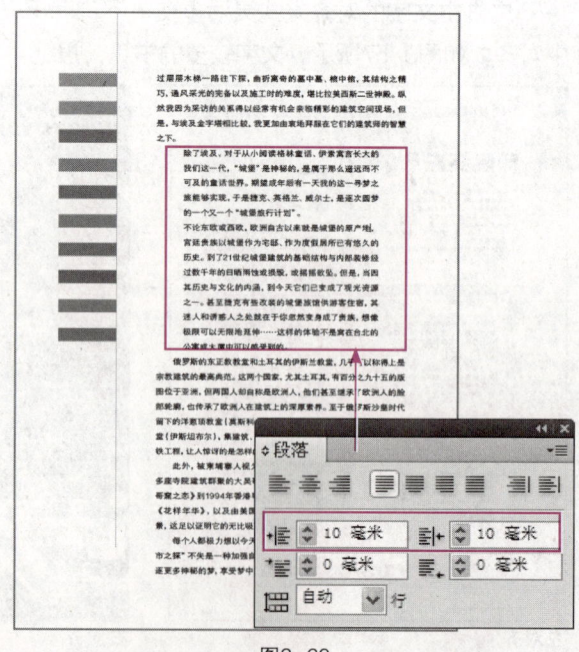

图3-60

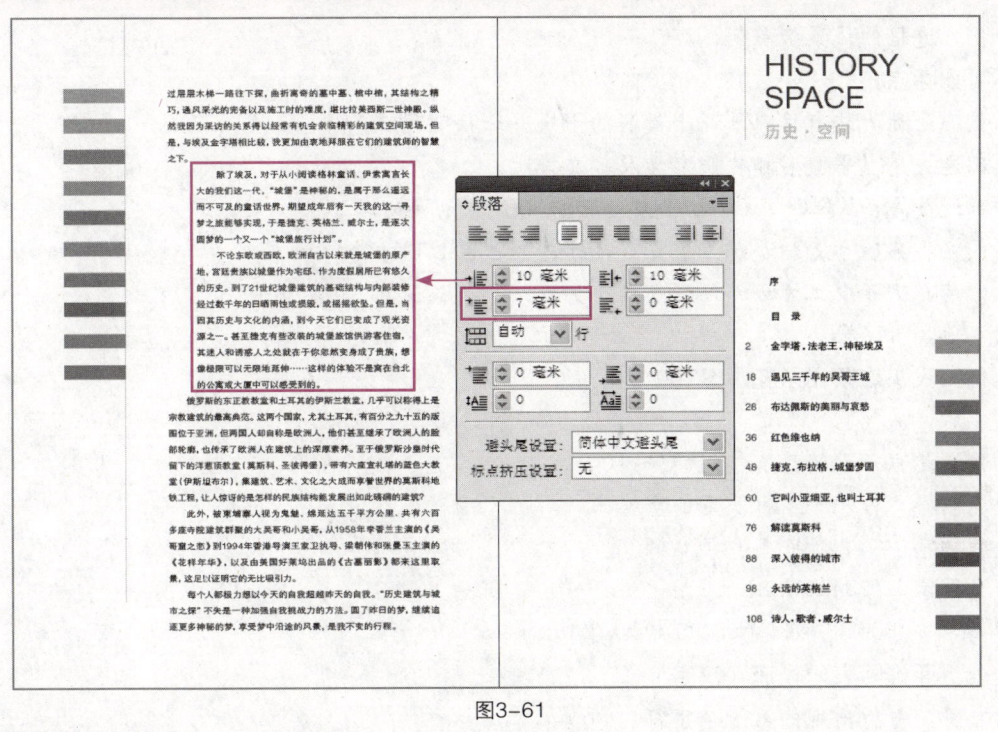

图3-61

3. 标点挤压设置

在中文排版中，通过标点挤压功能可以控制汉字、罗马字、数字、标点等之间在行首、行中和行末的距离。标点挤压设置能使版面更加美观。比如，默认情况下，每个字符都占一个字宽，如果两个标点相遇，它们之间的距离太大而显得稀疏，在这种情况下需要使用标点挤压设置。下面将对有关标点挤压的知识进行详细讲解。

①标点挤压设置的分类

在InDesign CS5中将标点分为19种，它们是前括号、后括号、逗号、句号、中间标点、句尾标点、不可分标点、顶部避头尾、数字前、数字后、全角空格、全角数字、平假名、片假名、其他、半角数字、罗马字、行首符、段首符。

它们分别包括以下内容。

前括号：（［｛《＜'"「『【〖

示例：请邮寄质量良好的彩扩片或彩色反转片（照片请加硬纸衬背，以防折损）。

后括号：）］｝』」'">》｝］）

示例：海内存知［己］，天涯若比邻。

逗号：，

示例：童年的往事，无论是苦涩的，还是充满欢乐的，都是永远值得回忆的。

句号：。

示例：中国是世界上历史最悠久的国家之一。

中间标点：：；

示例：同志们：第十六届体育运动大会现在开幕。

句尾标点：！？

示例：这里的风景多美啊！

不可分标点：— …

示例：亚洲大陆有目前地球上最高的山峰——珠穆朗玛峰。

顶部避头尾、平假名和片假名涉及日文排版。

顶部避头尾：／あいうえおつやゆよわアイウエオッヤユヨワ

平假名：あいうえおかがきぎくぐけげこごさざしじす

片假名：アイウエオカガキギクグケゲコゴサザシジス

数字前：＄￥￡

示例：我买这条裙子花了＄100.9元。

数字后：‰％℃′″¢

示例：北京多云转晴，气温5℃～10℃。

全角空格：占一个字符宽度的空格

全角数字：１２３４５６７８９０

半角数字：1234567890

罗马字：ABCDEFGHIJKLMNOPQRSTUVWXYZ

其他：亚娃阿哀爱挨逢（汉字）

行首符：每行出现的第一个字符。

段首符：每段出现的第一个字符。

② 段前空两格

在中文排版中，习惯段前空两格，使用【段落】调板的【首行左缩进】功能可调整段前空格的距离，但是根据字体大小的不同，所调整的距离也不同。如果通过对标点挤压的段首符进行设置，不管字体大小如何改变，段前始终都会保持当前所使用字号的两个字宽距离。下面讲解用标点挤压设置创建段前空格的两种操作方法。

方法一：

❶ 执行【文字】→【标点挤压设置】→【基本】命令，弹出【标点挤压设置】对话框，如图3-62所示。

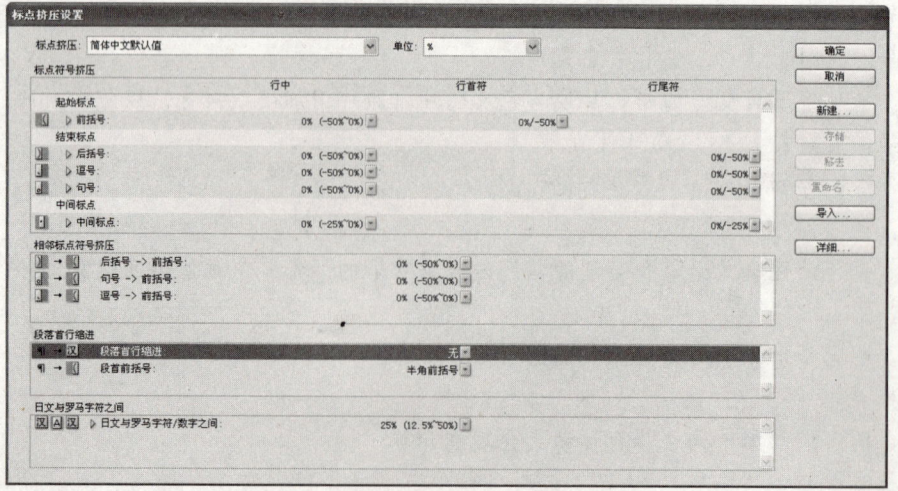

图3-62

❷ 单击【新建】按钮，弹出【新建标点挤压集】对话框，在【名称】文本框中为新建的标点挤压设置名称，本例为"段前空格"。在【基于设置】下拉文本框中选择"无"，如图3-63所示。

❸ 单击【确定】按钮后，开始对【段落首行缩进】进行设置。选中【段落首行缩进】选项，使其显示为蓝色被选中状态，然后单击【无】旁边的向下三角按钮，在弹出的下拉文本框中选择"2个字符"，如图3-64所示。

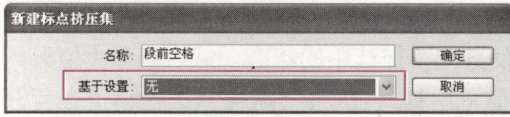

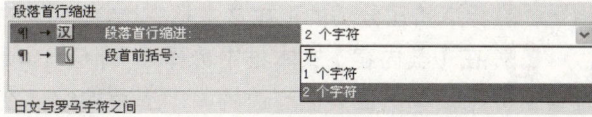

图3-63　　　　　　　　　　　　　　　　图3-64

❹ 单击【存储】按钮，保存设置，段前空2个字符的操作就完成了。选择几段文字，然后调出【段落】调板，在【标点挤压设置】下拉文本框中选择之前新建的标点挤压设置"段前空格"，如图3-65所示。

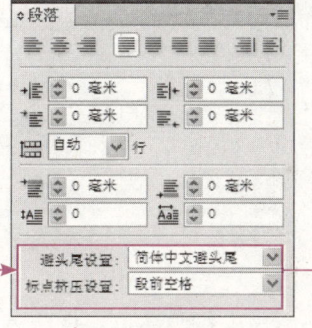

图3-65

方法2：

❶ 执行【文字】→【标点挤压设置】→【详细】命令，弹出【标点挤压设置】对话框，如图3-66所示。

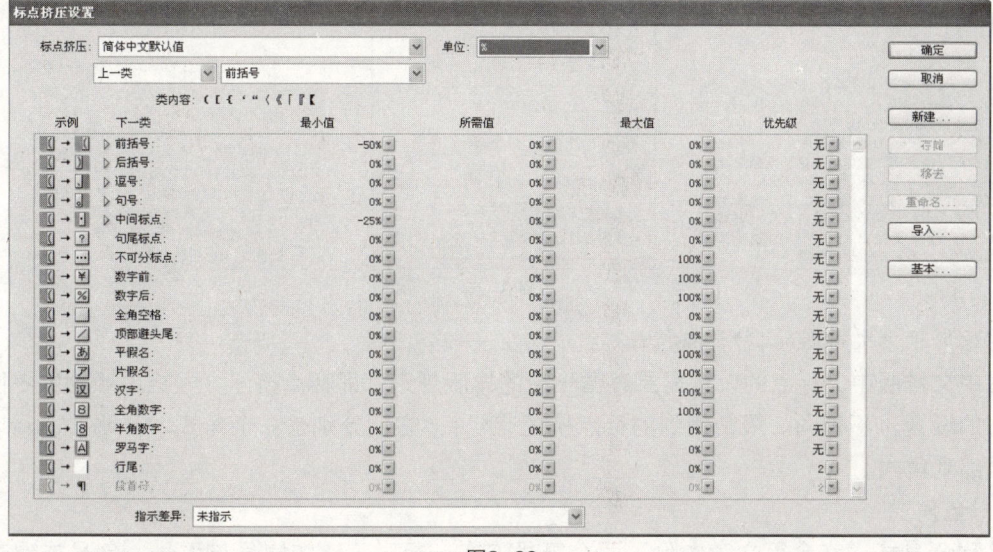

图3-66

❷ 单击【新建】按钮，在弹出的【新建标点挤压集】对话框中将【名称】更改为"段前空格"，在【基于设置】下拉文本框中选择"无"，如图3-67所示。

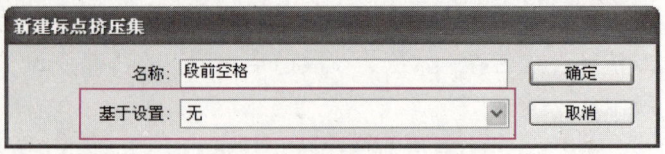

图3-67

❸ 单击【确定】按钮，然后在【标点挤压】下拉文本框中选择新建的标点挤压集"段前空格"，在标点挤压分类的下拉文本框中选择"段首符"，如图3-68所示。

❹ 在【类内容】文本框中选择"其他"选项，使其成为被选中的状态。然后从最大值开始设置百分比，单击最大值旁边的向下三角按钮，在数值框中输入200%。所需值、最小值的百分比与最大值相同，如图3-69所示。

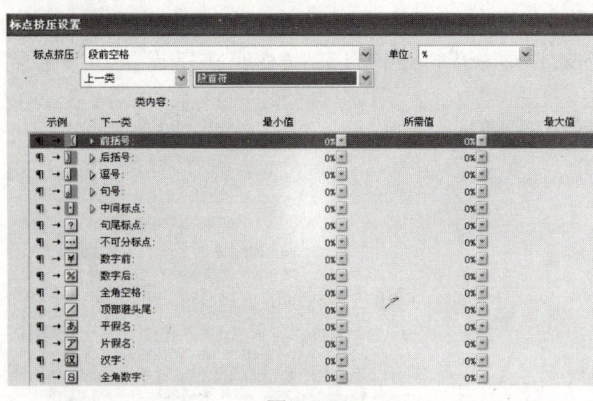

图3-68

图3-69

❺ 单击【存储】按钮，保存"段前空格"的标点挤压设置，最后单击【确定】按钮完成操作。选择几段文字，然后调出【段落】调板，在【标点挤压设置】下拉文本框中选择之前新建的标点挤压设置"段前空格"，如图3-70所示。

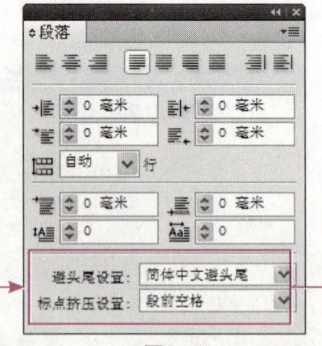

图3-70

③适用于中文排版的4种标点挤压

在中文排版中，标点的设置需要遵循一定的排版规则，即标点挤压。根据出版物的不同，标点挤压的设置也不相同。最常用到的标点挤压有4种，它们分别是：全角式、开明式、行末半角式、全部半角式。

● 全角式

又称全身式，在全篇文章中除了两个符号连在一起时（比如冒号与引号、句号或逗号与引号、句号或逗号与书名号等），前一符号用半角外，所有符号都用全角。下面讲解全角式标点挤压的操作步骤如下。

❶ 打开光盘目录下的“素材\第3章\标点挤压2”文件，如图3-71所示。

从图3-71中可看到没有设置标点挤压前的效果，首先需要观察设置标点挤压的标点属于哪一类，并根据它们所在的类别进行设置。本例将针对3个地方进行设置。

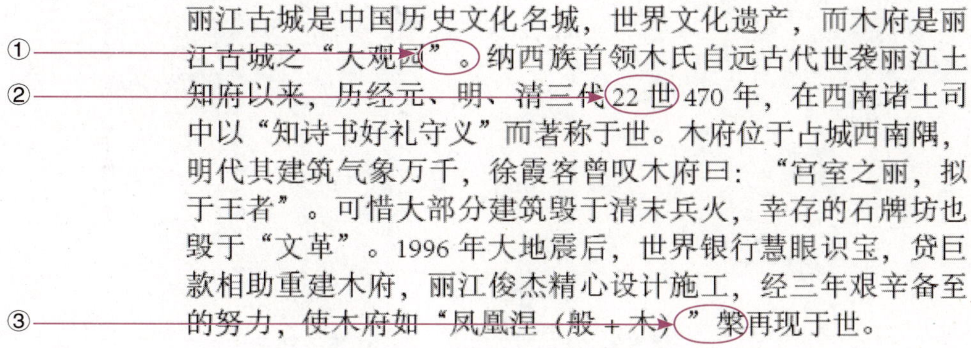
丽江古城是中国历史文化名城，世界文化遗产，而木府是丽
①
江古城之“大观园”。纳西族首领木氏自远古代世袭丽江土
②
知府以来，历经元、明、清三代22世470年，在西南诸土司
中以“知诗书好礼守义”而著称于世。木府位于古城西南隅，
明代其建筑气象万千，徐霞客曾叹木府曰：“宫室之丽，拟
于王者”。可惜大部分建筑毁于清末兵火，幸存的石牌坊也
毁于“文革”。1996年大地震后，世界银行慧眼识宝，贷巨
款相助重建木府，丽江俊杰精心设计施工，经三年艰辛备至
③
的努力，使木府如“凤凰涅（般+木）”槃再现于世。

图3-71

❷ 执行【文字】→【标点挤压设置】→【详细】命令，弹出【标点挤压设置】对话框。单击【新建】按钮，在弹出的【新建标点挤压集】对话框中，将【名称】改为“全角式”，在【基于设置】下拉文本框中选择“无”，如图3-72所示。

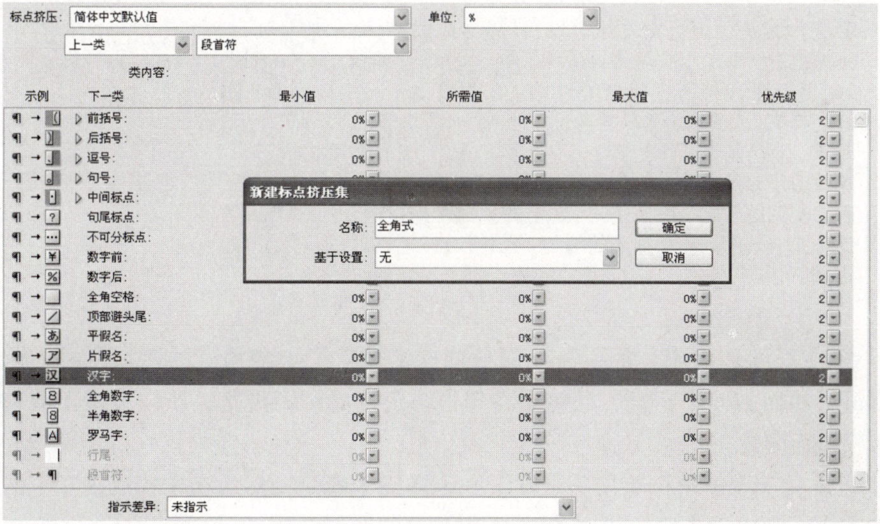
标点挤压：
简体中文默认值
单位：
%
上一类
段首符
类内容：
示例
下一类
最小值
所需值
最大值
优先级
前括号：
后括号：
逗号：
句号：
中间标点：
句尾标点：
不可分标点：
数字前：
数字后：
全角空格：
顶部避头尾：
平假名：
片假名：
汉字：
全角数字：
半角数字：
罗马字：
行尾
段首符
新建标点挤压集
名称：
全角式
基于设置：
无
确定
取消
指示差异：
未指示

图3-72

❸ 单击【确定】按钮。设置实例①处的后引号与句号：后引号属于标点挤压分类中的后括号，句号属于标点挤压分类中的句号。在【标点挤压】内容的下拉文本框中选择“后括号”，然后在【类内容】文本框中选择“句号”，如图3-73所示。

❹ 需要将后引号与句号的距离缩短，所以设置负值，从最大值到最小值开始设置百分比。选中“最大值”，在数值框中输入-12.5%，所需值、最小值与最大值的百分比相同，如图3-74所示。

第1章　第2章　第3章　第4章　第5章

图3-73

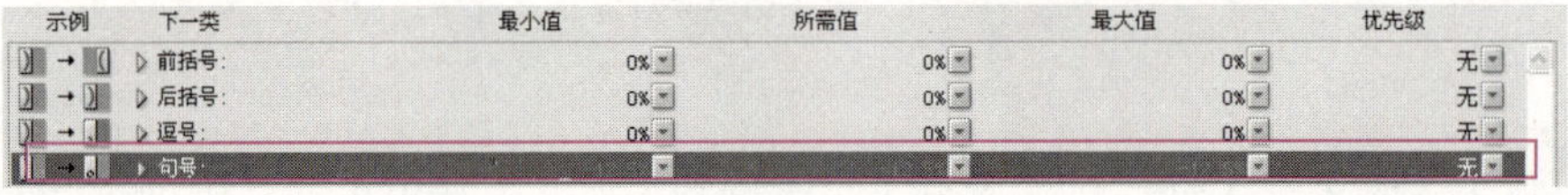

图3-74

⑤ 单击【存储】按钮，保存标点挤压设置。然后再单击【确定】按钮，观察设置效果，如图3-75所示。

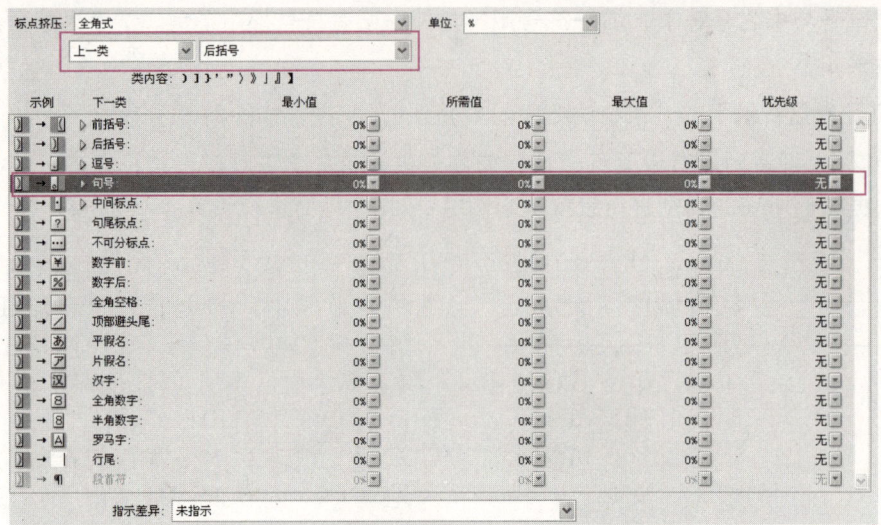

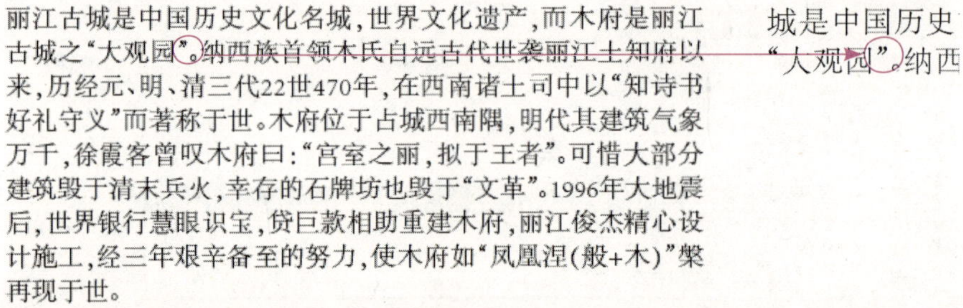

图3-75

⑥ 从图3-76可以看出，后引号与句号均占半个字符。全角式的要求是两个标点相遇，前面占半个字符，后面占一个字符，还需要将句号与汉字的距离拉宽，所以设置正值，从最大值到最小值开始设置百分比。

⑦ 执行【文字】→【标点挤压设置】→【详细】命令，然后在【标点挤压】的内容中选择"句号"。选中【类内容】文本框中的"汉字"，如图3-76所示。

⑧ 选中"最大值"，在数值框中输入50%，所需值、最小值与最大值的百分比相同，如图3-77所示。

⑨ 单击【存储】按钮，保存标点挤压设置。然后再单击【确定】按钮，观察设置效果，如图3-78所示。

⑩ 从图3-78可以看出，后引号占半个字符，句号占一个字符，但是通过仔细观察后引号与句号的距离，可以发现它们挨得稍微近了些，需要将它们的距离拉开。

执行【文字】→【标点挤压设置】→【详细】命令，在【标点挤压】的内容中选择"后括号",选中【类内容】文本框中的"句号",如图3-79所示。

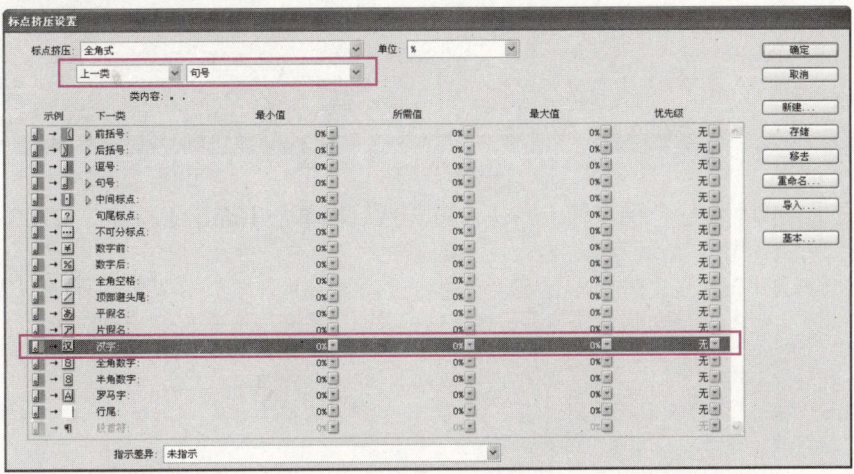

图3-76

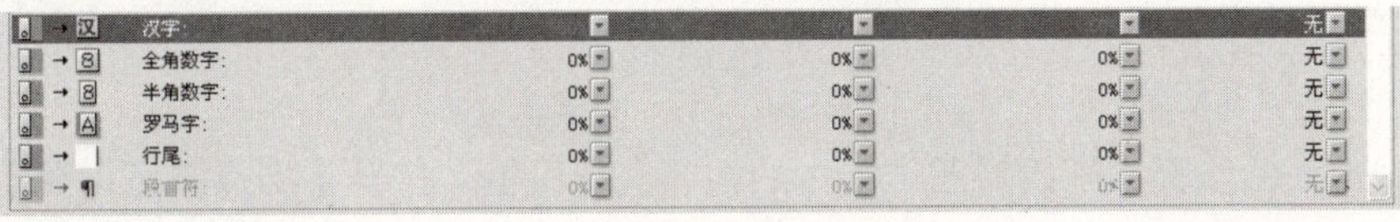

图3-77

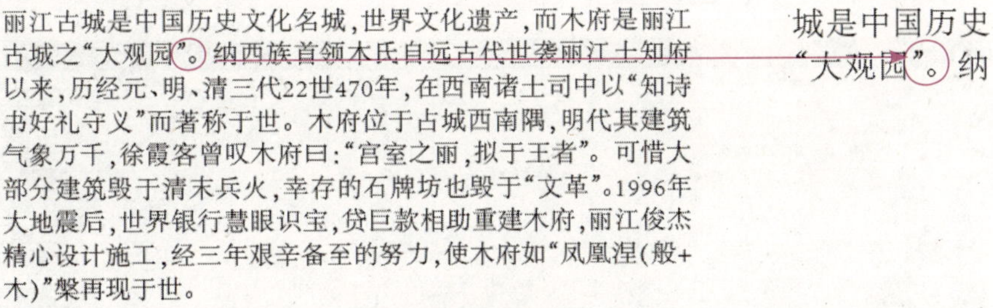

丽江古城是中国历史文化名城,世界文化遗产,而木府是丽江古城之"大观园"。纳西族首领木氏自远古代世袭丽江土知府以来,历经元、明、清三代22世470年,在西南诸土司中以"知诗书好礼守义"而著称于世。木府位于占城西南隅,明代其建筑气象万千,徐霞客曾叹木府曰:"宫室之丽,拟于王者"。可惜大部分建筑毁于清末兵火,幸存的石牌坊也毁于"文革"。1996年大地震后,世界银行慧眼识宝,贷巨款相助重建木府,丽江俊杰精心设计施工,经三年艰辛备至的努力,使木府如"凤凰涅(般+木)"槃再现于世。

城是中国历史"大观园"。纳

图3-78

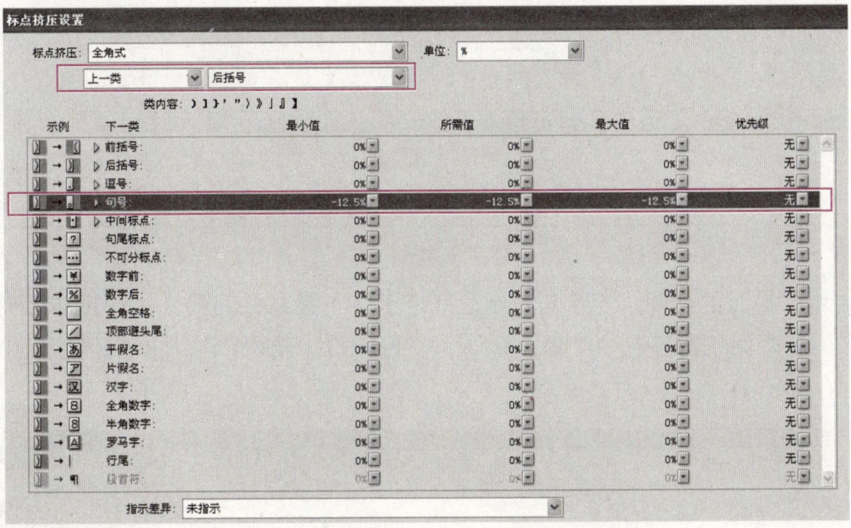

图3-79

⑪ 选中"最大值",在数值框中输入0%,所需值、最小值与最大值的百分比相同,如图3-80所示。

图3-80

⑫ 单击【存储】按钮,保存标点挤压设置。然后再单击【确定】按钮,如图3-81所示。

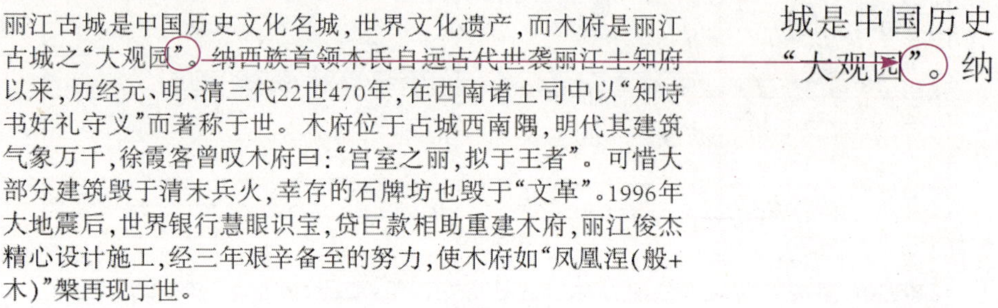

丽江古城是中国历史文化名城,世界文化遗产,而木府是丽江古城之"大观园"。纳西族首领木氏自远古代世袭丽江土知府以来,历经元、明、清三代22世470年,在西南诸土司中以"知诗书好礼守义"而著称于世。木府位于占城西南隅,明代其建筑气象万千,徐霞客曾叹木府曰:"宫室之丽,拟于王者"。可惜大部分建筑毁于清末兵火,幸存的石牌坊也毁于"文革"。1996年大地震后,世界银行慧眼识宝,贷巨款相助重建木府,丽江俊杰精心设计施工,经三年艰辛备至的努力,使木府如"凤凰涅(般+木)"槃再现于世。

城是中国历史"大观园"。纳

图3-81

⑬ 根据上面的步骤,开始对图示②中的内容进行设置。打开【标点挤压设置】对话框,在【标点挤压】下拉文本框中选择"汉字",选中【类内容】文本框中的"半角数字",如图3-82所示。

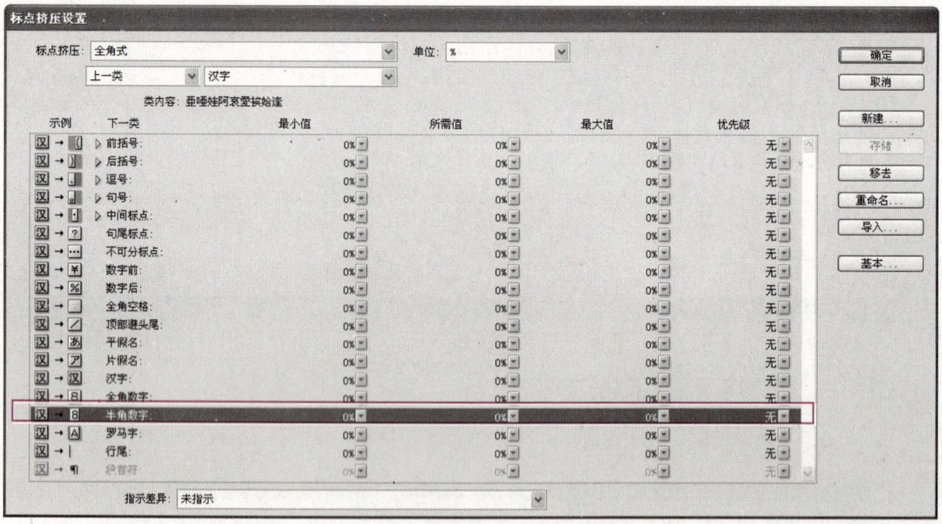

图3-82

⑭ 根据中文排版的规则,汉字与数字之间或汉字与英文之间要保持一定的距离,因此要将汉字与数字之间的距离拉宽。选中"最大值",在数值框中输入25%,所需值、最小值与最大值的百分比相同,如图3-83所示。

图3-83

15 在【标点挤压】下拉文本框中选择“半角数字”，选择【类内容】文本框中的“其他”，如图3-84所示。

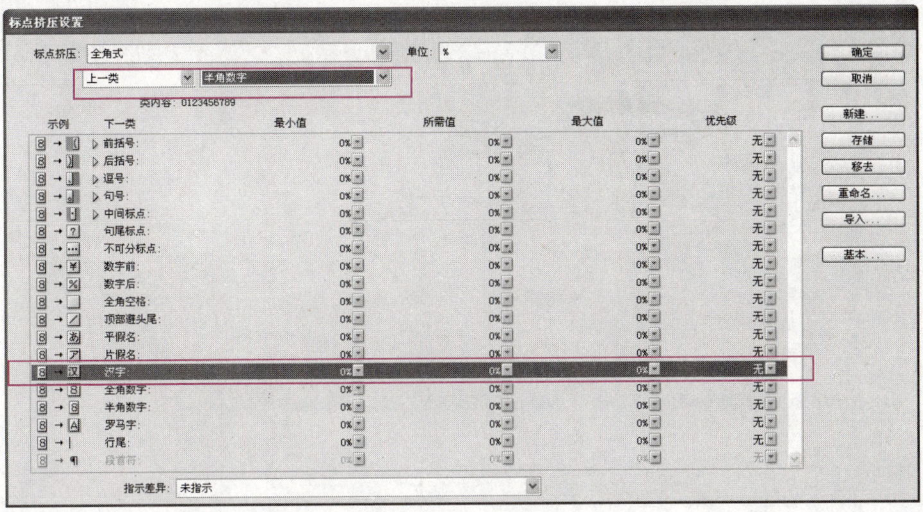

图3-84

16 选中“最大值”，在数值框中输入25%，所需值、最小值与最大值的百分比相同，如图3-85所示。

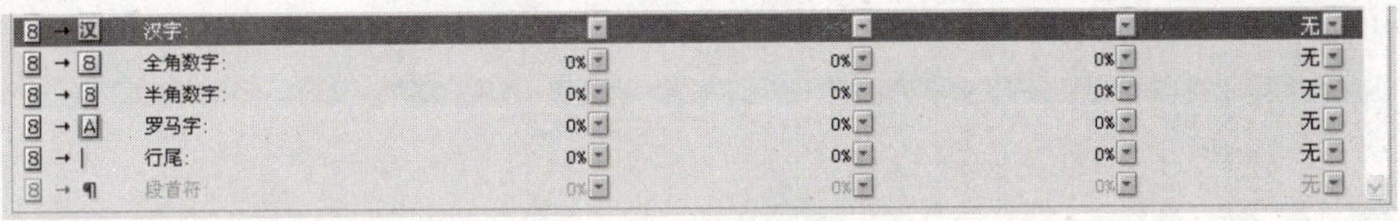

图3-85

17 单击【存储】按钮，保存标点挤压设置。然后再单击【确定】按钮，如图3-86所示。

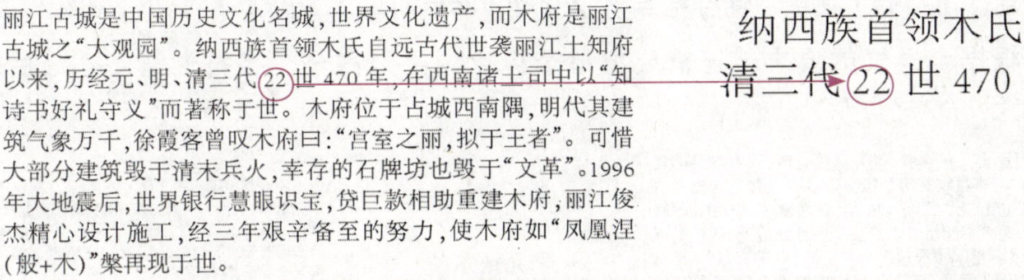
丽江古城是中国历史文化名城，世界文化遗产，而木府是丽江古城之“大观园”。纳西族首领木氏自远古代世袭丽江土知府以来，历经元、明、清三代22世470年，在西南诸土司中以“知诗书好礼守义”而著称于世。木府位于占城西南隅，明代其建筑气象万千，徐霞客曾叹木府曰：“宫室之丽，拟于王者”。可惜大部分建筑毁于清末兵火，幸存的石牌坊也毁于“文革”。1996年大地震后，世界银行慧眼识宝，贷巨款相助重建木府，丽江俊杰精心设计施工，经三年艰辛备至的努力，使木府如“凤凰涅(般+木)”槃再现于世。

纳西族首领木氏
清三代22世470

图3-86

18 从图3-87中可以看到，后括号与后引号均占半个字符，根据全角式的要求，需要将后引号设置为占一个字符的宽度。

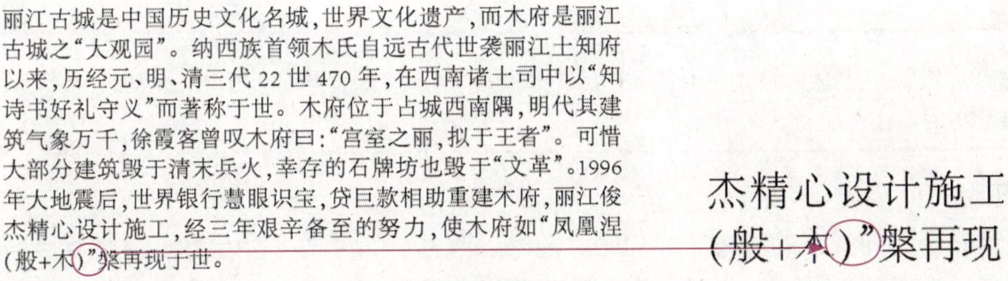
丽江古城是中国历史文化名城，世界文化遗产，而木府是丽江古城之“大观园”。纳西族首领木氏自远古代世袭丽江土知府以来，历经元、明、清三代22世470年，在西南诸土司中以“知诗书好礼守义”而著称于世。木府位于占城西南隅，明代其建筑气象万千，徐霞客曾叹木府曰：“宫室之丽，拟于王者”。可惜大部分建筑毁于清末兵火，幸存的石牌坊也毁于“文革”。1996年大地震后，世界银行慧眼识宝，贷巨款相助重建木府，丽江俊杰精心设计施工，经三年艰辛备至的努力，使木府如“凤凰涅(般+木)”槃再现于世。

杰精心设计施工
(般+木)”槃再现

图3-87

⑲ 接下来对图示③中的内容进行标点挤压设置。打开【标点挤压设置】对话框，在【标点挤压】内容的下拉文本框中选择"后括号"，选中【类内容】文本框中的"其他"，如图3-88所示。

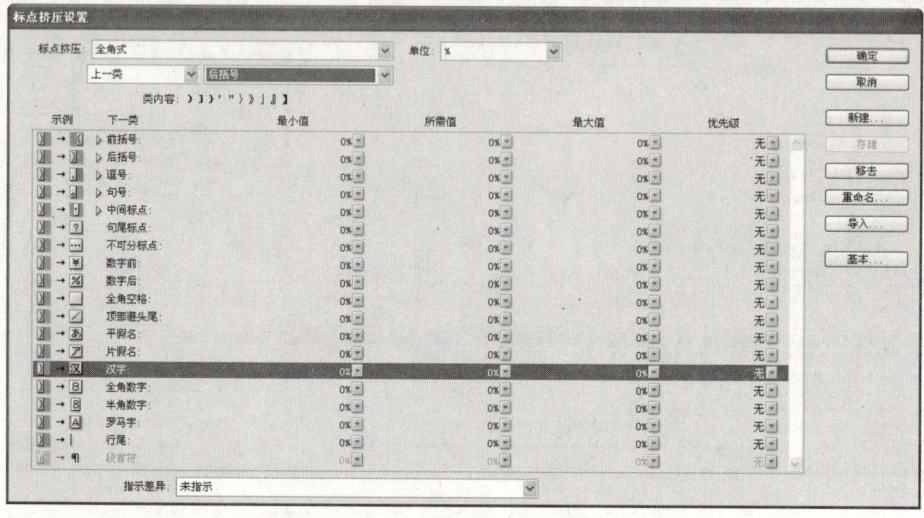

图3-88

⑳ 选择"最大值"，在数值框中输入50%，所需值、最小值与最大值的百分比相同，如图3-89所示。

图3-89

㉑ 单击【存储】按钮，保存标点挤压设置。然后再单击【确定】按钮，如图3-90所示。

㉒ 根据全角式的要求，还需要将单个标点调整到占一个字符的宽度。最后的效果如图3-91所示。

丽江古城是中国历史文化名城，世界文化遗产，而木府是丽江古城之"大观园"。纳西族首领木氏自远古代世袭丽江土知府以来，历经元、明、清三代22世470年，在西南诸土司中以"知诗书好礼守义"而著称于世。木府位于占城西南隅，明代其建筑气象万千，徐霞客曾叹木府曰："宫室之丽，拟于王者"。可惜大部分建筑毁于清末兵火，幸存的石牌坊也毁于"文革"。1996年大地震后，世界银行慧眼识宝，贷巨款相助重建木府，丽江俊杰精心设计施工，经三年艰辛备至的努力，使木府如"凤凰涅（般+木）"槃再现于世。

图3-90

丽江古城是中国历史文化名城，世界文化遗产，而木府是丽江古城之"大观园"。纳西族首领木氏自远古代世袭丽江土知府以来，历经元、明、清三代22世470年，在西南诸土司中以"知诗书好礼守义"而著称于世。木府位于占城西南隅，明代其建筑气象万千，徐霞客曾叹木府曰："宫室之丽，拟于王者"。可惜大部分建筑毁于清末兵火，幸存的石牌坊也毁于"文革"。1996年大地震后，世界银行慧眼识宝，贷巨款相助重建木府，丽江俊杰精心设计施工，经三年艰辛备至的努力，使木府如"凤凰涅（般+木）"槃再现于世。

图3-91

 提 示

在对标点进行挤压时，首先是弄清楚标点之间的关系，比如冒号与前引号、前引号与汉字，它们之间的距离是要缩短还是拉宽。

- 开明式

凡表示一个语句结束的符号（如句号、问号、叹号、冒号等）用全角，其他标点符号全部用半角；当多个中文标点靠在一起时，排在前面的标点强制使用半个汉字的宽度。

例如：

这就是我们的办法。——句号应该占半个汉字宽度。

是吗？——问号应该占半个汉字宽度。

中国共产党万岁！！！！——前三个叹号应该占半个汉字宽度。

目前大多数出版物都按此方式进行排版。开明式标点挤压的操作步骤如下。

❶ 打开光盘目录下的"素材\第3章\标点挤压3"文件，如图3-92所示，可看到没有设置标点挤压前的效果，需要根据标点之间的关系并按照开明式的要求进行调整。本例中将针对3个地方进行设置。

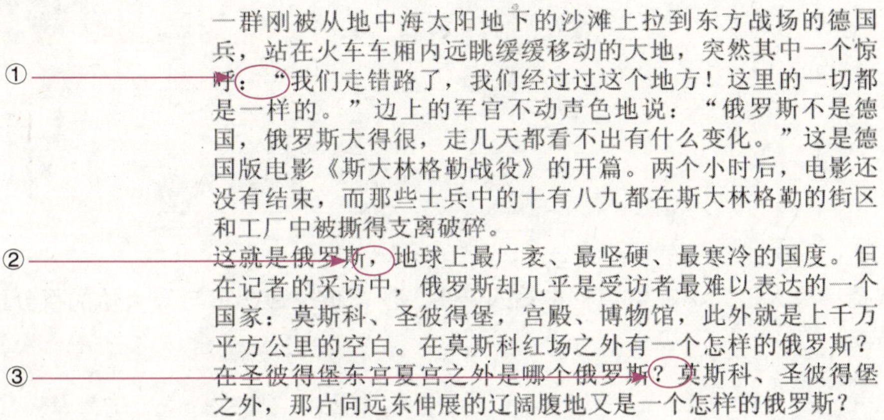

图3-92

❷ 执行【文字】→【标点挤压设置】→【详细】命令，弹出【标点挤压设置】对话框。单击【新建】按钮，在弹出的【新建标点挤压集】对话框中，将【名称】改为"开明式"，在【基于设置】下拉文本框中选择"无"，如图3-93所示。

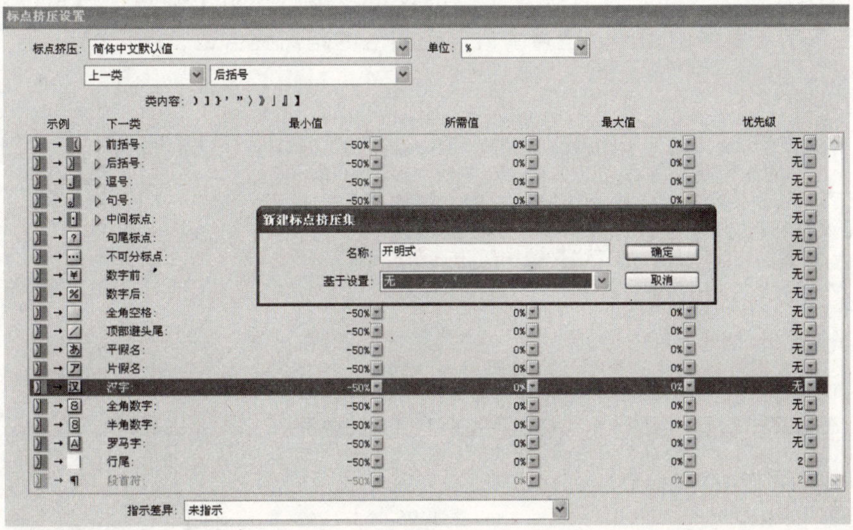

图3-93

❸ 单击【确定】按钮。设置实例中①处的标点，将冒号与前引号的距离缩短。首先调整汉字与冒号之间的距离，在【标点挤压】下拉文本框中选择"汉字"，然后在【类内容】文本框中选中"中间标点"，如图3-94所示。

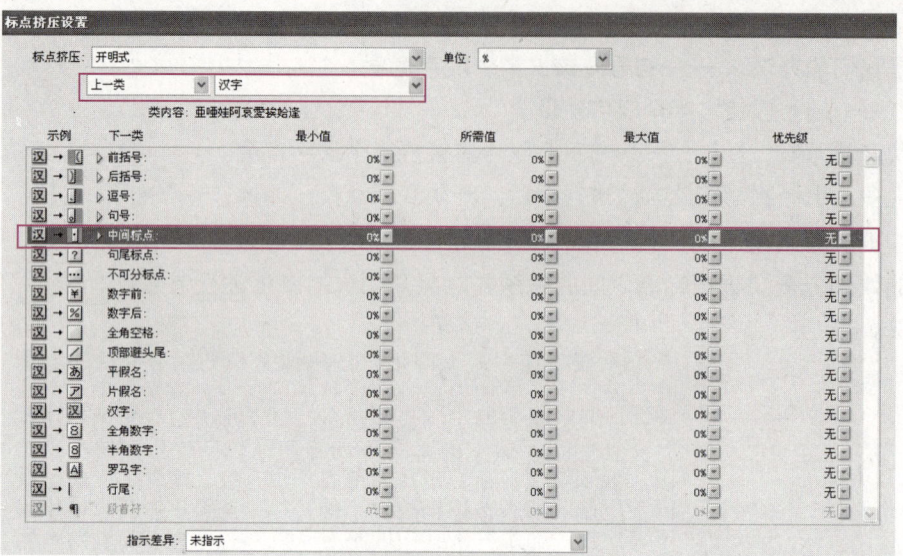

图3-94

④ 选择"最大值",在数值框中输入25%,所需值、最小值与最大值的百分比相同,如图3-95所示。

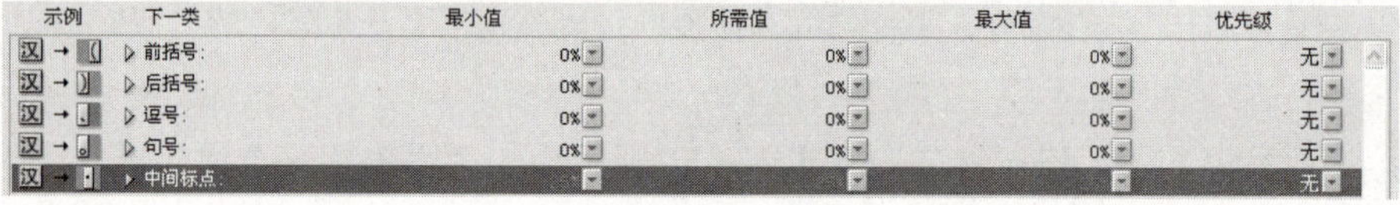

图3-95

⑤ 单击【存储】按钮,保存标点挤压的设置。然后单击【确定】按钮,如图3-96所示,通过调整汉字与冒号的距离,使得冒号与前引号的距离更合适,所以就无须再调整它们的距离。

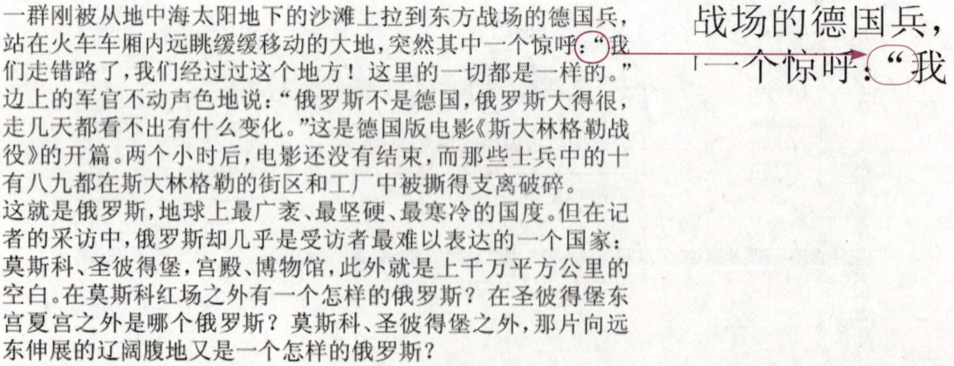

图3-96

⑥ 设置实例中②处逗号与汉字之间的距离,使逗号占半个字符的宽度。打开【标点挤压设置】对话框,在【标点挤压】下拉文本框中选择"逗号",选择【类内容】文本框中的"汉字",如图3-97所示。

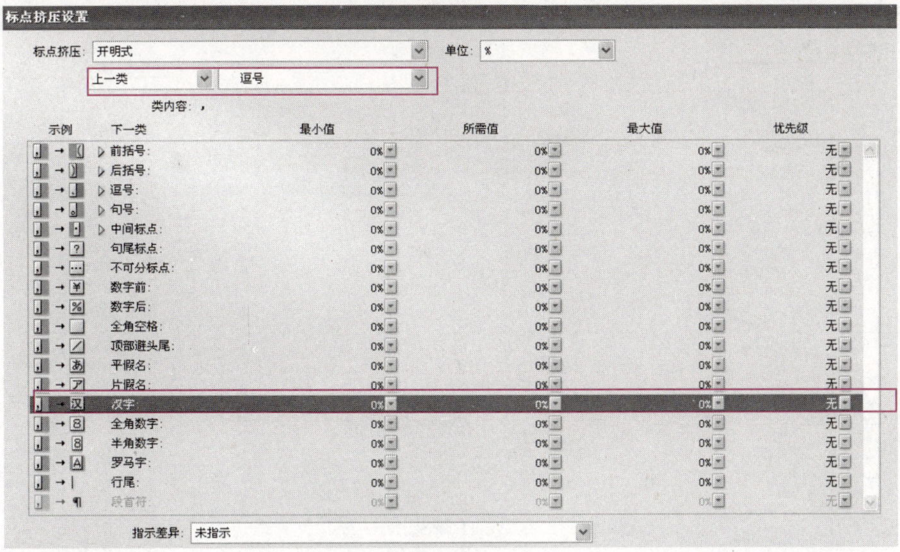
标点挤压设置
标点挤压：开明式
单位：%
上一类
逗号
类内容：，
示例
下一类
最小值
所需值
最大值
优先级
前括号：
后括号：
逗号：
句号：
中间标点：
句尾标点：
不可分标点：
数字前：
数字后：
全角空格：
顶部避头尾：
平假名：
片假名：
汉字：
全角数字：
半角数字：
罗马字：
行尾：
段首符：
指示差异：未指示

图3-97

7 选择“最大值”，在数值框中输入12.5%，所需值、最小值与最大值的百分比相同，如图3-98所示。

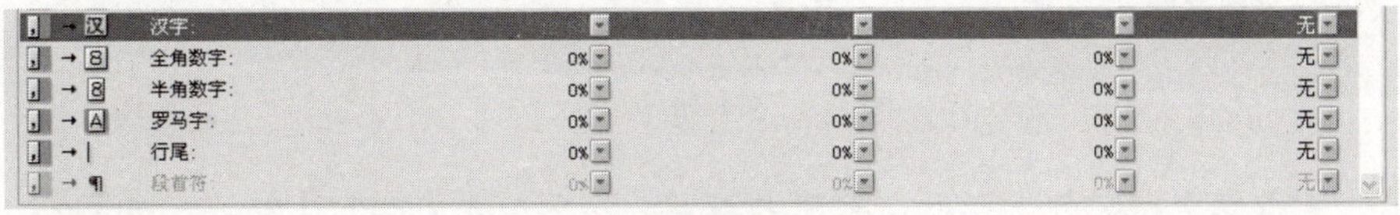
汉字：
全角数字：
半角数字：
罗马字：
行尾：
段首符：

图3-98

8 单击【存储】按钮，保存标点挤压的设置。然后单击【确定】按钮，如图3-99所示。

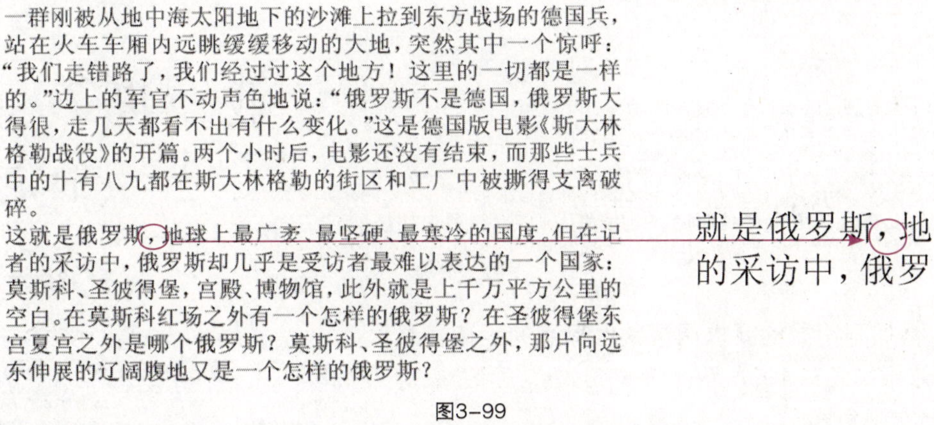
一群刚被从地中海太阳地下的沙滩上拉到东方战场的德国兵，站在火车车厢内远眺缓缓移动的大地，突然其中一个惊呼：“我们走错路了，我们经过过这个地方！这里的一切都是一样的。”边上的军官不动声色地说：“俄罗斯不是德国，俄罗斯大得很，走几天都看不出有什么变化。”这是德国版电影《斯大林格勒战役》的开篇。两个小时后，电影还没有结束，而那些士兵中的十有八九都在斯大林格勒的街区和工厂中被撕得支离破碎。
这就是俄罗斯，地球上最广袤、最坚硬、最寒冷的国度。但在记者的采访中，俄罗斯却几乎是受访者最难以表达的一个国家：莫斯科、圣彼得堡，宫殿、博物馆，此外就是上千万平方公里的空白。在莫斯科红场之外有一个怎样的俄罗斯？在圣彼得堡东宫夏宫之外是哪个俄罗斯？莫斯科、圣彼得堡之外，那片向远东伸展的辽阔腹地又是一个怎样的俄罗斯？
就是俄罗斯，地
的采访中，俄罗

图3-99

9 设置实例中③处问号与汉字之间的距离，使问号占一个字符的宽度。打开【标点挤压设置】对话框，在【标点挤压】下拉文本框中选择“句尾标点”，选择【类内容】文本框中的“汉字”，如图3-100所示。

10 选择“最大值”，在数值框中输入50%，所需值、最小值与最大值的百分比相同，如图3-101所示。

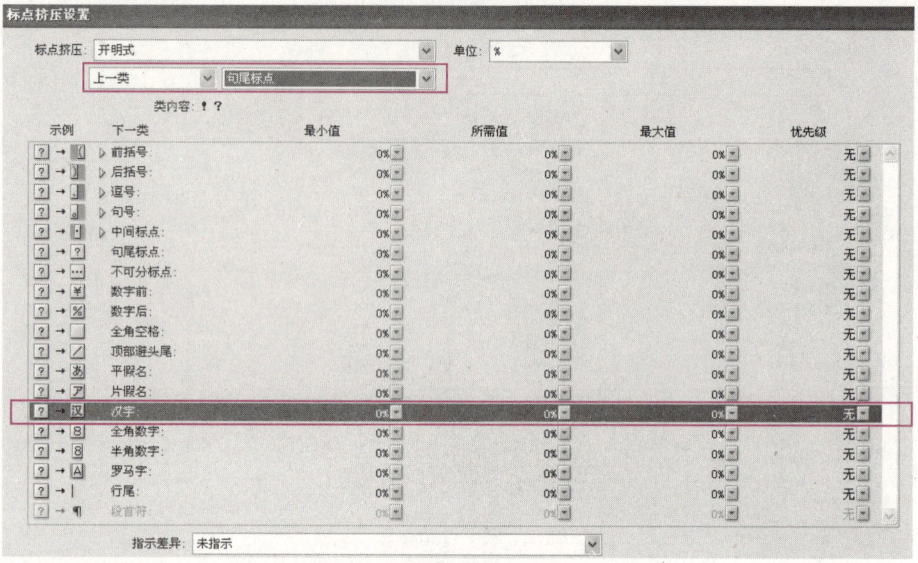

图3-100

图3-101

⑪ 单击【存储】按钮，保存标点挤压的设置。然后单击【确定】按钮，如图3-102所示。

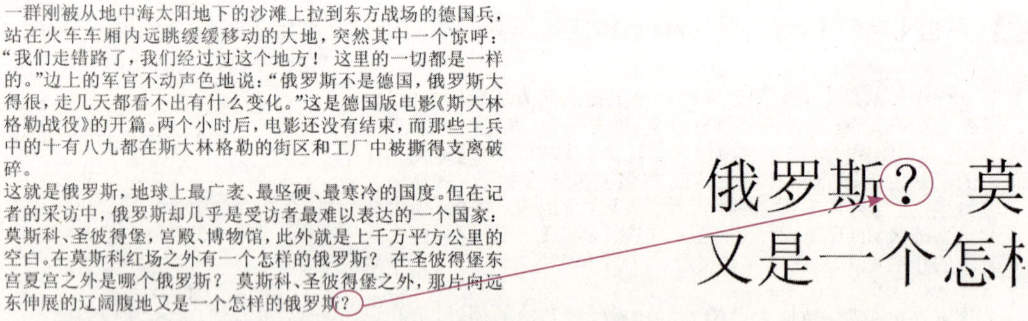

一群刚被从地中海太阳地下的沙滩上拉到东方战场的德国兵，站在火车车厢内远眺缓缓移动的大地，突然其中一个惊呼："我们走错路了，我们经过过这个地方！这里的一切都是一样的。"边上的军官不动声色地说："俄罗斯不是德国，俄罗斯大得很，走几天都看不出有什么变化。"这是德国版电影《斯大林格勒战役》的开篇。两个小时后，电影还没有结束，而那些士兵中的十有八九都在斯大林格勒的街区和工厂中被撕得支离破碎。

这就是俄罗斯，地球上最广袤、最坚硬、最寒冷的国度。但在记者的采访中，俄罗斯却几乎是受访者最难以表达的一个国家：莫斯科、圣彼得堡，宫殿、博物馆，此外就是上千万平方公里的空白。在莫斯科红场之外有一个怎样的俄罗斯？ 在圣彼得堡东宫夏宫之外是哪个俄罗斯？ 莫斯科、圣彼得堡之外，那片向远东伸展的辽阔腹地又是一个怎样的俄罗斯？

图3-102

⑫ 根据开明式的要求调整其他标点的距离，最后得到的效果如图3-103所示。

- 行末半角式

这种排法要求排在行末的标点符号都用半角，以保证行末版口都在一条直线上，操作步骤如下。

① 选择一篇文章，打开【段落】调板。

② 在【段落】调板的【标点挤压集】下拉文本框中选择"所有行为1/2个字宽"，如图3-104所示。

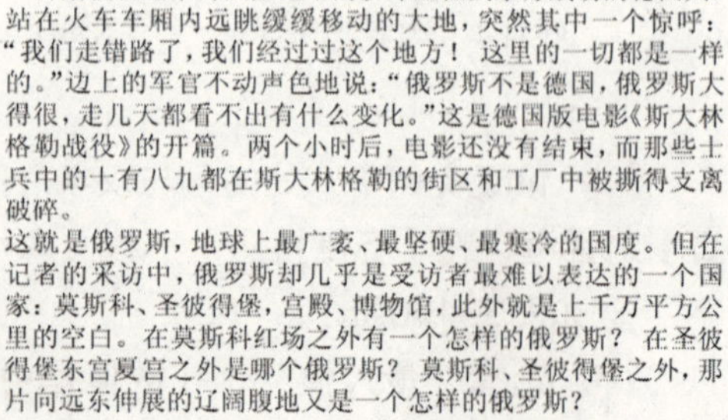

一群刚被从地中海太阳地下的沙滩上拉到东方战场的德国兵，站在火车车厢内远眺缓缓移动的大地，突然其中一个惊呼："我们走错路了，我们经过过这个地方！这里的一切都是一样的。"边上的军官不动声色地说："俄罗斯不是德国，俄罗斯大得很，走几天都看不出有什么变化。"这是德国版电影《斯大林格勒战役》的开篇。两个小时后，电影还没有结束，而那些士兵中的十有八九都在斯大林格勒的街区和工厂中被撕得支离破碎。

这就是俄罗斯，地球上最广袤、最坚硬、最寒冷的国度。但在记者的采访中，俄罗斯却几乎是受访者最难以表达的一个国家：莫斯科、圣彼得堡，宫殿、博物馆，此外就是上千万平方公里的空白。在莫斯科红场之外有一个怎样的俄罗斯？ 在圣彼得堡东宫夏宫之外是哪个俄罗斯？ 莫斯科、圣彼得堡之外，那片向远东伸展的辽阔腹地又是一个怎样的俄罗斯？

图3-103

一群刚被从地中海太阳地下的沙滩上拉到东方战场的德国兵，站在火车车厢内远眺缓缓移动的大地，突然其中一个一惊呼："我们走错路了，我们经过过这个地方！这里的一切都是一样的。"边上的军官不动声色地说："俄罗斯不是德国，俄罗斯大得很，走几天都看不出有什么变化。"这是德国版电影《斯大林格勒战役》的开篇。两个小时后，电影还没有结束，而那些士兵中的十有八九都在斯大林格勒的街区和工厂中被撕得支离破碎。

这就是俄罗斯，地球上最广袤、最坚硬、最寒冷的国度。但在记者的采访中，俄罗斯却几乎是受访者最难以表达的一个国家：莫斯科、圣彼得堡，宫殿、博物馆，此外就是上千万平方公里的空白。在莫斯科红场之外有一个怎样的俄罗斯？在圣彼得堡东宫夏宫之外是哪个俄罗斯？莫斯科、圣彼得堡之外，那片向远东伸展的辽阔腹地又是一个怎样的俄罗斯？

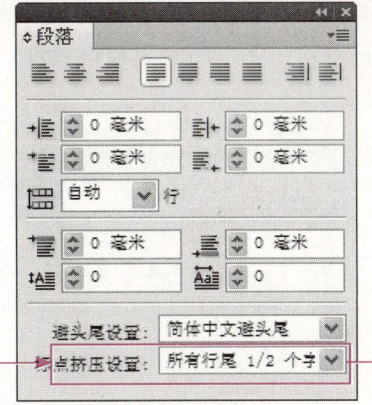

图3-104

一群刚被从地中海太阳地下的沙滩上拉到东方战场的德国兵，站在火车车厢内远眺缓缓移动的大地，突然其中一个一惊呼："我们走错路了，我们经过过这个地方！这里的一切都是一样的。"边上的军官不动声色地说："俄罗斯不是德国，俄罗斯大得很，走几天都看不出有什么变化。"这是德国版电影《斯大林格勒战役》的开篇。两个小时后，电影还没有结束，而那些士兵中的十有八九都在斯大林格勒的街区和工厂中被撕得支离破碎。

这就是俄罗斯，地球上最广袤、最坚硬、最寒冷的国度。但在记者的采访中，俄罗斯却几乎是受访者最难以表达的一个国家，莫斯科、圣彼得堡，宫殿、博物馆，此外就是上千万平方公里的空白。在莫斯科红场之外有一个怎样的俄罗斯？在圣彼得堡东宫夏宫之外，那片向远东伸展的辽阔腹地又是一个怎样的俄罗斯？

在行尾的标点均挤压为半个字符宽度，不在行尾的标点则占一个字符宽度。

- 全部半角式

全部标点符号（破折号、省略号除外）都用半角，这种排版方式多用于信息量大的工具书。操作步骤如下。

① 打开光盘目录下的"素材\第3章\标点挤压4"文件，如图3-105所示，可以看到没有设置标点挤压前的效果，需要根据标点之间的关系并按照全部半角式的要求进行调整。本例中将针对3个地方进行设置。

① 这就是俄罗斯，地球上最广袤、最坚硬、最寒冷的国度。但在记者的采访中，俄罗斯却几乎
② 是受访者最难以表达的一个国家；莫斯科、圣彼得堡，宫殿、博物馆，此外就是上千万平方公里的空白。在莫斯科红场之外有一个怎样的
③ 俄罗斯？在圣彼得堡东宫夏宫之外是哪个俄罗斯？莫斯科、圣彼得堡之外，那片向远东伸展的辽阔腹地又是一个怎样的俄罗斯？

图3-105

② 执行【文字】→【标点挤压设置】→【详细】命令，弹出【标点挤压设置】对话框。单击【新建】按钮，在弹出的【新建标点挤压集】对话框中将【名称】改为"全部半角式"，在【基于设置】下拉文本框中选择"无"，如图3-106所示。

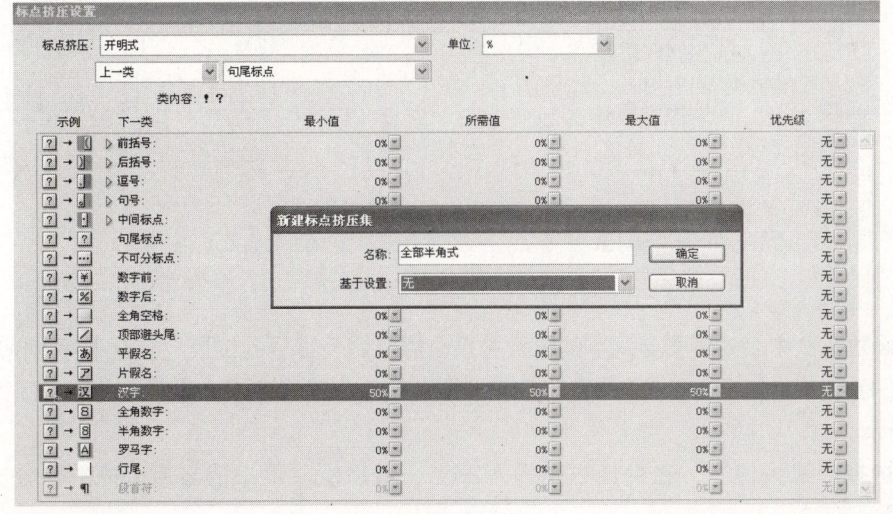

图3-106

❸ 单击【确定】按钮。对实例中①处的符号进行设置，需要将逗号与汉字的距离缩短，使逗号调整到半个字符宽度。在【标点挤压】下拉文本框中选择"逗号"，然后在【类内容】文本框中选择"汉字"，如图3-107所示。

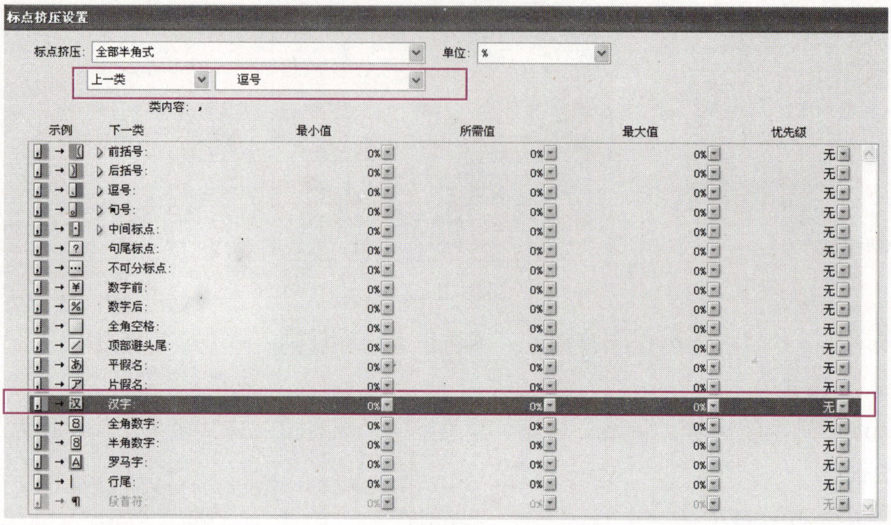

图3-107

❹ 选择"最大值"，在数值框中输入25%，所需值、最小值与最大值的百分比相同，如图3-108所示。

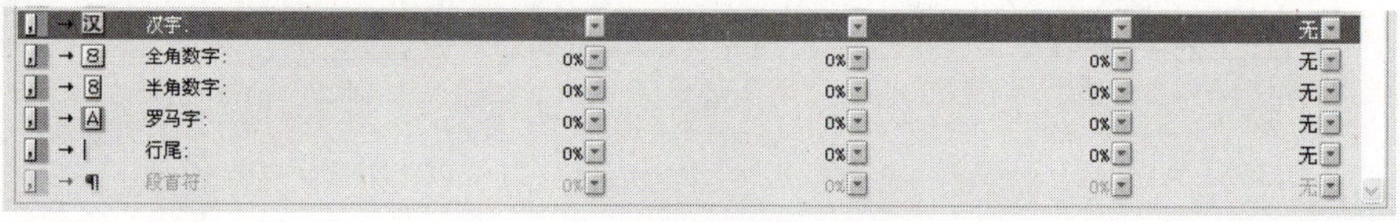

图3-108

❺ 单击【存储】按钮，保存标点挤压的设置，然后再单击【确定】按钮，如图3-109所示。

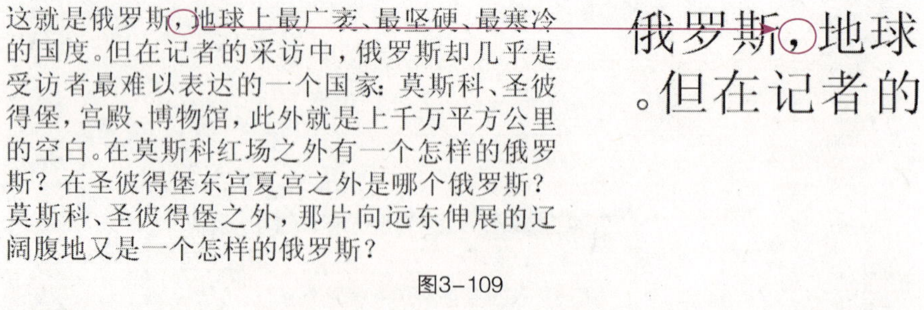

图3-109

❻ 设置实例中②处冒号与汉字的位置关系，需要调整冒号的位置。打开【标点挤压设置】对话框，在【标点挤压】下拉文本框中选择"其他"，单击【类内容】文本框中的"中间标点"，如图3-110所示。

❼ 选择"最大值"，在数值框中输入25%，所需值、最小值与最大值的百分比相同，如图3-111所示。

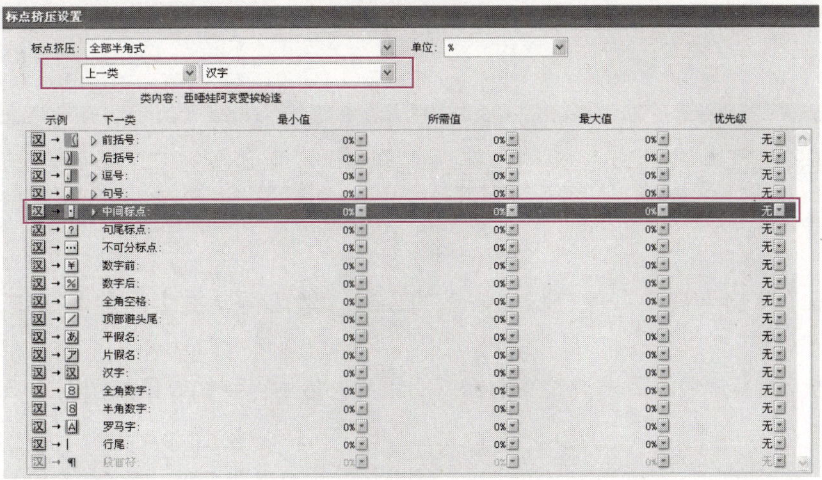

图3-110

图3-111

⑧ 单击【存储】按钮,保存标点挤压的设置,然后再单击【确定】按钮,如图3-112所示。

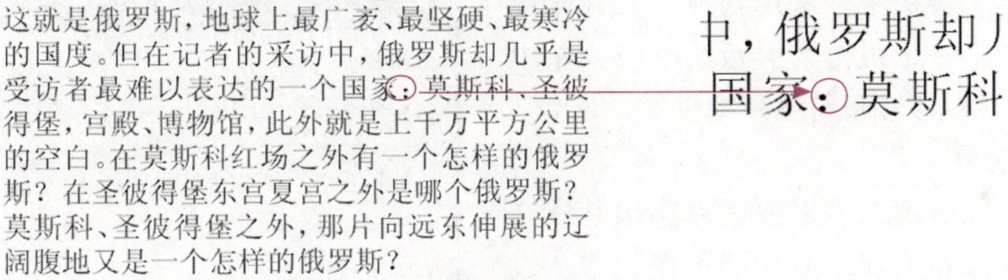

这就是俄罗斯,地球上最广袤、最坚硬、最寒冷的国度。但在记者的采访中,俄罗斯却几乎是受访者最难以表达的一个国家⸱莫斯科、圣彼得堡,宫殿、博物馆,此外就是上千万平方公里的空白。在莫斯科红场之外有一个怎样的俄罗斯?在圣彼得堡东宫夏宫之外是哪个俄罗斯?莫斯科、圣彼得堡之外,那片向远东伸展的辽阔腹地又是一个怎样的俄罗斯?

中,俄罗斯却人
国家:莫斯科

图3-112

⑨ 接下来设置实例中③处的问号与汉字的位置关系,使问号占半个字符的宽度。打开【标点挤压设置】对话框,在【标点挤压】下拉文本框中选择"句尾标点",选择【类内容】文本框中的"其他",如图3-113所示。

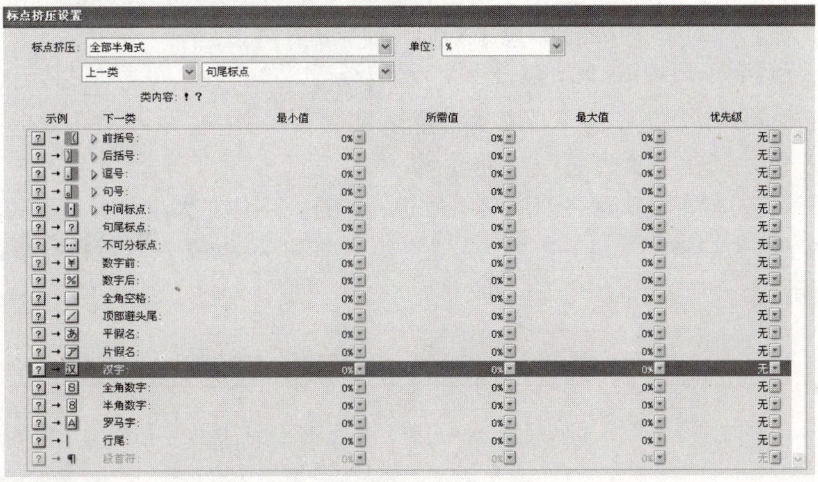

图3-113

10 选择“最大值”，在数值框中输入-25%，所需值、最小值与最大值的百分比相同，如图3-114所示。

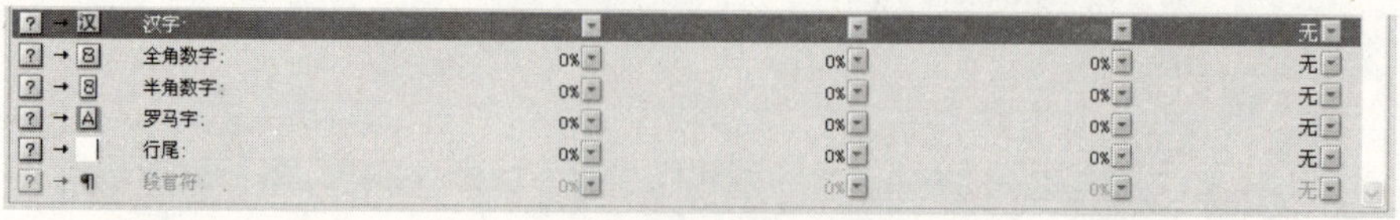

汉字
全角数字:
半角数字:
罗马字:
行尾:
段首符:
0%
无

图3-114

11 单击【存储】按钮，保存标点挤压的设置，然后再单击【确定】按钮，如图3-115所示。

12 根据全部半角式的要求调整其他标点的距离，最后得到的效果如图3-116所示。

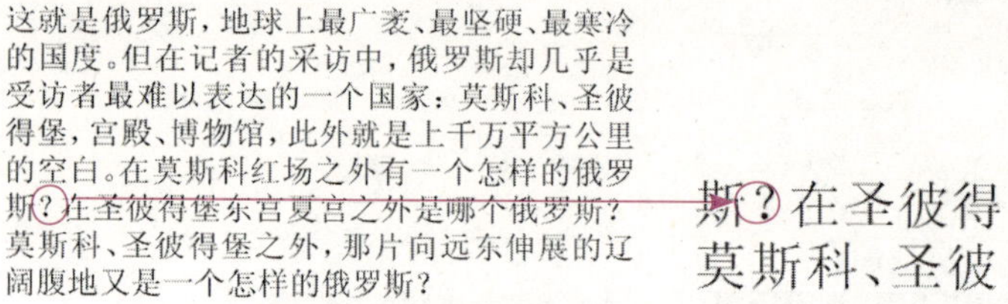

这就是俄罗斯，地球上最广袤、最坚硬、最寒冷的国度。但在记者的采访中，俄罗斯却几乎是受访者最难以表达的一个国家：莫斯科、圣彼得堡，宫殿、博物馆，此外就是上千万平方公里的空白。在莫斯科红场之外有一个怎样的俄罗斯？在圣彼得堡东宫夏宫之外是哪个俄罗斯？莫斯科、圣彼得堡之外，那片向远东伸展的辽阔腹地又是一个怎样的俄罗斯？
斯？在圣彼得
莫斯科、圣彼

图3-115

这就是俄罗斯，地球上最广袤、最坚硬、最寒冷的国度。但在记者的采访中，俄罗斯却几乎是受访者最难以表达的一个国家：莫斯科、圣彼得堡，宫殿、博物馆，此外就是上千万平方公里的空白。在莫斯科红场之外有一个怎样的俄罗斯？在圣彼得堡东宫夏宫之外是哪个俄罗斯？莫斯科、圣彼得堡之外，那片向远东伸展的辽阔腹地又是一个怎样的俄罗斯？

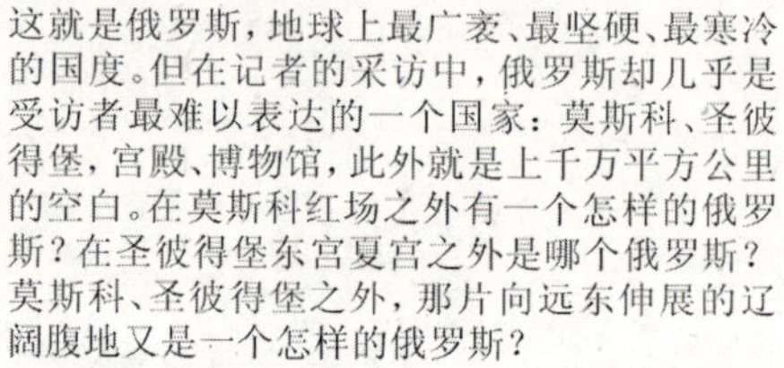

图3-116

4. 其他常用选项

在【段落】调板中经常用到对齐方式与缩进等功能，此外在【段落】调板的下拉菜单中还有排版中常用的【项目符号和编号】。

- 项目符号

在排版步骤内容或者需要重点突出几段文字时，使用项目符号和编号功能可以完成。设置项目符号的操作步骤如下。

1 用【文字工具】选择需要设置项目符号的段落，然后单击【段落】调板右侧的黑色三角按钮，在弹出的下拉菜单中选择【项目符号和编号】，弹出【项目符号和编号】对话框，如图3-117所示。

项目符号和编号
列表类型(L): 无
列表(S): [默认]
级别(E): 1
项目符号字符
添加(A)...
删除(D)
此后的文本(T):
字符样式(C): [无]
项目符号或编号位置
对齐方式(G): 左
左缩进(I): 0 毫米
首行缩进(R): 0 毫米
制表符位置(B): 12.7 毫米
预览(P)
确定
取消

图3-117

2 然后在【列表类型】的下拉文本框中选择“项目符号”，在【项目符号字符】和【项目符号或编号位置】复选区中对项目符号进行字符、字体、大小、颜色和位置等设置。在本例中设置的字符为“※”、对齐方式为“左”、左缩进为“7毫米”、首行缩进为“-7”，如图3-118所示。

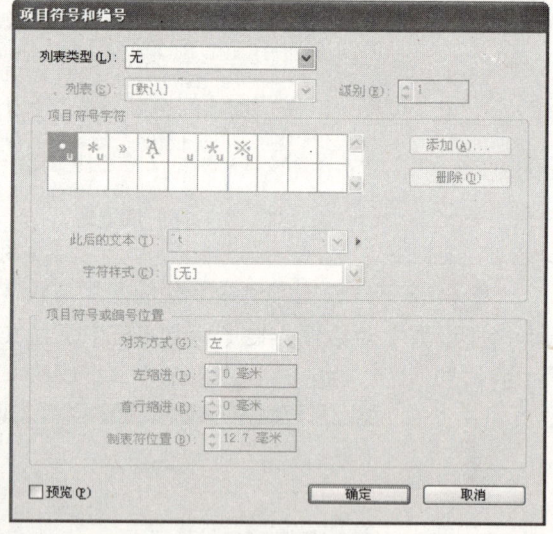

提 示

在设置段前线的左右缩进时，需要经过多次调整，才能使符号在版面中只显示一个字符。

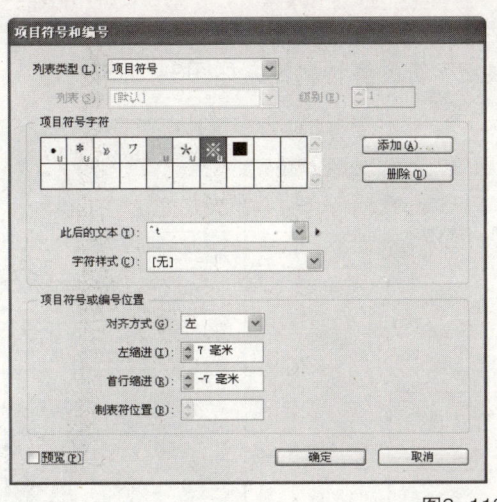

图3-118

设置编号的操作步骤如下。

1 用【文字工具】选择需要设置编号的段落,然后单击【段落】调板右侧的黑色三角按钮,在弹出的下拉菜单中选择"项目符号和编号",弹出【项目符号和编号】对话框。

2 在【列表类型】下拉文本框中选择"编号",在【编号样式】和【项目符号或编号位置】复选区中对编号进行样式、分隔符、字体、大小、颜色和位置的设置。在本例中设置的样式为"1,2,3,4…",分隔符为".",字体为"Arial",大小为"14点",颜色为"C=0,M=0,Y=0,K=100",位置为"齐左",如图3-119所示。

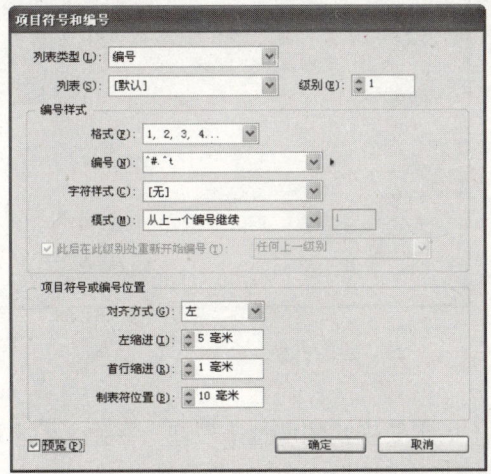

图3-119

3.2.3 文字的查找与修改

在中文排版中,文字错误是无法避免的。对于文字的校对也非常烦琐,所以在前面的排版工作中一定要规范操作,这样能够减少文字错误并减轻文字的校对工作。InDesign CS5也提供了非常方便的文字查找与修改功能,它可对文字的各种属性进行查找并修改。另外,还可以通过查找字体功能对使用到的字体进行任意替换。

1. 查找/更改

查找/更改功能不仅能更改字符，还可以限定字符的各种属性，如图3-120所示。

 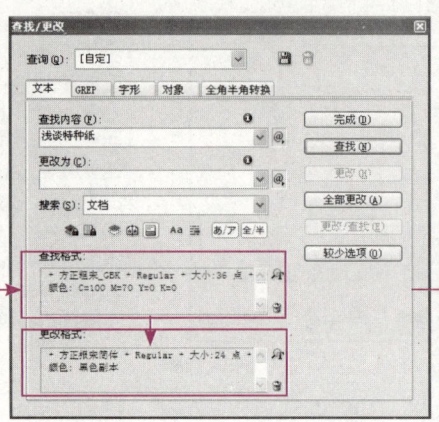 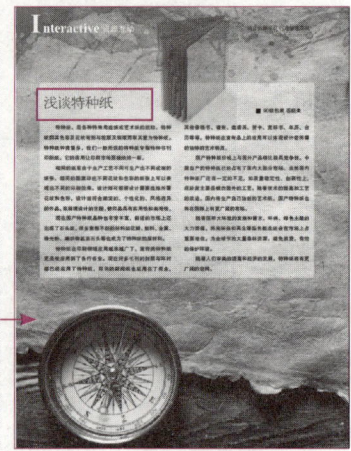

图3-120

查找/更改格式功能对于修改排版内容应用广泛，本例中将讲解用查找/更改格式功能限定只修改标题中的文字，而不改动正文文字，此方法常用于突出显示品牌标题文字。

查找/更改格式的操作步骤如下。

❶ 打开光盘目录下的"素材/第3章/查找更改格式.indd"文件，然后执行【编辑】→【查找/更改】命令，弹出【查找/更改】对话框，如图3-121所示。

❷ 设置查找的格式。单击【查找格式】的【指定要查找的属性】按钮，在弹出的【查找格式设置】对话框中设置【基本字符格式】的字体为"宋体"，大小为"12点"，字符颜色为黑色，设置完成后单击【确定】按钮，如图3-122所示。

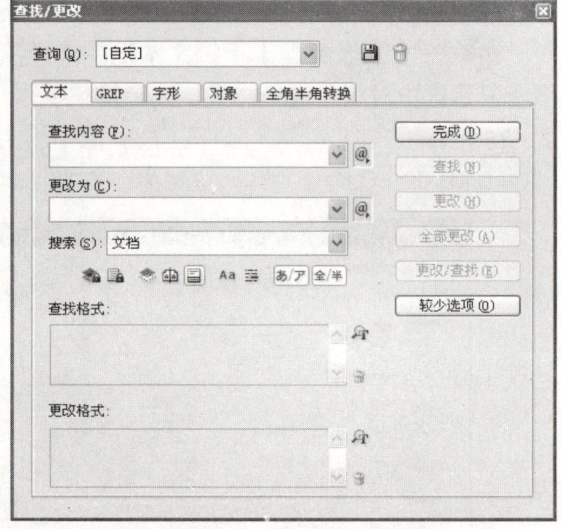

图3-121

❸ 设置查找的格式。单击【更改格式】的【指定要查找的属性】按钮，在弹出的【更改格式设置】对话框中设置【基本字符格式】的字体为"方正打标宋-GBK"，大小为"14点"，字符颜色为（C100,M0,Y0,K0），设置完成后单击【确定】按钮，如图3-123所示。

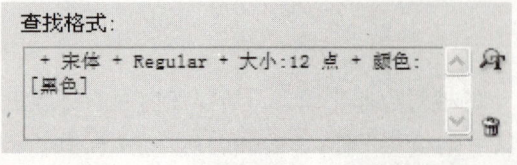

图3-122

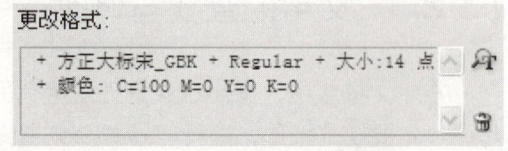

图3-123

❹ 在【查找内容】和【更改为】文本框中输入"高科技"，单击【查找下一个】按钮，确

定更改位置，再单击【更改】按钮，如图3-124所示。从图3-124中可以看到使用查找/更改格式功能限定更改范围的效果。

2. 查找字体

使用"查找字体"命令可以搜索并列出整篇文档中使用到的所有字体，并可对这些字体进行任意替换。设计师可以在"查找字体"中检查是否用到不恰当的字体，还可以找到缺失字体的位置。

查找字体的操作步骤如下。

❶ 打开光盘目录下的"素材\第3章\查找字体.indd"文件，弹出【缺失字体】对话框，如图3-125左图所示，单击【确定】按钮后，会看到缺失字体的地方出现颜色块，如图3-125右图所示。

图3-124

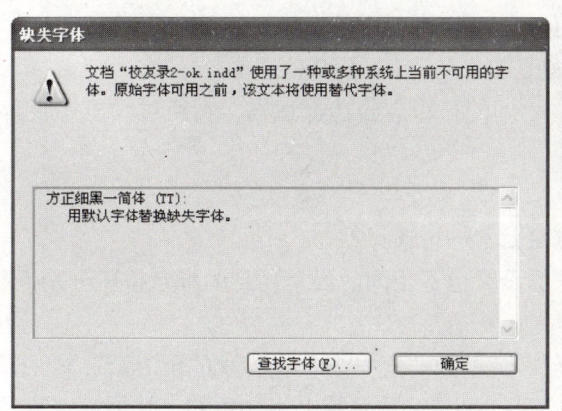

图3-125

❷ 执行【文字】→【查找字体】命令，在弹出的【查找字体】对话框中看到这个符号⚠表示缺失字体，在【信息】复选区中可看到缺失字体的文字信息，如图3-126所示。选择"方正细黑一简体"，然后再单击【查找第一个】按钮，可以查看缺失字体的位置。

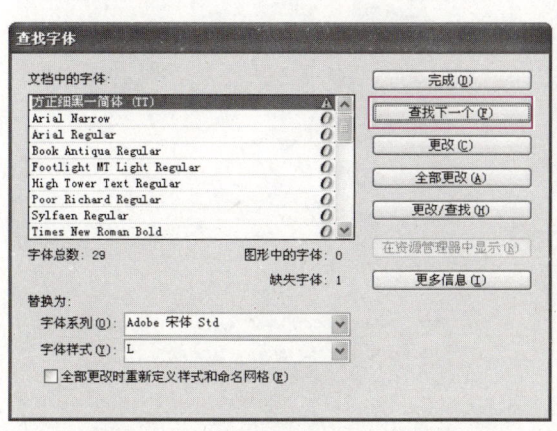

图3-126

3.3 小结

在本章中详细介绍了InDesign对文本框的各种操作，包括用文字工具创建文本框和将图形转换为文本框等；介绍了向InDesign添加文字的4种方法，以及置入文字常碰到的问题。还重点介绍了各种出版物常用字体字号的设定，包括图书、期刊杂志、报纸和公文；对齐方式的运用以及具有美化版面功能的复合字体和标点挤压的设置。

3.4 习题

1. 填空题

（1）添加文字的方法分别是（　）、（　）、（　）和（　）。

（2）置入文本时，排放文本的方法分别是（　）、（　）和（　）。

（3）正文一般用（　），版面正文之间的行距应当选择适当，行距过大显得版面（　），行距过小则（　）。

2. 问答题

（1）出版物的基本用字根据哪三方面因素进行选择？

（2）根据出版物的不同，标点挤压的设置也不相同。最常用到的标点挤压分别是哪几种？

3. 操作题

练习开明式标点挤压设置，打开光盘目录下的"素材\第3章\初秋的雨.doc"文件。

凡表示一句结束的符号（如句号、问号、叹号、冒号等）用全角外，其他标点符号全部用半角；当多个中文标点靠在一起时，排在前面的标点强制使用半个汉字的宽度。

第4章
样式的运用

样式能把文本的格式组合在一起，并且可以任意新建、删除、编辑和载入其他样式。样式的用途在于它能最快最准确地改变文字或段落的格式。本章主要讲解规范地创建样式、载入其他文档中的样式和样式选项，这都是在实际工作中常用到的样式功能。

设计要点

- 文字、图片、文件的管理
- 边距、分栏的设置
- 书刊封面、单页、对页、纸袋文档的创建

印刷要点

- Word文字、网页文字、纯文本、Excel表格的处理
- 从Word文档中获取较清晰的图片
- 常见印刷品尺寸介绍
- 出血的设置

4.1 创建样式

创建样式有以下两种方法：

（1）直接在样式调板中设置文字或段落的格式。

（2）通过【字符】调板或【段落】调板对文本进行设置，然后新建样式。该方法可以直观地看到效果并可直接地反复进行修改。下面详细讲解这种方法。

创建样式的操作步骤如下：

❶ 打开光盘目录下的"素材\第4章\样式.indd"文件，开始对这篇只有文字与图片而未设样式的文档创建样式。首先设置标题的样式，使用【文字工具】选中"骨木镶嵌家具"，打开【字符】调板，设置字体为"汉仪中等线简"，字体大小为"24点"，如图4-1所示。

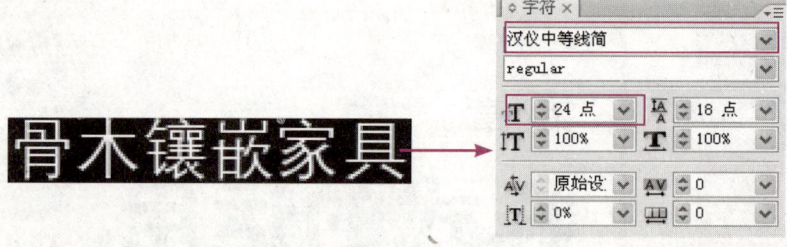

图4-1

❷ 通过调板对文字标题进行设置后，保持文字为选中状态，打开【段落样式】调板。单击【创建新样式】按钮，在【段落样式】调板中自动生成"段落样式1"，如图4-2所示。双击"段落样式1"，弹出【段落样式选项】对话框，设计师可以看到在【字符】调板中的设置，在样式调板中也能相应地找到，如图4-3所示。

在对样式定义名称时，应尽量让自己与别人都能看懂，方便日后进行修改。设置"段落样式1"的名称为"一级标题"，如图4-3所示。

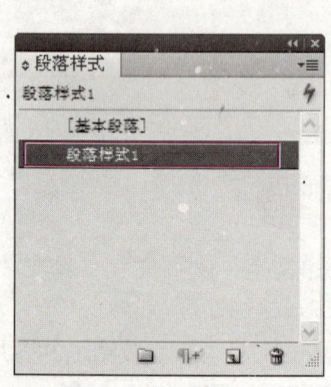

图4-2

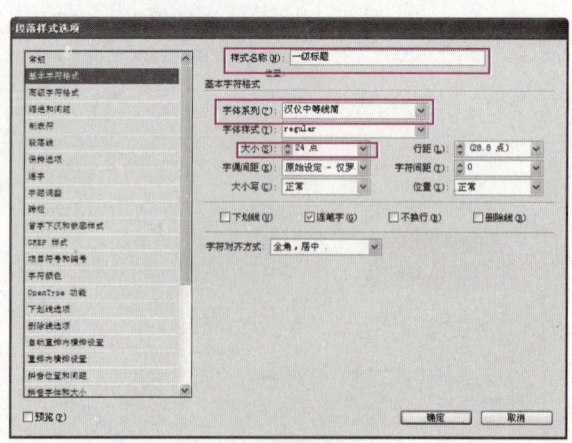

图4-3

❸ 将"一级标题"的样式运用到各篇文章的标题中。用【文字工具】选中要进行设置的标题，然后单击【段落样式】调板中的"一级标题"样式即可，如图4-4所示。

样式的运用 第4章

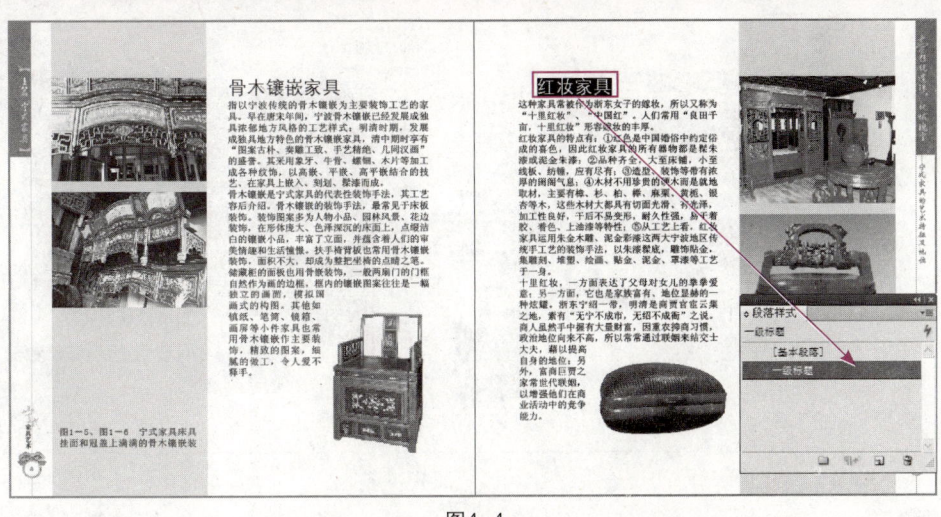

图4-4

④ 通过【字符】调板和【段落】调板的选项对正文进行设置，参数的设置如图4-5所示。通过调板的设置，设计师可以直观地看到效果，并可进行反复修改，达到满意效果后再定样式。

⑤ 保持正文的选中状态，单击【段落】调板的【创建新样式】按钮，在【段落样式】调板中双击自动生成的"段落样式2"，在弹出的【段落样式选项】对话框中，可以看到【字符】调板与【段落】

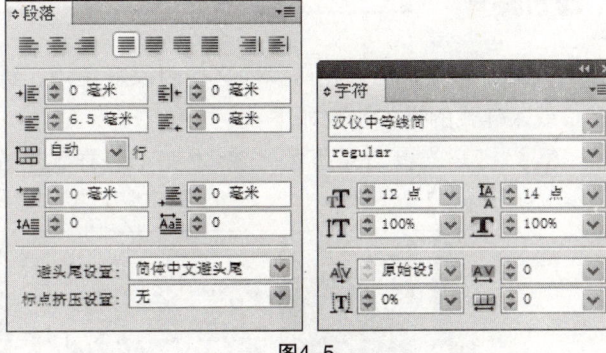

图4-5

调板的相应设置，如图4-6所示。设置正文的"段落样式2"的样式名称为"正文"。

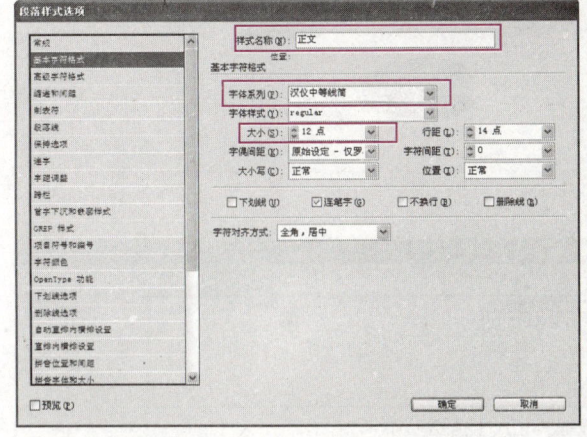 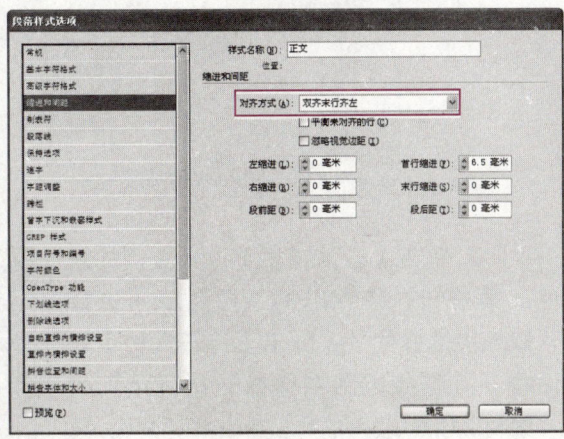

图4-6

⑥ 将"正文"样式应用到各篇文章中，用【文字工具】选择文章内容，然后单击【段落样式】调板中的"正文"样式即可，如图4-7所示。

InDesign CS5　第4章　77

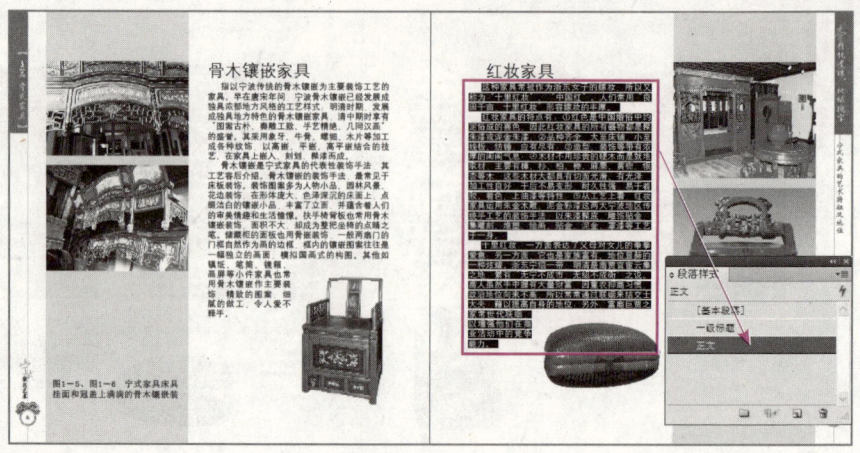

图4-7

4.2 载入其他文档中的样式

设置好的样式也可以在其他文档中反复使用，通过载入样式就可以使用，而不用重新设置样式。载入样式的操作步骤如下：

❶ 打开光盘目录下的"素材\第4章\样式2.indd"文件，打开没有设置样式的文档，如图4-8所示。

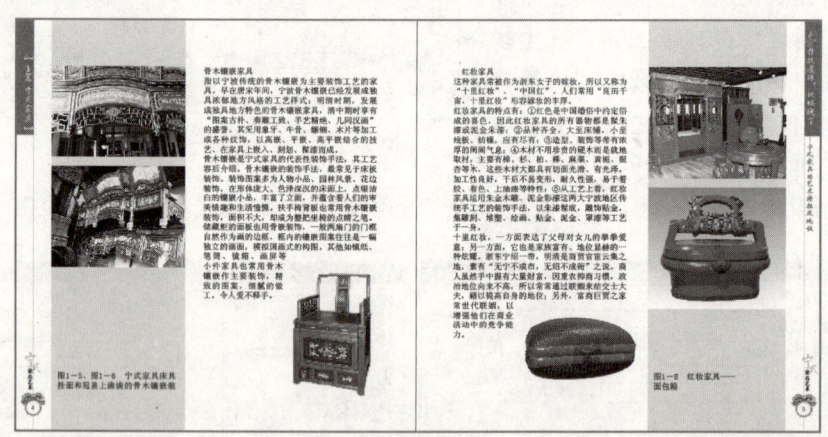

图4-8

❷ 单击【段落样式】调板右侧的黑色三角按钮，在弹出的下拉菜单中选择"载入段落样式"，弹出【打开文件】对话框，在查找范围中选择光盘目录下的"素材\第4章\载入的样式.indd"文件，单击【打开】按钮，弹出【载入样式】对话框，如图4-9所示。

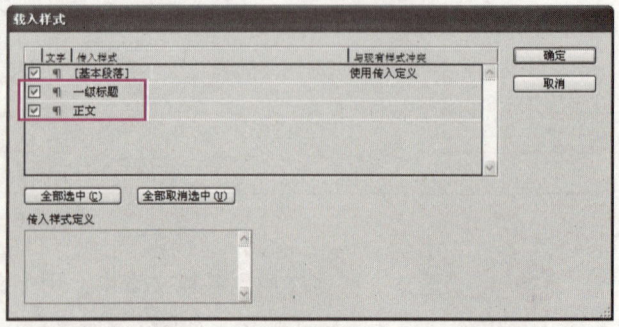

图4-9

❸ 在【载入样式】对话框中，可以根据排版的需要选择载入的样式，这里只保留"正文"与"一级标题"，然后把其他对勾去掉，单击【确定】按钮。载入的样式会自动放入【段落样式】调板内，如图4-10所示。

❹ 将"一级标题"与"正文"样式分别运用到"样式.indd"文档中，如图4-11所示。

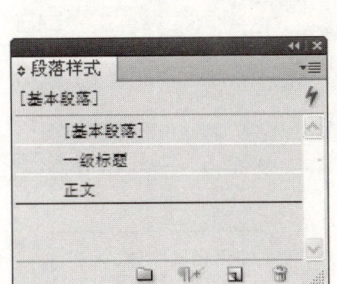

图4-10

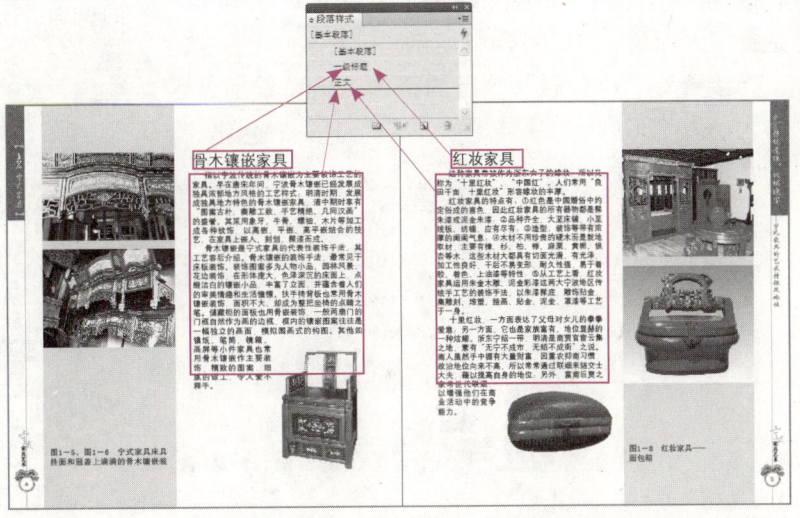

图4-11

4.3 样式选项

【字符样式】与【段落样式】选项在【字符】调板与【段落】调板中都能相应地找到，下面着重讲解样式中的【基于】和【下一样式】选项。

1. 基于

在设置大标题与小标题的样式时，它们之间经常使用相同的字体。在设置小标题时运用【基于】选项，它们之间就建立了相似的样式，操作步骤如下：

❶ 选择一段文字作为大标题，使用【字符】调板设置字体和字号，本例中设置的字体为"汉仪圆叠体简"，字体大小为"60点"，在【色板】中将颜色选择为"C=0，M=100，M=0，Y=0"，然后建立样式，样式名称为"大标题"，如图4-12所示。

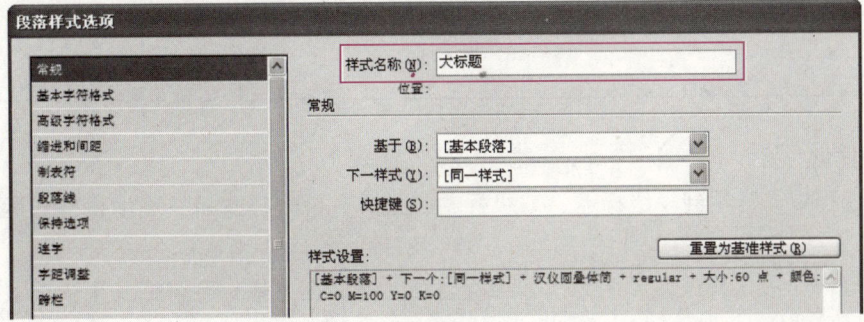

图4-12

❷ 选择另一段文字作为小标题，单击【段落样式】调板中的【创建新样式】按钮，创建"段落样式2"。然后双击"段落样式2"，弹出【段落样式选项】对话框，将样式名称改为"小标题"。在【基于】下拉文本框中选择"大标题"，如图4-13所示。

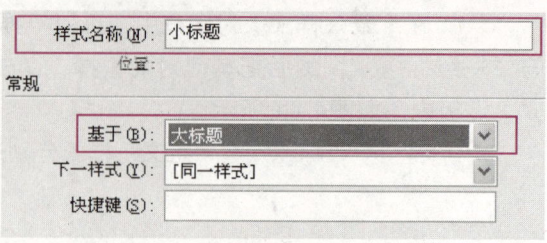

图4-13

接着对"小标题"进行调整，这里设置字体大小为"36点"，字体颜色为"C=100，M=0，Y=0，K=0"，如图4-14所示。

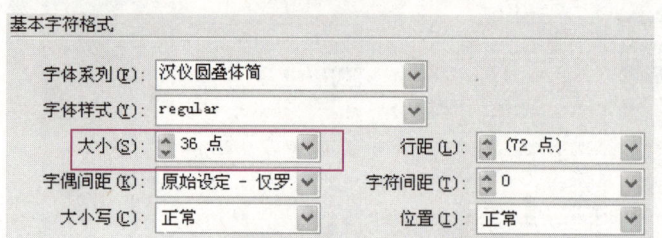

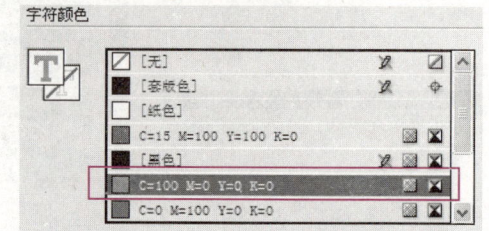

使用相同字体，但字号与颜色不同。

图4-14

 提示

使用【基于】选项后，在对"大标题"进行编辑的同时，"小标题"也将相应地发生变化，如图4-15所示。

改变"大标题"字体的同时，"小标题"的字体也将相应地发生变化。

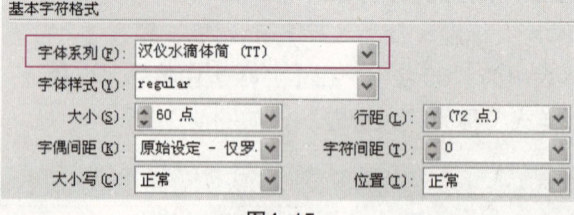

图4-15

2. 下一样式

在写作过程中，常用到一级标题、二级标题和正文。下一样式能快速地将样式运用到各级标题和正文中，操作步骤如下：

❶ 新建一个段落样式，起名为"一级标题"，然后在【基本字符格式】中设置字体为"汉仪水滴体简"，字体大小为"36点"。

❷ 新建第二个段落样式，起名为"二级标题"，在【基本字符格式】中设置字体为"汉仪中黑简"，字体大小为"30点"。

❸ 新建第三个段落样式，起名为"正文"，在【基本字符格式】中设置字体为"汉仪中等线简"，字体大小为"12点"。

❹ 将三个样式新建完之后，开始对下一样式进行设置。双击【段落样式】调板中的"一级标题"样式，在【下一样式】下拉文本框中选择"二级标题"，如图4-16所示。

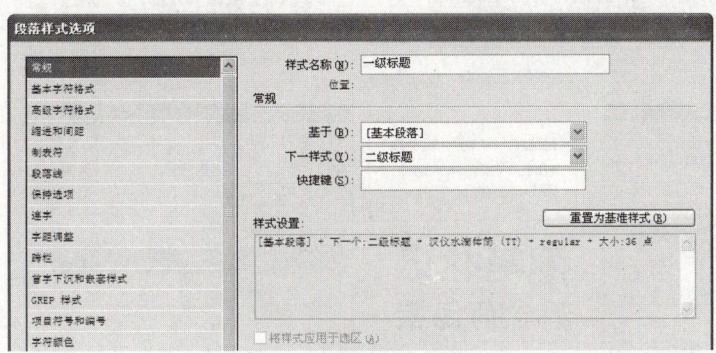

图4-16

❺ 双击【段落样式】调板中的"二级标题"样式，在【下一样式】下拉文本框中选择"正文"，如图4-17所示。

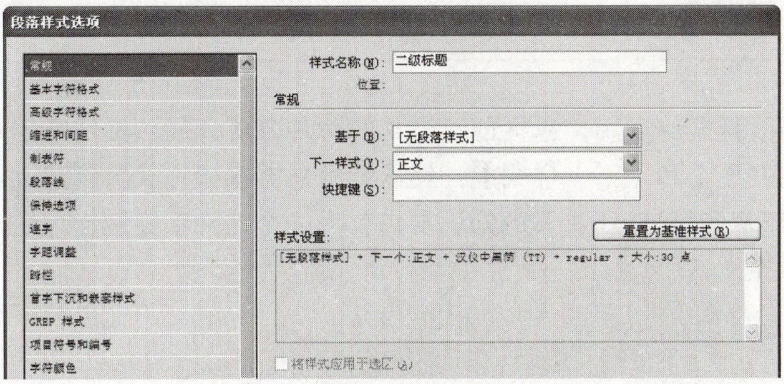

图4-17

❻ 双击【段落样式】调板中的"正文"样式，在【下一样式】下拉文本框中选择"同一样式"，如图4-18所示。

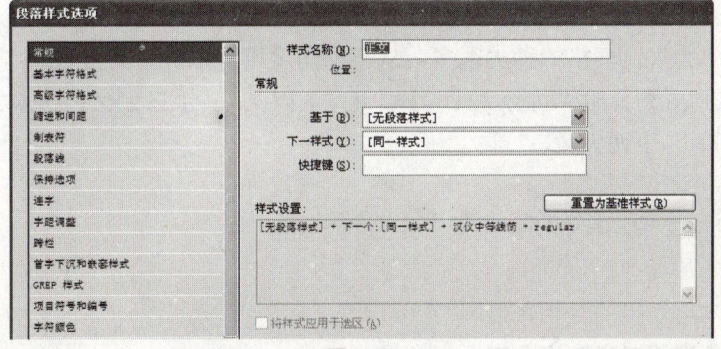

图4-18

❼ 【下一样式】设置完成后，现在将它运用到文章当中，如图4-19所示。

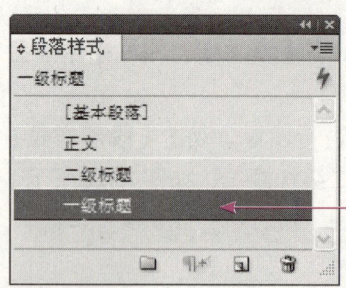
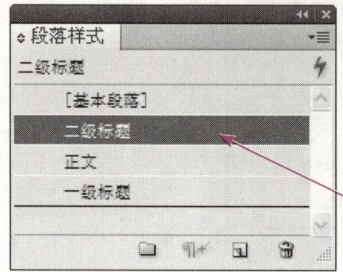
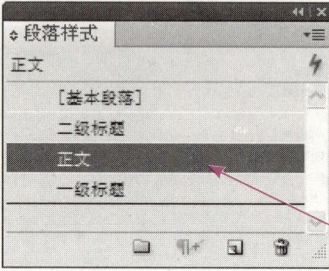

图4-19

4.4 小结

本章主要介绍了样式的运用，包括创建样式的两种方法，载入其他文档中的样式，巧妙运用样式选项中的【基于】和【下一样式】，使设计师能够掌握样式的创建及运用，提高工作效率。最后，结合第3章和第4章所讲解的知识要点，用一个纯文字案例作为练习，让设计师熟练掌握对文字的各种操作。

4.5 习题

1. 填空题

（1）普通表格一般可分为（ ）、（ ）、（ ）和（ ）四个部分。

（2）表格简称为表，表格的种类很多，从不同角度可有多种分类方法。按表格的结构形式划分时，可分为（ ）、（ ）以及（ ）三大类；按表格的排版方式划分时，可分为（ ）和（ ）两大类。

2. 问答题

制表符用于定位文本，有哪四种不同的定位符？

3. 操作题

（1）练习文本与表格的互相转换。

（2）练习用制表符对齐表格内容。

第5章
图片的运用

InDesign CS5本身并不能处理复杂的图片，它的工作主要是图文混排。图片都是在其他图像处理软件中处理好再置入到该排版软件中的，根据版面的需要，可在InDesign CS5中对图片进行简单的处理。

设计要点

- 置入图片的3个方法：拖曳图片、复制粘贴图片、置入图片
- 翻转和旋转图片
- 图片效果处理
- 置入带有剪切路径的图片

印刷要点

- 从3个方面了解和选择适合印刷的图片：图片的格式、图片的模式、图片的分辨率
- 缩放图片的尺度

5.1 图片的置入和管理

InDesign CS5作为排版软件并不能处理图片,它所用的图片都是从其他图像处理软件(如Photoshop、Illustrator)中获取的,然后将获取到的符合印刷要求的图片置入到InDesign CS5中与文字进行排版,设计师对排版中用到的图片还应妥善管理并起好名字,方便以后查找。

5.1.1 制作图形框

客户在给设计师提供资料时,图片的来源通常是图库、数码照片、网上图片等。这些图片都需要用图像软件进行处理,然后再把处理过的图片放到排版软件中进行组版。下面主要介绍如何设置图片的格式、模式和分辨率,使其符合印刷要求。

1. 图片的格式

InDesign CS5支持多种图片格式,包括PSD、JPEG、PDF、TIFF、EPS和GIF格式等,在印刷时,最常用到的是TIFF、JPEG、EPS、AI和PSD格式的图片,下面讲解在实际工作中如何挑选适合的格式。

- TIFF

印刷用图以TIFF格式的图片为主。TIFF是Tagged Image File Format(标记图像文件格式)的缩写,几乎所有工作中涉及位图的应用程序(包括置入、打印、修整以及编辑位图等)都能处理TIFF文件格式。TIFF格式有压缩和非压缩像素数据。如果压缩方法是非损失性的,图片的数据没有减少,即信息在处理过程中不会损失;如果压缩方法是损失性的,能够产生大约2:1的压缩比,可将原稿文件的大小减到一半左右。TIFF格式能够处理剪切路径,许多排版软件都能读取剪切路径,并能正确地减掉背景。

但需要注意的是,如果图片尺寸过大,存储为TIFF格式时会使得图片在输出时出现错误的尺寸,这时可将图片存储为EPS格式。

- JPEG

JPEG格式一般可将图片压缩为原大小的十分之一而看不出明显差异。但如果图片压缩比太大,会使得图片失真。而且每次保存JPEG格式的图片时都会丢失一些数据。因此,通常只在创作的最后阶段以JPEG格式保存一次图片即可。

由于JPEG格式是采用有损压缩的方式,所以在操作时必须注意以下几点。

① 四色印刷时使用CMYK模式。
② 限于对精度要求不高的印刷品。
③ 不宜在编辑修改过程中反复存储图片。

- EPS

EPS格式可用于像素图片、文本以及矢量图形。创建或编辑EPS文件的软件可以定义容量、分辨率、字体、其他的格式化和打印信息。这些信息被嵌入到EPS文件中,然后由打印机读入并处理。

- PSD

PSD格式可包含各种图层、通道和遮罩等，需要多次进行修改的图片存储为PSD格式可以在下次打开时很方便地修改上次的图片。缺点是增加了文件大小，打开文件速度缓慢。

- AI

AI是一种矢量图格式，可用于矢量图形及文本，如在Illustrator中编辑可以存储为AI格式。

2. 图片的模式

一般图片常用到4种模式：RGB、CMYK、灰度和位图模式，下面介绍用于印刷的彩图图片应选用RGB模式还是CMYK模式，单色图是选用灰度图模式还是位图模式。

- RGB与CMYK

在排版过程中，经常会遇到对彩色图片的处理。一般，彩色图片可能是RGB模式，也可能是CMYK模式。用于印刷的图片必须是CMYK模式的，这样可以避免严重的偏色。

其原因在于：RGB模式是所有基于光学原理的设备所采用的色彩方式（例如，显示器是以RGB模式工作的），CMYK模式是颜料反射光线的色彩模式。而RGB模式的色彩范围要大于CMYK模式，所以RGB模式能够表现许多颜色，尤其是鲜艳而明亮的色彩，不过前提是显示器的色彩必须是经过校正的，才不会出现图片色彩的失真，这种色彩在印刷时是难印出来的。这也是把图片色彩模式从RGB转换到CMYK时画面会变暗的主要原因，如图5-1所示。

 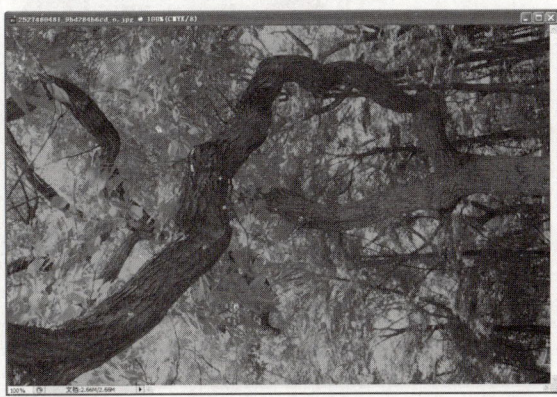

RGB模式　　　　　　　　　　　　　　　CMYK模式

图5-1

所以，需要印刷的图片应转为CMYK模式。还应注意的是，无论是CMYK模式，还是RGB模式，都不要在这两种模式之间进行多次转换。因为，在图像处理软件中，每进行一次图片色彩空间的转换，都将损失一部分原图片的细节信息。如果是要印刷的图片，在处理时应将其转为CMYK再进行其他处理。

- 灰度与位图

位图模式与灰度模式是Photoshop中最基本的颜色模式。灰度模式是以从白色到黑色范围内的256个灰度级来显示图像，可以表达细腻的自然状态，如图5-2所示。而位图模式只有两种颜色——黑色和白色，如图5-3所示。因此灰度图看上去比较流畅，而位图则会显得过渡层次有点不清楚。所以如果图片是用于非彩色印刷而又需要表现图片的阶调，一般用灰度模式；如果图片，不需要表现阶调层次，则选用位图模式。

图5-2

图5-3

> **提示**
>
> 图片模式为位图和灰度的图片，在InDesign CS5中可以对其进行上色，操作步骤如下。
>
> ❶ 将灰度模式的图片置入到InDesign CS5中，执行【文件】→【置入】命令，弹出【置入】对话框。在【置入】的【查找范围】下拉文本框中选择"灰度"图片，如图5-4所示。
>
> ❷ 单击【打开】按钮，单击页面空白处，然后用【直接选择工具】选择图片，并使【填色】按钮置于前面，如图5-5所示。
>
> ❸ 执行【窗口】→【色板】命令，打开【色板】调板。单击【色板】调板中"C=15，M=100，Y=0，K=0"的颜色，如图5-6所示。
>
> ❹ 在InDesign CS5中给灰度图上色的操作就完成了，位图与灰度图的上色方法相同。

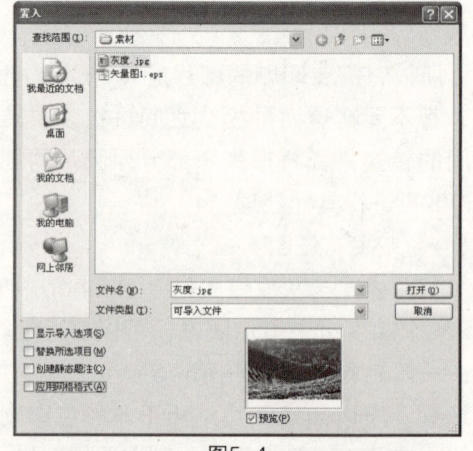

图5-4

图5-5　　　　　　　　　　　　　　　图5-6

3. 图片的分辨率

图片的用处不同，设置的分辨率也不一样。下面将介绍喷绘、网页和印刷品一般设置多少分辨率较为适宜。

- 喷绘

喷绘是指户外广告，因为它输出的画面很大，所以输出图片的分辨率一般在30～45dpi，如图5-7所示。喷绘的图片对于分辨率没有标准要求，但需要结合喷绘尺寸的大小、使用材料、悬挂高度和使用年限等诸多因素来考虑。

- 网页

因为互联网上的信息量较大、图片较多，所以图片的分辨率不适宜太高，否则会影响打开网页的速度，用于网页上的图片分辨率通常为72dpi，如图5-8所示。

- 印刷品

印刷品的分辨率要比喷绘和网页的要求高，下面将以3个常见出版物介绍印刷品分辨率的设置。

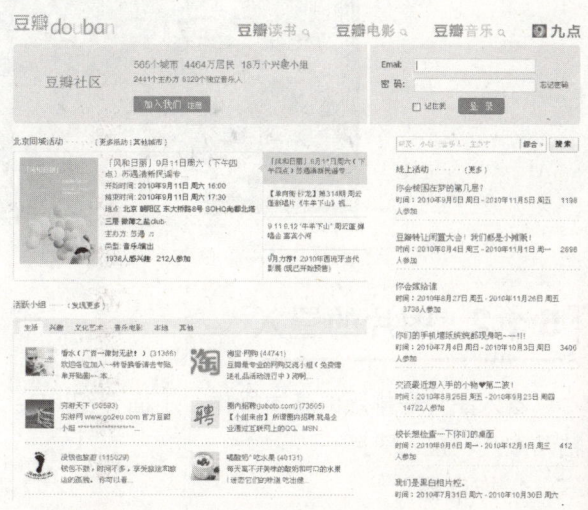

图5-7　　　　　　　　　　　　　　　图5-8

①报纸

报纸以文字为主、图片为辅，如图5-9所示，所以分辨率通常为150dpi，彩色报纸对彩图的要求要比黑白报纸的单色图高，分辨率通常为300dpi。

②期刊杂志

期刊杂志的分辨率通常为300dpi，如图5-10所示，但也要根据实际情况来设定，比如期刊杂志的彩页部分需要设置为300dpi，而不需要彩图的黑白部分的分辨率可以设置得低些。

图5-9　　　　　　　　　　　　　　　　　图5-10

③画册

画册以图为主、文字为辅，如图5-11所示，所以要求图片的质量较高。普通画册的分辨率可设置为300dpi，精品画册就需要更高的分辨率，一般为350～400dpi。

总之，分辨率的设置还需要根据印刷品的要求而进行调整。

图5-11

5.1.2　图片的置入

置入图片是排版的基本操作，下面介绍InDesign CS5置入图片的3种方法：拖曳图片、复制粘贴图片、置入图片。

1. 拖曳图片

拖曳图片能将多张图片一起拖曳至InDesign CS5中，操作十分快捷方便。拖曳图片的操作步骤如下。

❶ 用鼠标选中多张图片，然后按住鼠标左键不放拖曳至InDesign CS5的空白页面中，如图5-12所示。

图5-12

❷ 松开鼠标,选中的图片被拖曳到InDesign CS5中,即完成拖曳图片的操作,如图5-13所示。

图5-13

InDesign CS5还能从Illustrator中拖曳矢量图,但拖曳的图形属于嵌入形式的,这些图不带链接,只能在InDesign CS5中进行简单地修改。从Illustrator中拖曳矢量图的操作步骤如下。

❶ 在Illustrator中用【选择工具】选中矢量图,然后按住鼠标左键不放,拖曳至InDesign CS5程序中,如图5-14所示。

图5-14

❷ 然后自动弹出InDesign CS5窗口,将图形拖曳至空白页面中,松开鼠标完成拖曳矢量图的操作,如图5-15所示。

图5-15

提 示

还可通过单击菜单栏中的【转至Bridge】 按钮,打开Bridge窗口来浏览和寻找需要的资源,如图5-17所示。从 Bridge 中可以查看、搜索、排序、管理和处理图像文件。还可以使用 Bridge 来创建新文件夹、对文件进行重命名、移动和删除操作,编辑元数据,旋转图像以及运行批处理命令。用Bridge往InDesign CS5中拖曳图片的操作步骤如下。

❶ 单击菜单栏中的【转至Bridge】按钮，弹出【Adobe Bridge】窗口，如图5-16所示。

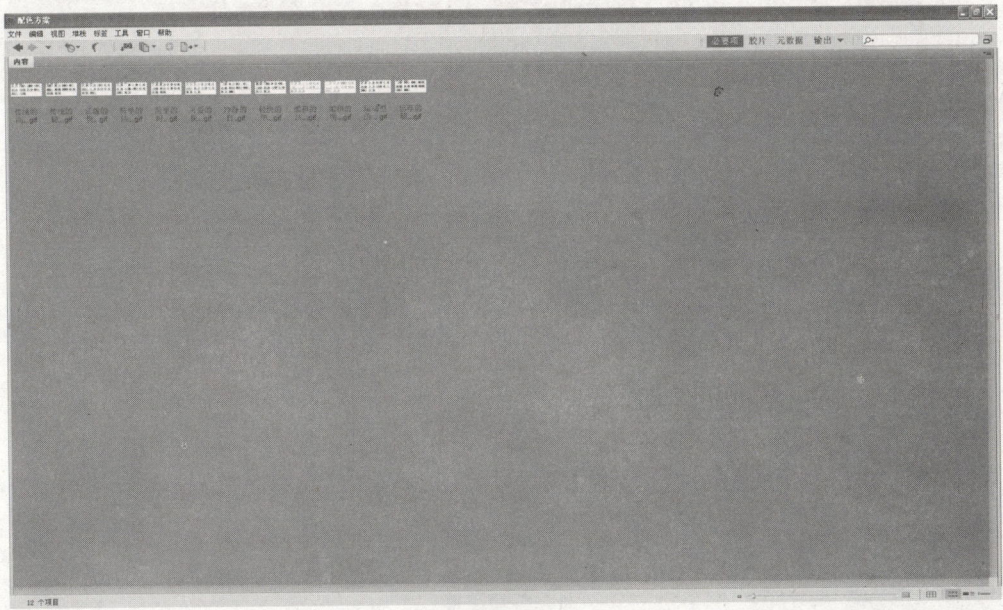

图5-16

❷ 在【Adobe Bridge】中选择图片存放的路径，如图5-17所示。

图5-17

❸ 单击【Adobe Bridge】窗口右上角的【切换到紧凑模式】按钮，将【Adobe Bridge】窗口放到InDesign CS5的右侧，如图5-18所示。

❹ 可通过【Adobe Bridge】窗口下方的滚动条调整图片显示的大小，然后选择一张图片，按住鼠标左键不放，将图片拖曳至InDesign CS5的页面中，如图5-19所示。

图5-18

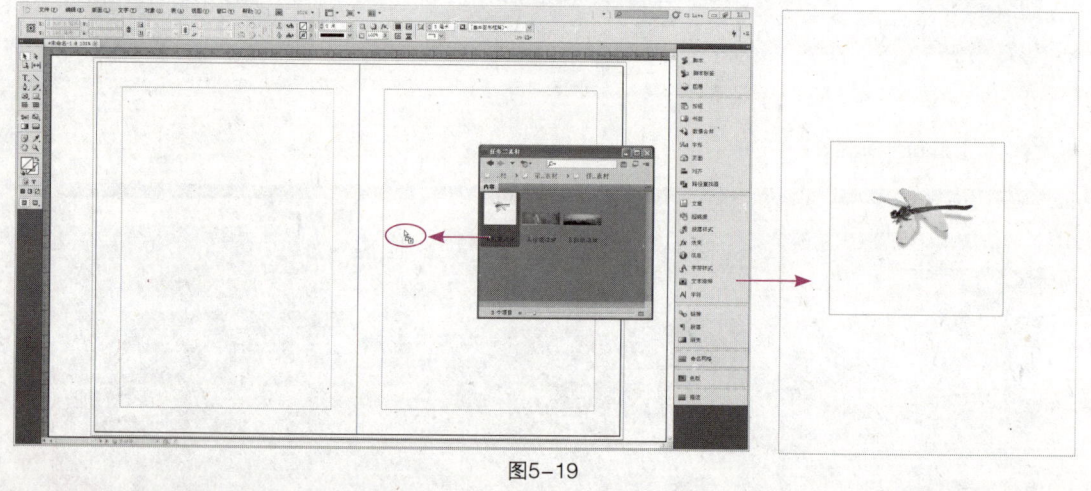

图5-19

 提 示

库

库主要用于组织最常用的图形、文本和页面,可以将常用的图片或页面放到库的调板中,方便在其他页面中使用。下面为设计师讲解库的操作步骤。

❶ 执行【文件】→【新建】→【库】命令,弹出【新建库】对话框。本例为新建的库起名为"图片库",单击【保存】按钮后,在InDesign CS5页面中出现【图片库】调板,如图5-20所示。

【库】调板中的选项如图5-21所示。

A:对象缩略图和名称

B:【库项目信息】按钮

C:【显示库子集】按钮

D:【新建库项目】按钮

E:【删除库项目】按钮

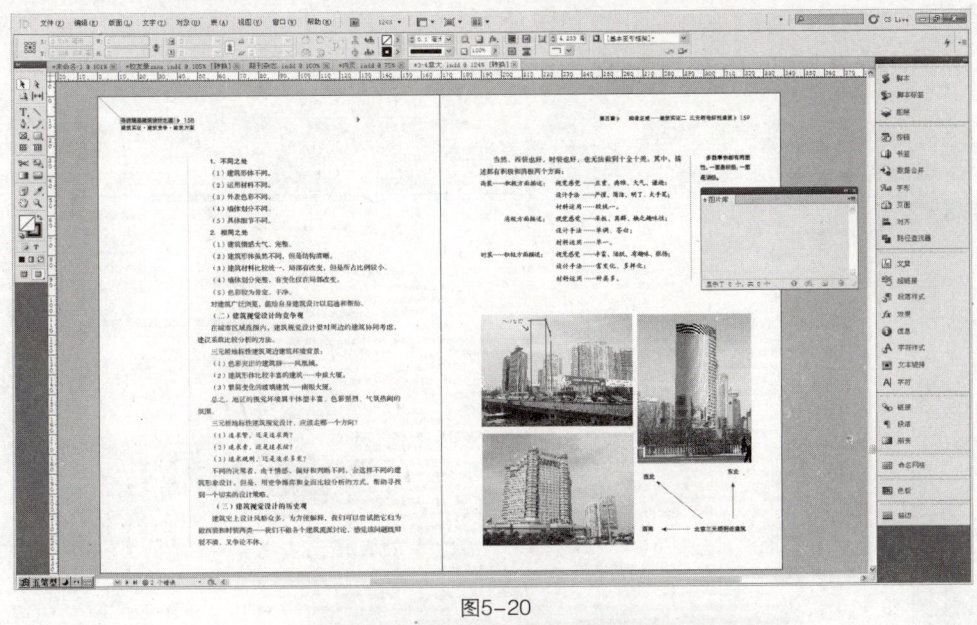

图5-20

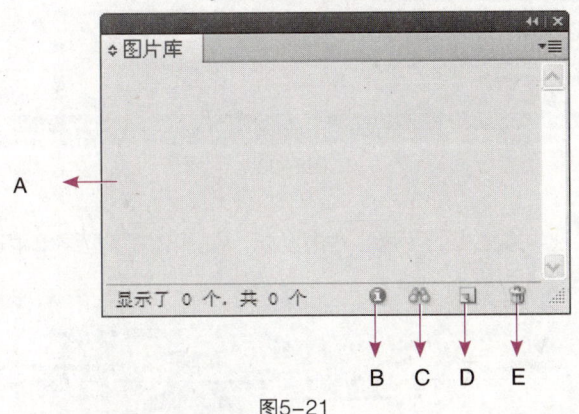

图5-21

❷ 将页面中的图片拖曳至【图片库】调板中。用【选择工具】选择一张图片，然后按住鼠标左键不放拖曳至【图片库】调板中，如图5-22所示。

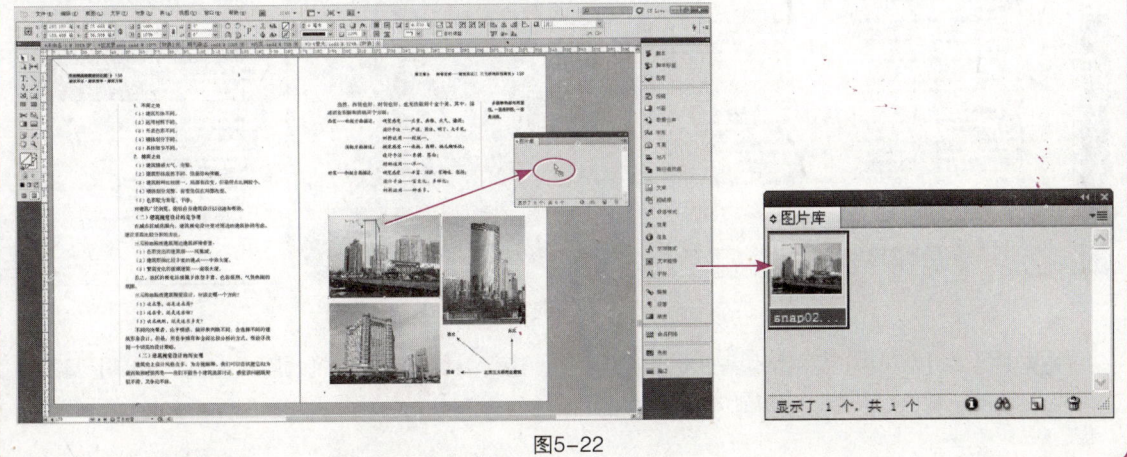

图5-22

❸ 将拖曳至【图片库】调板的图片用于其他文档中。打开另一个文档，选择【图片库】调板中的图片，按住鼠标左键不放拖曳至页面中，如图5-23所示。

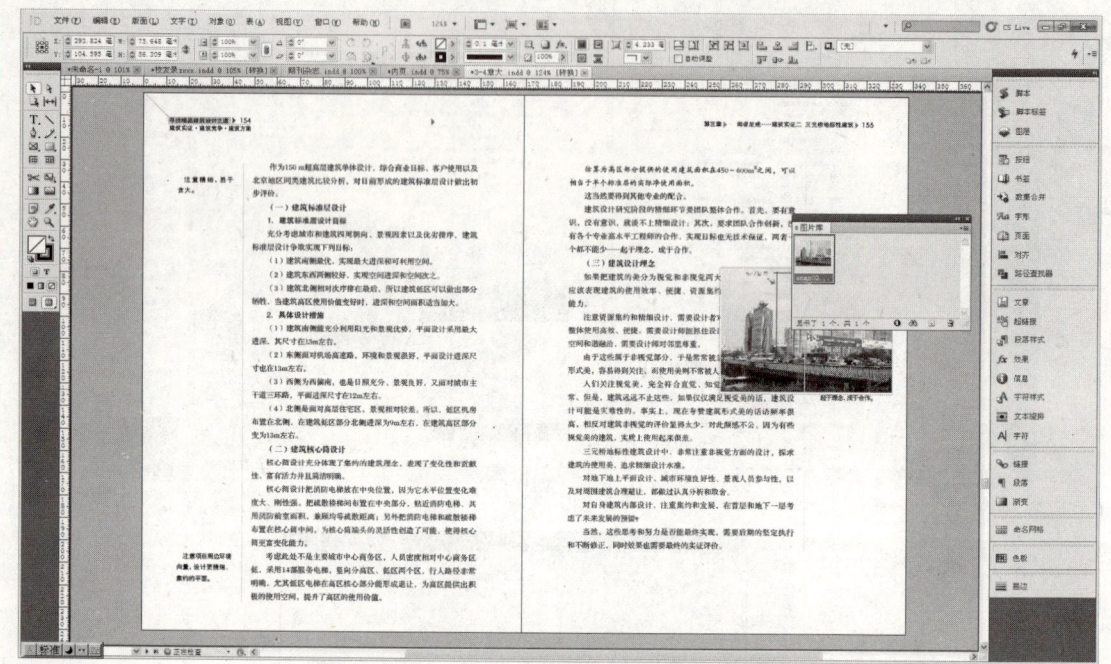

图5-23

❹ 用【选择工具】选中刚拖曳的图片，右击鼠标，在弹出的下拉菜单中选择【排列】→【置为底层】命令，如图5-24所示。

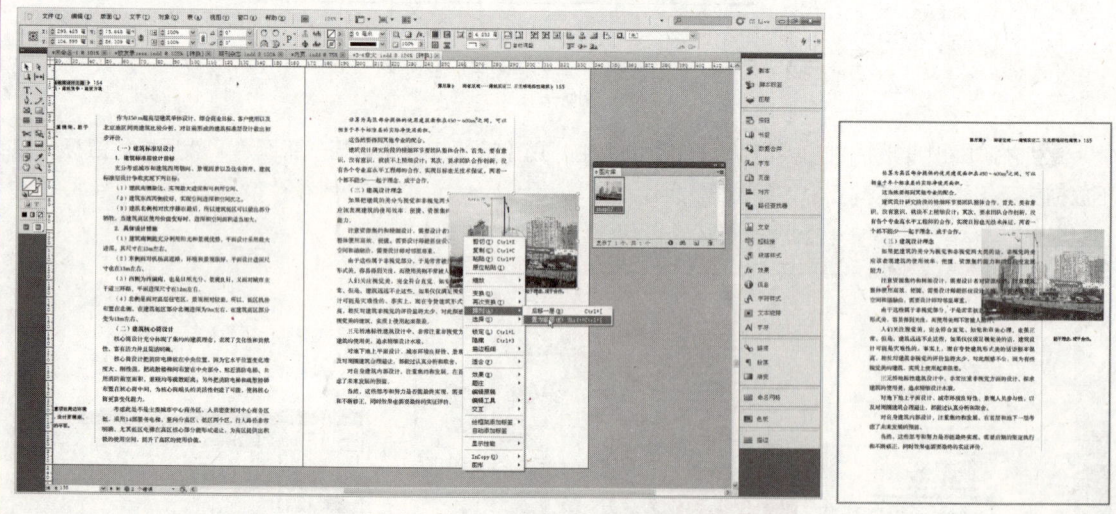

图5-24

❺ 用【库】调板拖曳图片的操作步骤就完成了。还可以将页面中用到的版式拖曳至【库】调板中存放，以便用于其他文档中，使得排版工作更加快捷。

2. 复制粘贴图片

复制粘贴图片功能主要用于从Illustrator中复制简单的矢量图形，然后粘贴到InDesign CS5中。复制粘贴图片的操作步骤如下。

1 在Illustrator中用【选择工具】选中矢量图，然后执行【编辑】→【复制】命令，复制矢量图形，如图5-25所示。

图5-25

2 然后在InDesign CS5中执行【编辑】→【粘贴】命令，将矢量图形粘贴到InDesign CS5中，如图5-26所示。

图5-26

> **提示**
>
> 复制粘贴的矢量图形属于嵌入图形，因此在【链接】调板中没有显示链接图片，如图5-27所示。设计师需注意的是嵌入图形会增加文档的大小。

图5-27

3. 置入图片

置入图片是InDesign CS5比较重要和规范的操作，因为置入的图片都带链接，可以方便地回到原来的图像处理软件中继续编辑，且能减小文档的大小，这些内容将在5.1.4小节中详细介绍。置入图片的操作步骤如下。

① 执行【文件】→【置入】命令，弹出【置入】对话框。在【置入】的【查找范围】下拉文本框中选择光盘目录下的"素材\第5章\置入图片.tif"文件，如图5-28所示。

② 单击【打开】按钮，单击页面空白处，完成图片置入到InDesign CS5的操作，如图5-29所示。

图5-28

图5-29

置入图片时，在【置入】对话框的下方有3个复选框：显示导入选项、应用网格格式、替换所选项目。

【应用网格格式】复选框只对文字产生作用；【替换所选项目】复选框是将文档中预先选择的对象替换为后面所置入的对象；【显示导入选项】复选框是接下来讲解的主要内容。在置入图片时，勾选【显示导入选项】复选框，将根据图片的格式改变对话框中选项的内容，下面以4种格式为例讲解如何根据不同格式选择【图像导入选项】对话框中的设置。

①TIFF格式

当置入的图片为TIFF格式时，操作步骤如下。

❶ 执行【文字】→【置入】命令，弹出【置入】对话框。在【置入】的【查找范围】下拉文本框中选择一个带有剪切路径的TIFF格式图片，并勾选【显示导入选项】复选框，如图5-30所示。

❷ 单击【打开】按钮后，弹出【图像导入选项】对话框。在【图像导入选项】对话框中勾选【显示预览】复选框，可看到图片的预览视图。然后勾选【应用Photoshop剪切路径】复选框，如图5-31所示。

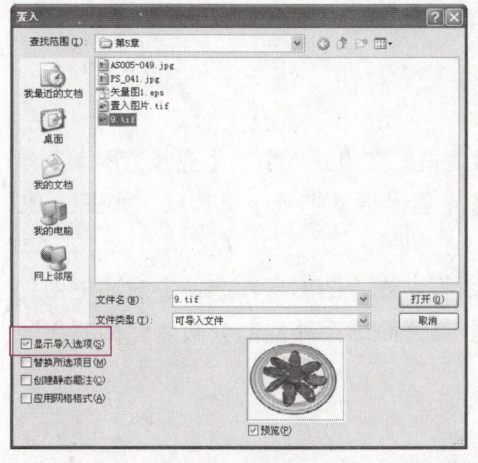

图5-30

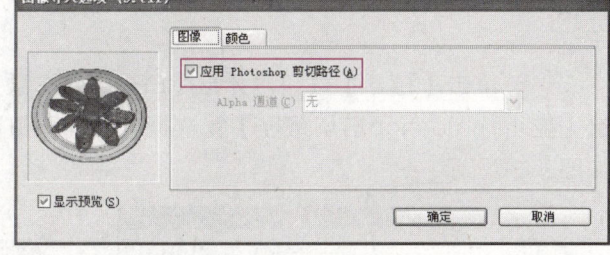

图5-31

❸ 单击【确定】按钮，单击页面空白处，完成图片置入到InDesign CS5的操作，如图5-32所示。

❹ 置入的带有剪切路径的图片可以制作文本绕排的效果，如图5-33所示（文本绕排的内容将在第8章中讲解）。

图5-32

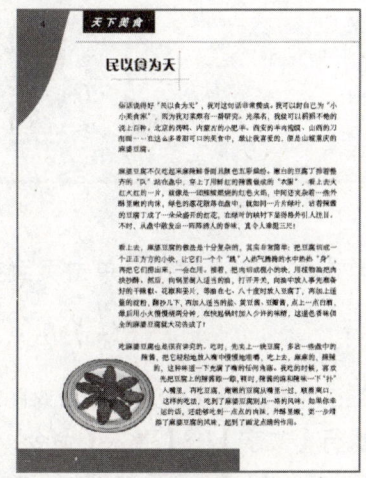

图5-33

提示

如果置入的图片带有Alpha通道，可以在【Alpha通道】下拉文本框中选择置入的通道，如图5-34所示。

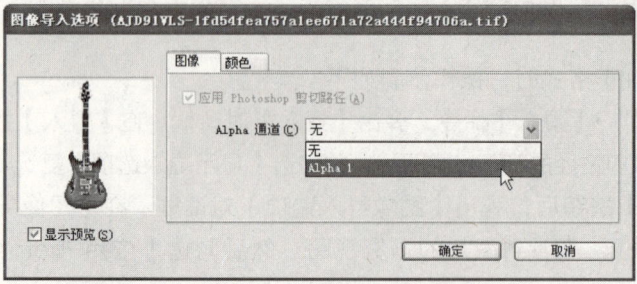

图5-34

②EPS格式

当置入的图片为EPS格式时，操作步骤如下。

❶ 执行【文字】→【置入】命令，弹出【置入】对话框。在【置入】的【查找范围】下拉文本框中选择一个带有剪切路径的EPS格式图片，并勾选【显示导入选项】复选框，如图5-35所示。

❷ 单击【打开】按钮，弹出【EPS导入选项】对话框。在【EPS导入选项】对话框中勾选【应用Photoshop剪切路径】复选框，实现只保留路径部分而路径外的部分被遮住的效果，如图5-36所示。

图5-35

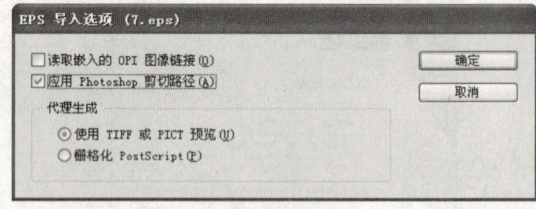

图5-36

❸ 单击【确定】按钮，单击页面空白处，完成图片置入到InDesign CS5的操作，如图5-37所示。

③PSD格式

置入PSD格式的图片是为了以后对图片的修改更方便，置入PSD格式图片的操作步骤如下。

❶ 执行【文字】→【置入】命令，弹出【置入】对话框。在【置入】的【查找范围】下拉文本框中选择一个格式为PSD的图片，并勾选【显示导入选项】复选框，如图5-38所示。

图片的运用 第5章

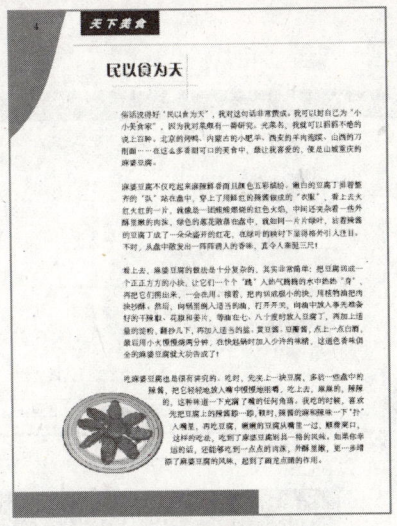
图5-37

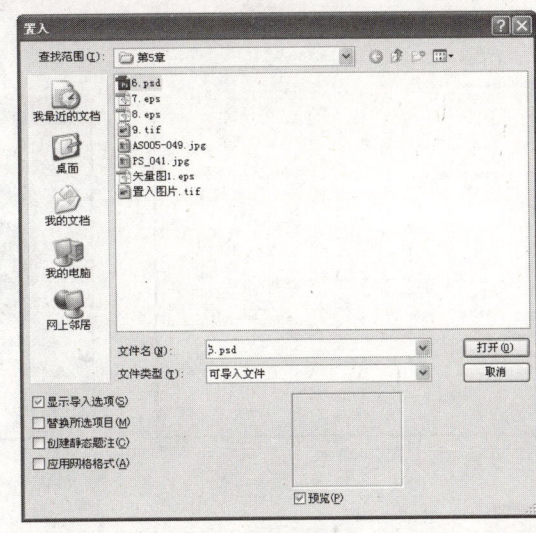
图5-38

❷ 单击【打开】按钮后，弹出【图像导入选项】对话框。在【图像导入选项】对话框中单击【图层】选项卡，在【显示图层】复选区中，可以通过单击图层的眼睛图标来调整图层的可视性，如图5-39所示。

❸ 单击【确定】按钮，单击页面空白处，可看到置入的图片没有显示花卉背景图层的内容。然后调整图片的位置和大小，即完成图片置入到InDesign CS5的操作，效果如图5-40所示。

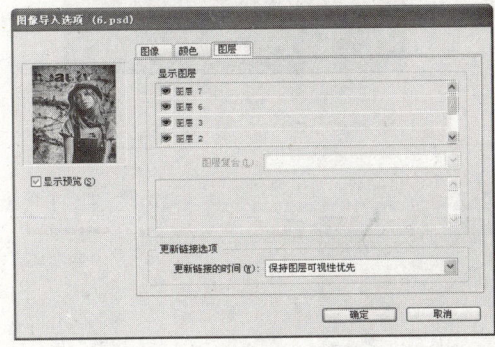
图5-39

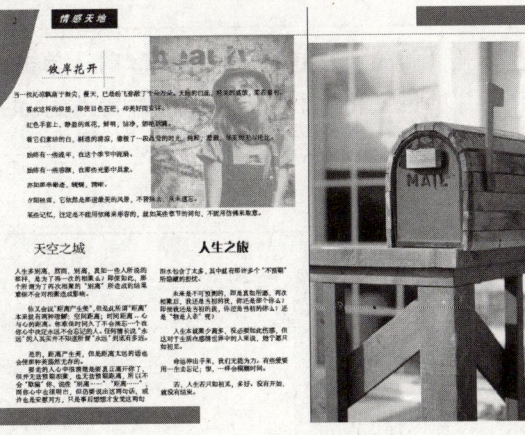
图5-40

④PDF格式

当置入的图片为PDF格式时，操作步骤如下。

❶ 执行【文字】→【置入】命令，弹出【置入】对话框。在【置入】的【查找范围】下拉文本框中选择一个格式为PDF的图片，并勾选【显示导入选项】复选框，如图5-41所示。

❷ 单击【打开】按钮后，弹出【置入PDF】对话框。在【置入PDF】对话框的【页面】复选区中，选中【范围】单选按钮，可在【范围】文本框中输入置入的页面范围。然后在【选项】复选区的【裁切到】下拉文本框中选择"定界框"，勾选【透明背景】复选框，如图5-42所示。

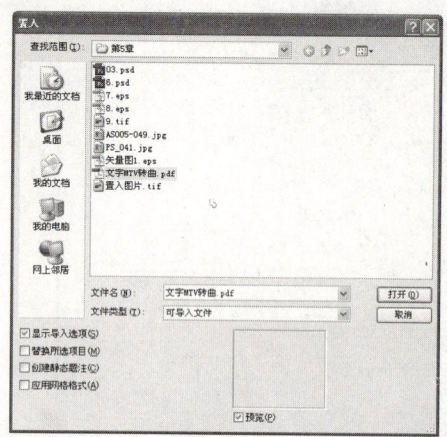
图5-41

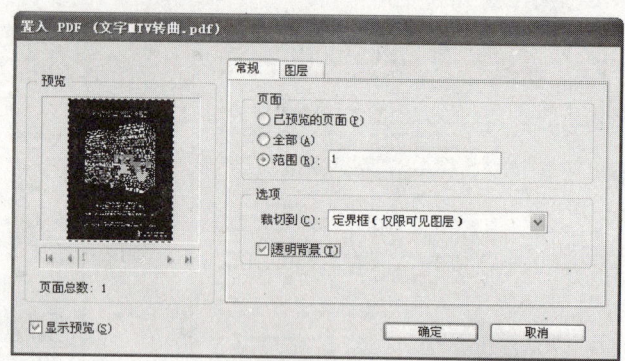
图5-42

 提 示

在页面复选区的【范围】文本框中可以输入指定页面导入的范围，比如"2,5-7"，需要注意的是，导入不连续的页面时，数字之间要用英文逗号隔开。

【裁切到】下拉文本框中的选项可指定PDF页面中要置入的范围。

【透明背景】复选框可指定置入的PDF页面是否带白色背景。

③ 单击【确定】按钮，光标变为 时，单击页面，然后调整图片的位置和大小，即完成图片置入到InDesign CS5的操作，如图5-43所示。

图5-43

 提 示

在置入图片时，有些图片过大撑出了页面，如图5-44所示，就必须将图片调整到适合版面的大小，并保持图片没有变形，这样会影响工作效率。下面就来介绍调整置入图片的快捷方法。

图5-44

图片的运用 第5章

调整置入图片快捷方法的操作步骤如下。

❶ 执行【文件】→【置入】命令，弹出【置入】对话框。在【置入】的【查找范围】下拉文本框中选择光盘目录下的"素材\第5章\置入图片.tif"文件，如图5-45所示。

❷ 单击【打开】按钮，在页面内文字起点处按住鼠标左键沿对角线方向拖曳，如图5-46所示。

图5-45

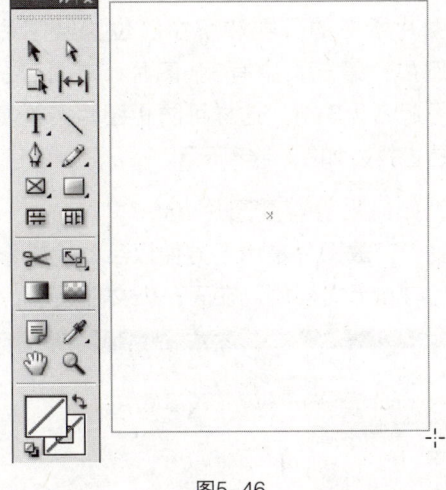

图5-46

❸ 松开鼠标后，图片被置入文档中。然后在按住Shift+Ctrl键的同时，用鼠标将置入图片的图像等比例调整至合适大小，如图5-47所示。

图5-47

5.1.3　图片的整理与存放

图片的整理与存放经常被设计师忽视，当排版上百或上千页的画册时，图片的整理就变得非常重要。如果没有给图片合理起名字并统一存放在一个文件夹下，那么要在上百或上千张图片中

InDesign CS5　第5章　101

找出需要修改的某张图片，将是非常困难的一件事情。下面讲解如何规范图片的名字并存放图片。

1. 如何规范图片的名字

设计师可以按照自己的习惯给图片起名字，也可参考本例提供的起名方法。最简单的方法是按照图片所在的页数和所在的位置给图片起名字。例如，第三页中有3张图片，图片C在最下方，可起名为3-3，这样可防止图片名重复，并且容易查找，如图5-48所示。

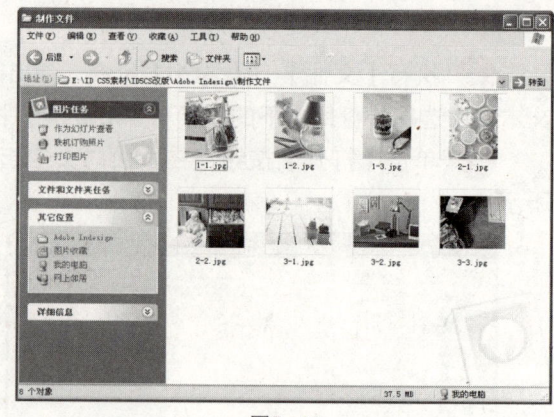

图5-48

2. 如何妥善存放图片

妥善存放图片是为了方便以后的编辑修改。首先将原图存放在准备文件夹里，然后将编辑过的图片与indd文档放置在同一个文件夹下，这样可以防止图片链接丢失，如图5-49所示。

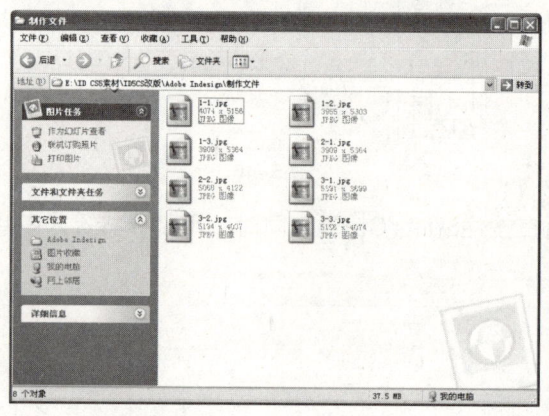 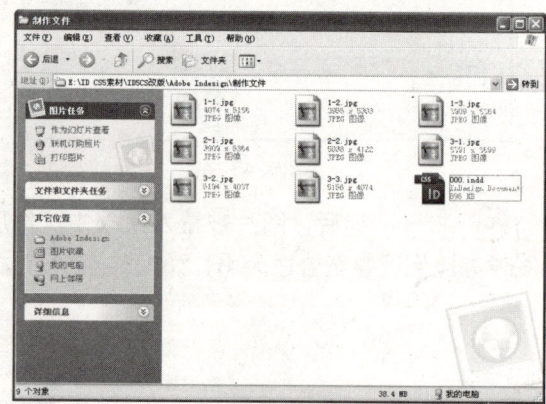

图5-49

5.1.4 管理图片链接

InDesign置入图片时，其实图片并没有复制到文档中，而是以链接的形式指向图片文件的路径。由于图片都存储在文档文件的外部，因此使用链接可以最大程度地减小文档的大小。InDesign CS5将这些图片都显示在【链接】调板中，设计师可以随时编辑、更新图片。

需要注意一点，将indd文档复制到其他计算机上时，应同时将附带的链接图片文件一起复制，因为图片并没有存储在文档内部，所以在"如何妥善存放图片"中讲到应把链接图片与文档存储在同一个文件夹下。下面通过一个实例讲解如何通过【链接】调板快速查找、更换图片，编辑已置入的图片和更新图片链接。

1. 快速查找图片

在制作以图片为主的杂志或者画册时，要从众多页面中找出某页的某张图片进行修改是非常麻烦的。通过【链接】调板的【转至链接】按钮，可以快速查找图片所在的页面位置，前提是设计师要给每张图片规范地起好名字。

快速查找图片的操作步骤如下。

❶ 打开带有链接图片的文档,执行【窗口】→【链接】命令,打开【链接】调板,如图5-50所示。

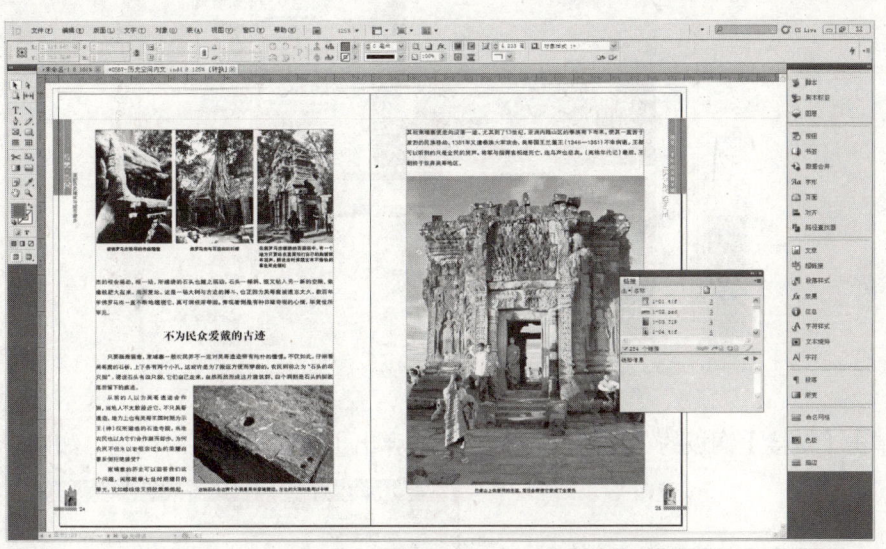

图5-50

❷ 单击【链接】调板中需要修改的图片,本例选择第25页的图片。然后再单击【转至链接】按钮,即显示选择图片的当前页面,如图5-51所示。

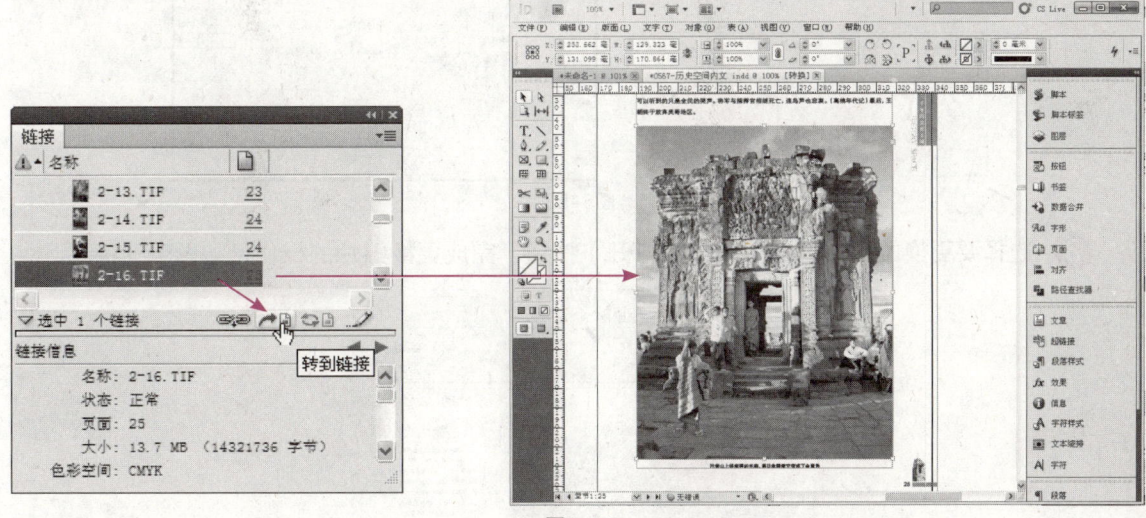

图5-51

2. 更换图片

单击【链接】调板的【重新链接】按钮,可以到当前选中图片的文件夹下更换其他图片,还可以重新链接丢失链接的图片。

重新更换其他图片的操作步骤如下。

❶ 用【选择工具】选择需要更换的图片,执行【窗口】→【链接】命令,打开【链接】调板,如图5-52所示。

图5-52

② 单击【链接】调板的【重新链接】按钮,弹出【定位文件】对话框,如图5-53所示。

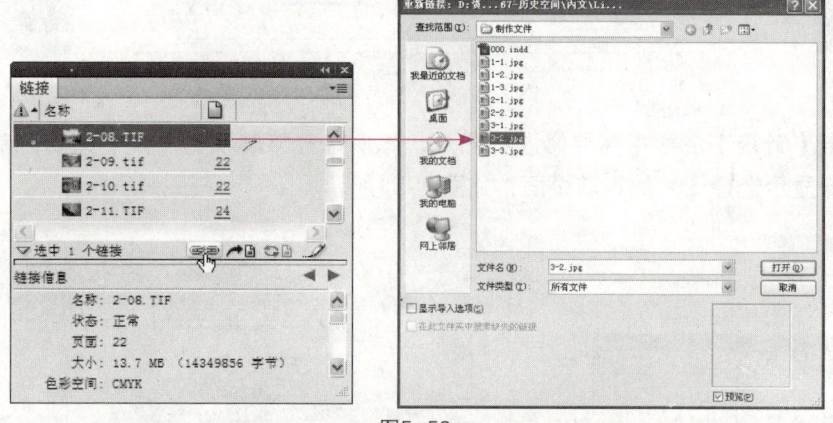

图5-53

③ 选择要更换的图片,然后单击【打开】按钮,完成更换图片的操作,如图5-54所示。

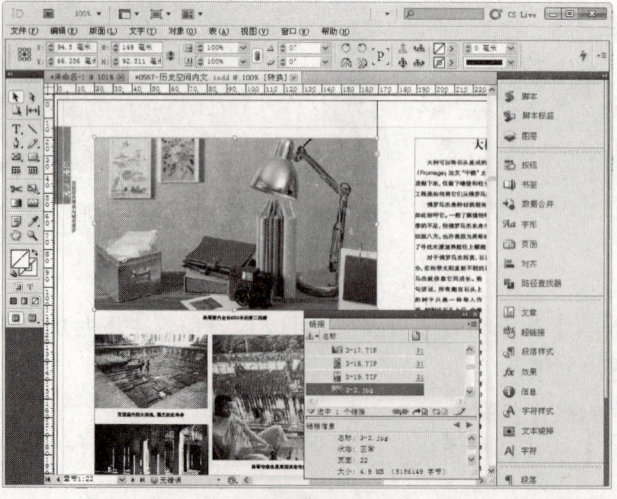

图5-54

重新链接丢失链接图片的操作步骤如下。

① 当【链接】调板中出现 时，表示图片不再位于置入时的位置，但仍存在于某个地方。如果将InDesign CS5文档或是图片的原始文件移动到其他文件夹中，则会出现此情况。

选中【链接】调板中丢失的图片后，单击【重新链接】按钮，会弹出【定位】对话框，如图5-55所示。

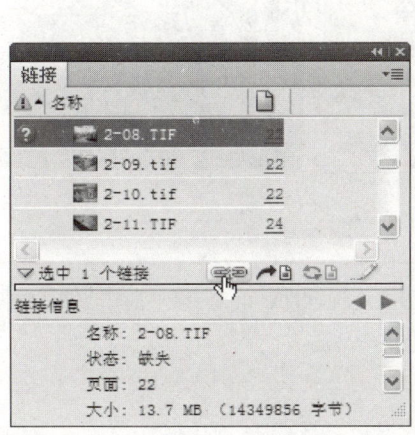
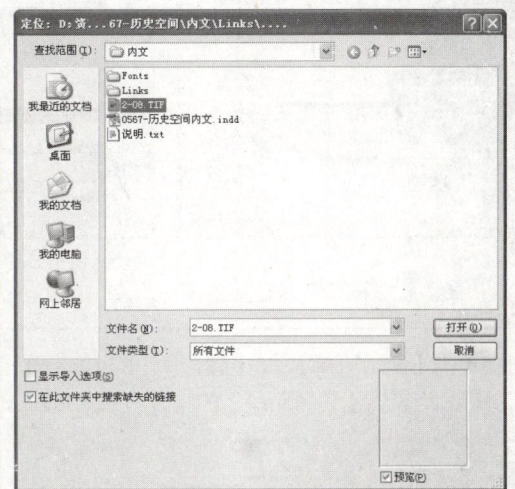

图5-55

② 选择更换丢失链接的图片，然后单击【打开】按钮，即完成更换丢失链接图片的操作，如图5-56所示。

图5-56

3. 编辑已置入图片

当置入的图片不符合要求时，可以使用【链接】调板中的【编辑原稿】按钮回到图像处理软件中进行重新编辑。编辑已置入图片的操作步骤如下。

① 用【选择工具】选择需要编辑的图片，单击【链接】调板中的【编辑原稿】按钮后，弹出图像处理软件，如图5-57所示。

❷ 在Photoshop中重新对图片进行编辑，编辑完成后执行【文件】→【存储】命令，保存重新编辑的图片。

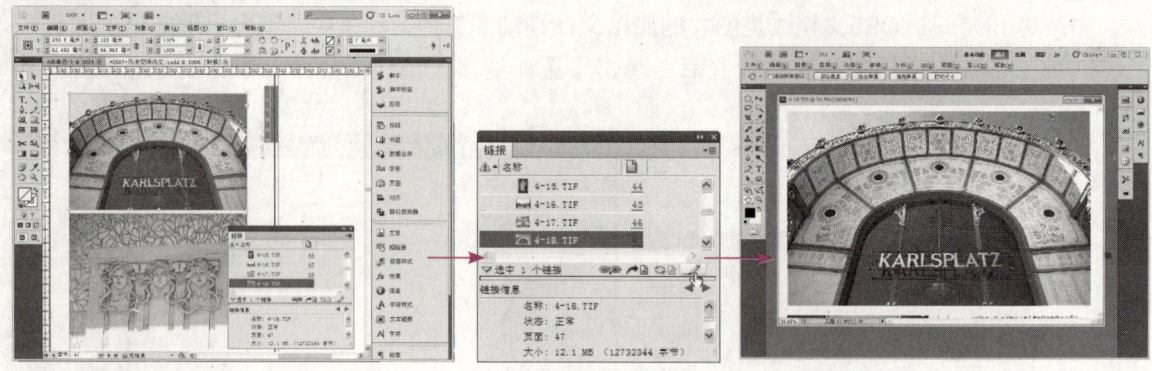

图5-57

> **提示**
>
> 有时在单击【编辑原稿】按钮后，弹出的可能不是图像处理软件，而是其他看图软件，如图5-58所示。下面讲解如何设置【编辑原稿】的打开方式为Photoshop。
>
>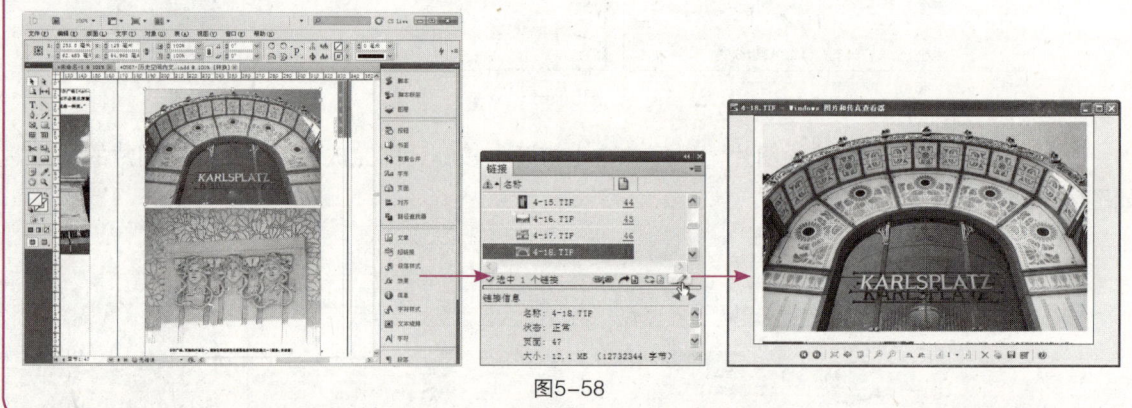
>
> 图5-58

设置【编辑原稿】的打开方式为Photoshop的操作步骤如下。

❶ 打开任意一个存放图片的文件夹，右击一张图片，在弹出的下拉菜单中选择【打开方式】→【选择程序】命令，弹出【打开方式】对话框，如图5-59所示。

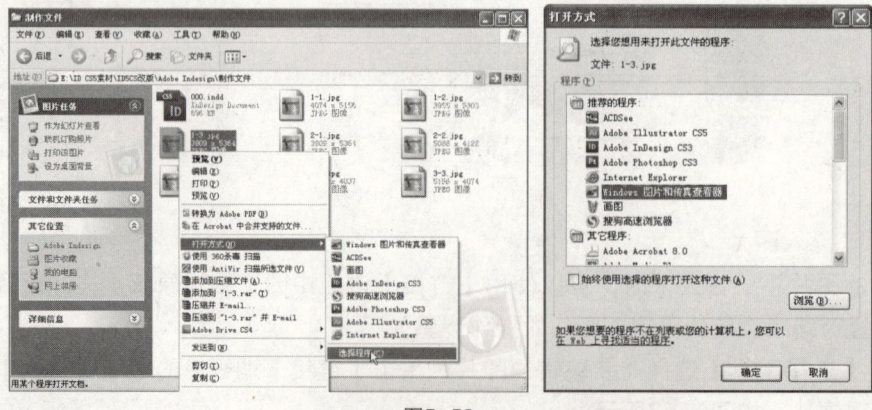

图5-59

❷ 在【打开方式】对话框中，选择Adobe Photoshop CS2为打开程序，然后勾选【始终使用选择的程序打开这种文件】复选框，如图5-60所示。

❸ 单击【确定】按钮，即完成了将打开方式改为Adobe Photoshop CS2的操作。

4. 更新图片链接

对图片进行更换或者重新编辑后，需要使用【链接】调板的【重新链接】按钮更新当前图片，如图5-61所示。

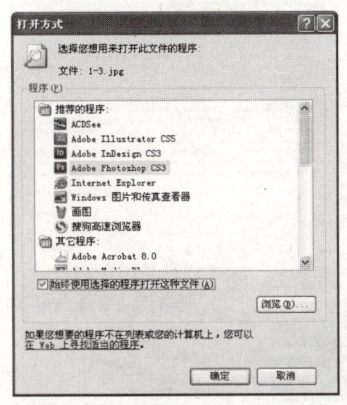
图5-60

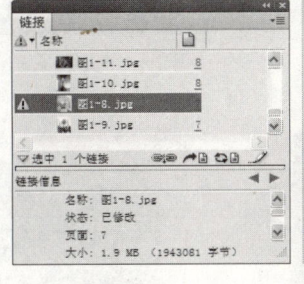

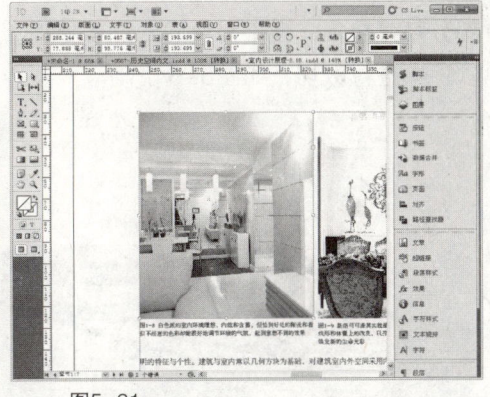
图5-61

> **提示**
>
> 在【链接】调板中，出现 ⚠ 符号表示修改的链接图标，单击【重新链接】按钮 🔗 即可。

5.2 图片的编辑

将图片置入到排版软件中后，还需要根据版面要求对图片进行调整，比如移动图片的位置，缩放图片到适合版面的大小，根据版面要求翻转或旋转图片，通过图像处理软件是不能将图片调整得一步到位的。下面讲解如何在InDesign CS5中对图片进行编辑。

5.2.1 移动图片

在InDesign CS5中置入的图片都带有图形框，其作用与用于承载文字的文本框相同。可使用【选择工具】将图形框和框里的内容一起移动，也可以用【直接选择工具】只移动框里的内容。下面介绍这两种工具的使用方法。通过本小节的学习，能够正确选择对象进行编辑。

1. 移动图形框与图形框中的内容

移动图形框与图形框中的内容的操作步骤如下。

用【选择工具】选择一张图片，当鼠标指针变为 ▶ 时，将其移动到页面中的任意位置，即完成移动框与内容的操作，如图5-62所示。

用【选择工具】选择图片时，周围会出现由8个空心锚点组成的框架，这是定界框。任意拖曳一个锚点只能改变图形框的大小，而框里的内容不发生变化，如图5-63所示。

这个方法可以用来局部遮挡图片，使图片的某一部分显示出来，另一部分隐藏起来，且不需要回到图像处理软件中进行裁切，如图5-64所示。

图5-62

图5-63

图5-64

还可以对图形框进行描边及填色，操作步骤如下。

❶ 用【选择工具】选择一张图片，然后单击【描边】按钮，如图5-65所示。

❷ 执行【窗口】→【色板】命令，调出【色板】调板。设置颜色为"C=100，M=0，Y=0，K=0"，如图5-66所示。

图5-65

图5-66

❸ 执行【窗口】→【描边】命令，调出【描边】调板。设置【粗细】为"4毫米"，【类型】为"虚线"，得到的效果如图5-67所示。

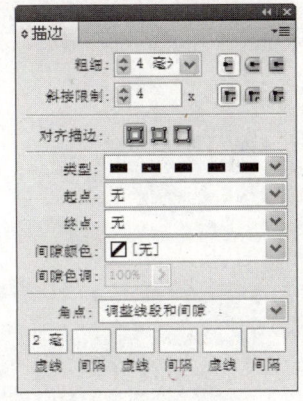

图5-67

2. 移动图形框中的内容

移动图形框中的内容的操作步骤如下。

将鼠标放在图片的中心位置，当鼠标指针变成 时，可以将图片在图形框的范围内移动，如图5-68所示。

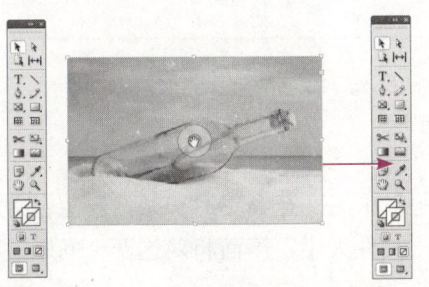
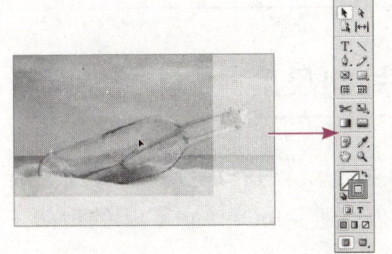
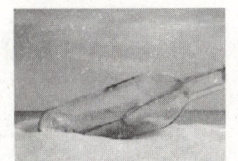

图5-68

> **提 示**
>
> 使用Ctrl键、Shift键缩放图片。
>
> 按住Ctrl键不放，用【选择工具】拖曳右下角的空心锚点，可以将图形框与内容一起拉伸或压扁，如图5-69所示。

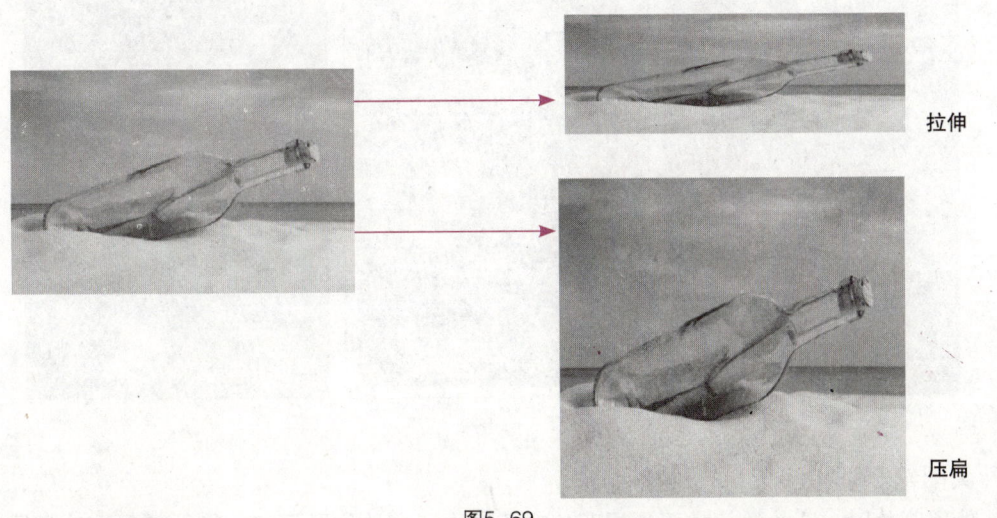

拉伸

压扁

图5-69

InDesign CS5 | 第5章 | 109

按住Ctrl+Shift键不放，用【选择工具】拖曳右下角的空心锚点，可以将图形框与内容一起等比例缩小或放大，如图5-70所示。

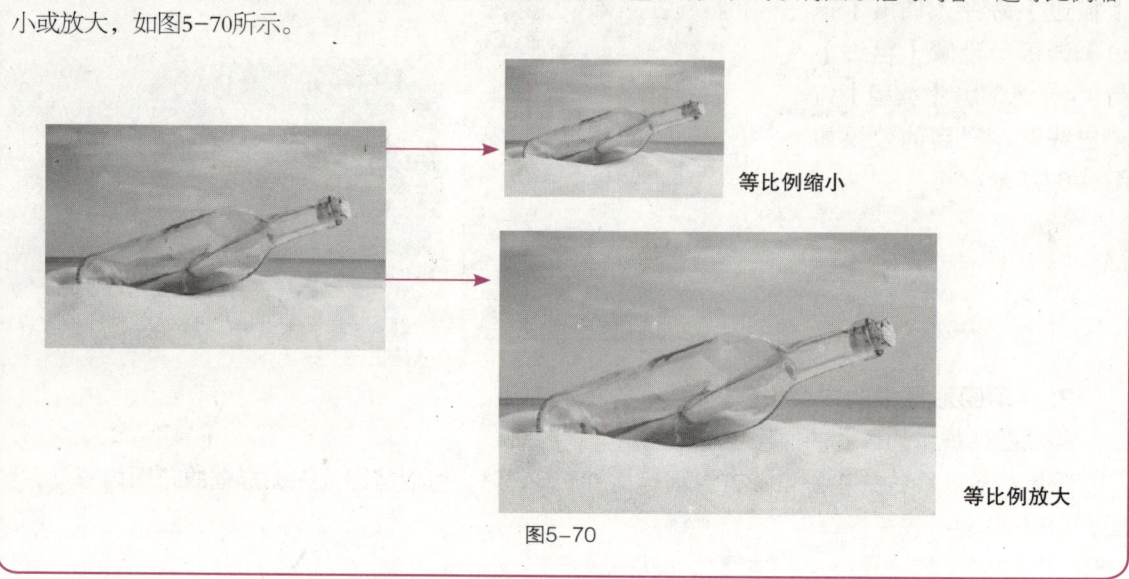

图5-70

5.2.2 缩放图片的尺度

在排版中，要对图片的尺寸进行调整，需要注意两个问题：小图拉至大图时，如何避免图片模糊；大图缩至小图时怎么避免InDesign CS5的负荷，且减小文件大小？下面将对这两个问题进行讲解。

1. 小图拉至大图

对于普通的四色出版物，一般设置分辨率为300dpi。若置入的图片不够大，且分辨率是300dpi的，可将图片稍微放大，分辨率一般不能低于280dpi，如图5-71所示。如果图片的分辨率较高，比如分辨率为350 dpi，可直接将其放大，使分辨率至300 dpi即可。

图5-71

2. 大图缩至小图

在处理图片时，图片的尺寸要依据图片在版面中所占的位置而定，往往需要设计师凭设计经验而定。如果置入版面的图片过大，会造成软件运行速度缓慢，还会增加文件的大小。

下面通过一个例子讲解如何根据版面中实际用图的尺寸在Photoshop中对图片进行修改，操作步骤如下。

❶ 打开一个indd文档，用【直接选择工具】选择一张图片，查看【控制】调板上的宽度、高度，以及【信息】调板中的分辨率，如图5-72所示。

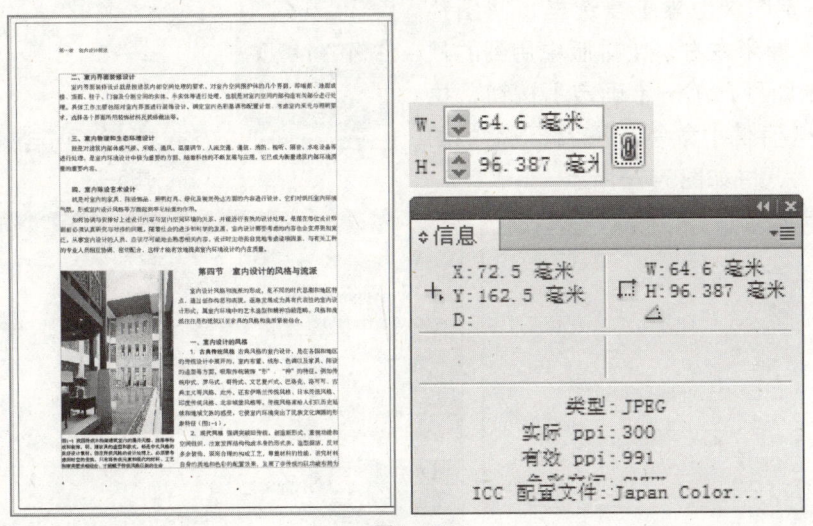

图5-72

❷ 从图5-72中可以看到，宽度与高度的数值是在排版中用到的尺寸，而此时在【信息】调板中的有效分辨率为991。印刷书刊杂志时所需的有效分辨率的数值大于等于300即可。因此，设计师可以通过执行【窗口】→【链接】命令，打开【链接】调板，单击【链接】调板中的【编辑原稿】按钮，回到Photoshop中查看实际图片的大小，执行【图像】→【图像大小】命令，弹出【图像大小】对话框，如图5-73所示。

图5-73

❸ 从图5-73中可以看到，在Photoshop中，图片的宽度、高度分别为21.34厘米、31.85厘米，而实际在排版中只用到6.46厘米、9.6厘米，这就造成了文件量的增大，如图5-74所示。

勾选【重定图像像素】复选框，将图片的高度改为11厘米左右，比排版中用到的尺寸大1~2厘米即可，单击【确定】按钮，执行【文件】→【存储】命令，保存修改后的图片，此时的图片尺寸如图5-75所示。

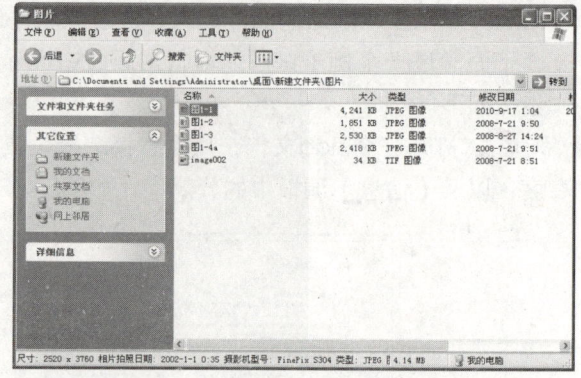

图5-74

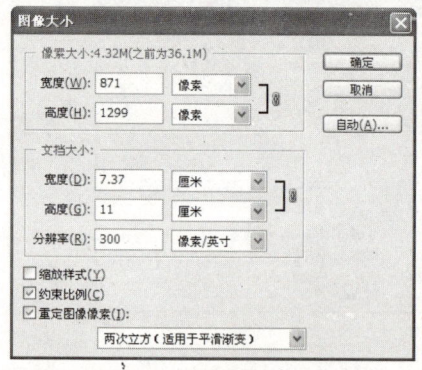
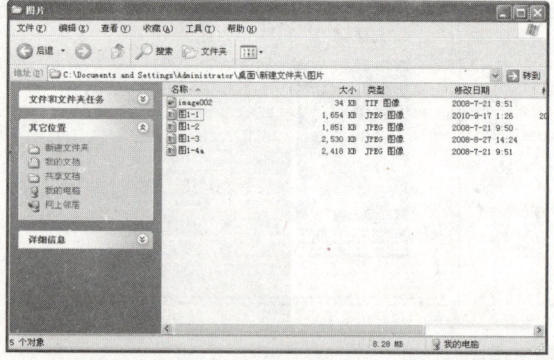

图5-75

5.2.3 翻转和旋转图片

在InDesign CS5中，可以将图片和图形水平、垂直翻转或旋转任意角度，方便设计师在排版中的各种需求。下面讲解翻转和旋转图片的操作过程。

1. 翻转

下面通过例子介绍如何使用翻转功能制作文字的投影效果，操作步骤如下。

❶ 执行【文件】→【置入】命令，弹出【置入】对话框，在【查找范围】文本框中打开光盘目录下的"素材\第5章\翻转.jpg"文件，单击【打开】按钮。在页面中拖曳一个文本框，然后松开鼠标，图片自动排放到图形框中，如图5-76所示。

图5-76

❷ 用【文字工具】拖曳一个文本框，然后输入"water"，设置字体为"Dutch801 XBdIt BT"，字号为"72点"，颜色为"纸色"，如图5-77所示。

图5-77

❸ 用【选择工具】选择文字，按Ctrl+C快捷键进行复制，然后执行【编辑】→【原位粘贴】命令，再执行【窗口】→【对象和版面】→【变换】命令，调出【变换】调板。单击【变换】调板右侧的黑色三角按钮，在弹出的下拉菜单中选择"垂直翻转"，将两个文字的底部挨在一起，如图5-78所示。

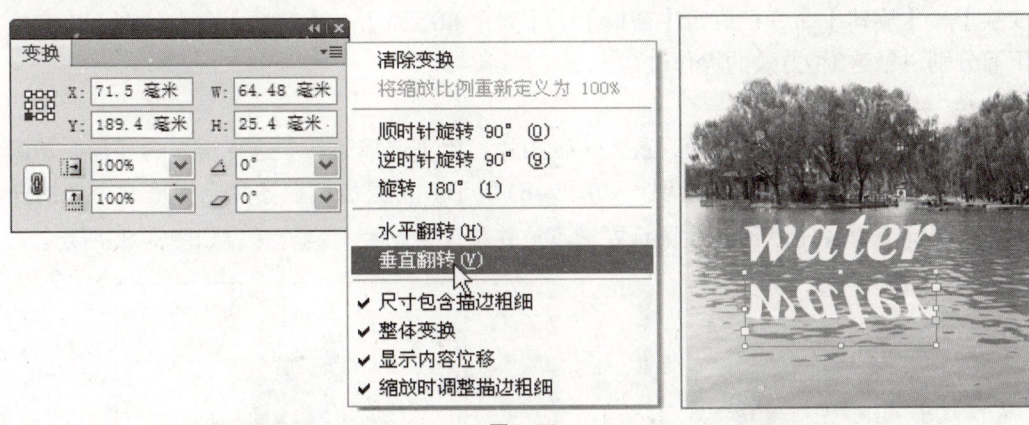

图5-78

❹ 在【X切变角度】数值框中选择"10度"，将投影与文字对齐，如图5-79所示。

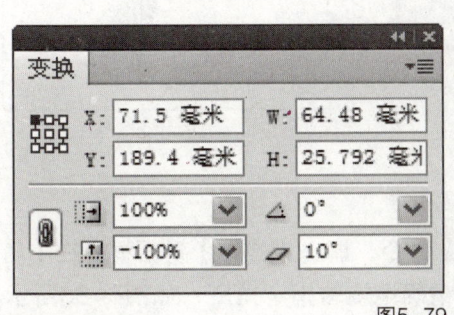

图5-79

❺ 用【选择工具】选择作为投影的文字，执行【窗口】→【效果】命令，调出【效果】调板，将【不透明度】改为"55%"，在混合模式下拉文本框中选择"对象：叠加55%"，如图5-80所示。

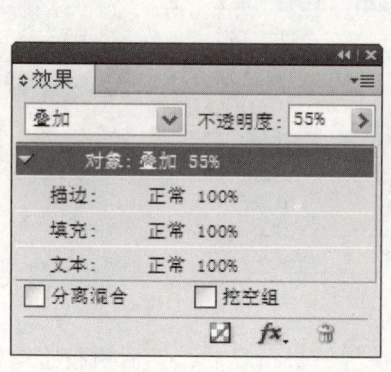

图5-80

2. 旋转

在InDesign CS5中，有3种旋转图片的方法：使用工具箱中的选择工具；通过执行【对象】→【变换】→【旋转】命令；执行【窗口】→【对象和版面】→【变换】命令，调出【变换】调板。下面分别讲解这3种方法的操作过程。

① 选择工具

执行【文件】→【置入】命令，置入一张图片。用【选择工具】选择置入的图片，然后单击【旋转工具】按钮，图片中心会出现，如图5-81所示。将鼠标放在图片定界框四个角的任何一个角上，当鼠标变为↻形状时按住鼠标左键不放并移动，图片将会旋转，如图5-82所示。

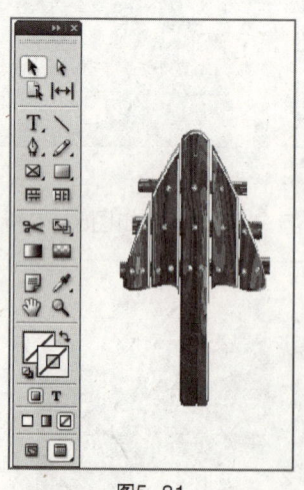
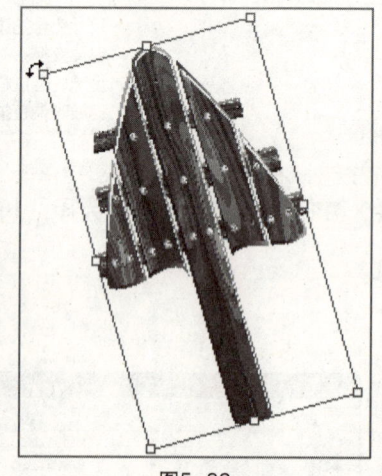

图5-81　　　　　　　　　　图5-82

② 【旋转】对话框

❶ 执行【对象】→【变换】→【旋转】命令，调出【旋转】对话框，在【角度】数值框中输入数值，单击【确定】按钮后可以将图片精确地旋转指定角度，如图5-83所示。还可以在旋

转的同时复制图片,在【角度】数值框中输入数值后,单击【复制】按钮,如图5-84所示。

❷ 按Ctrl+Alt+4快捷键,继续进行复制,效果如图5-85所示。

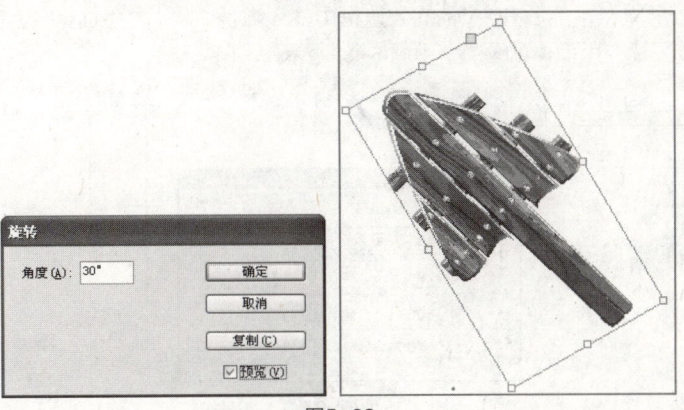

图5-83

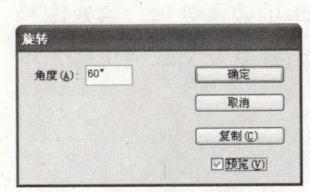

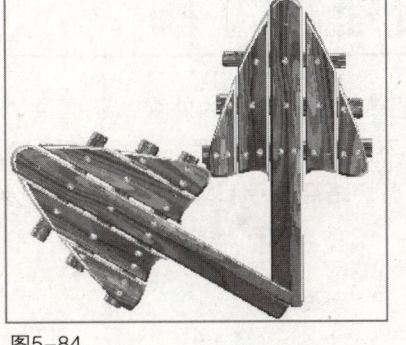

图5-84

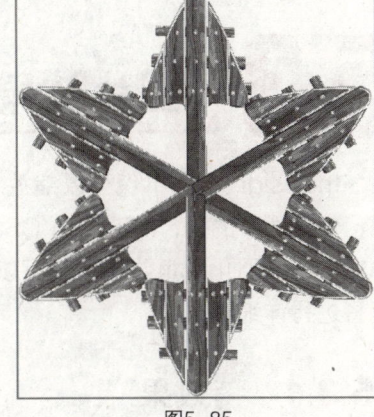

图5-85

③【变换】调板

执行【窗口】→【对象和版面】→【变换】命令,调出【变换】调板。单击【变换】调板右侧的黑色三角按钮,在弹出的下拉菜单中有"旋转180°"、"顺时针旋转90°"、"逆时针旋转90°"几个选项可供选择,如图5-86所示。

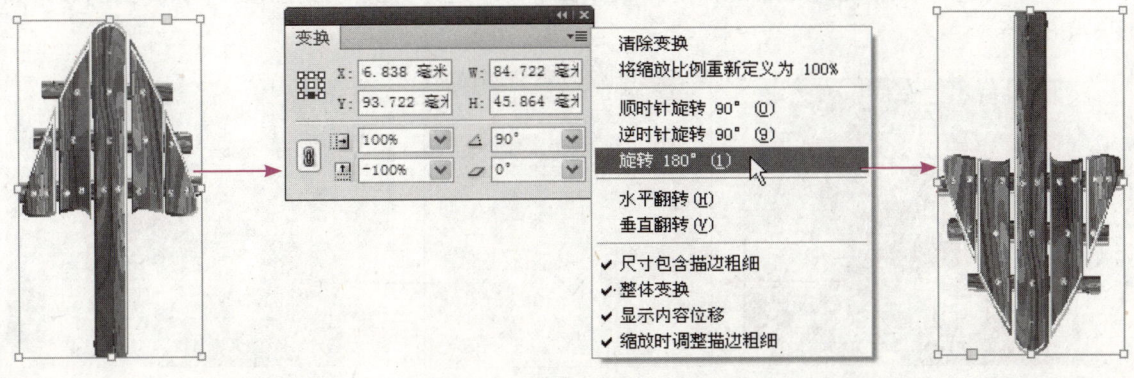

图5-86

> **提示**
>
> 在【变换】调板左侧有9个原点，称为"参考点定位器"。原点是指相对于对象上或对象附近的一个固定点。单击任意一个原点，然后在XY轴的数值框中输入数值，图片将以这个参考点为原点，依据XY轴的数值精确地调整图片在版面中的位置，如图5-87所示。
>
>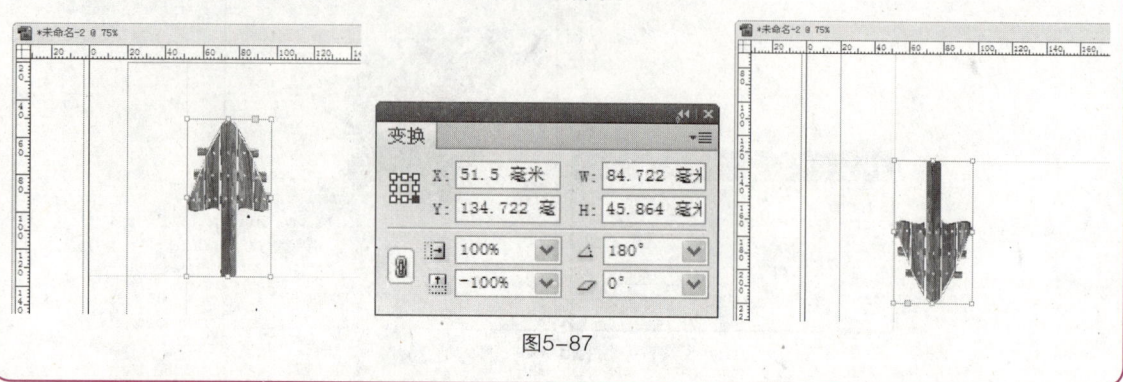
>
> 图5-87

5.3 图片效果处理

InDesign CS5不仅可以缩放、翻转和旋转图形的外观，还提供了为图片添加特殊效果的功能，但应注意的是，InDesign CS5并不是图像处理软件，它只能做些简单的效果处理。如对图片添加投影、羽化和角效果，还可以用剪切路径显示和隐藏图片的一部分内容以及文本绕排等，下面将进行详细讲解。

5.3.1 角效果

在InDesign CS5中，可以对图片进行角效果处理，使图片不再是单一的矩形框。设置角效果的操作步骤如下。

① 打开光盘目录下的"素材\第5章\角效果.indd"文件，用【选择工具】选择"图片1-2"，执行【窗口】→【对象和版面】→【路径查找器】命令，调出【路径查找器】调板，在【转换形状】区域中选择适合版面的形状，在本例中选择"反向圆角矩形"，得到的效果如图5-88所示。

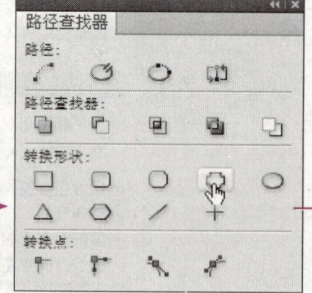

图5-88

❷ 设置角效果的大小。保持"图片1-2"为选中状态，执行【对象】→【角效果】命令，弹出【角效果】对话框。在【角效果】的【大小】数值框中输入"7毫米"，单击【确定】按钮，如图5-89所示。

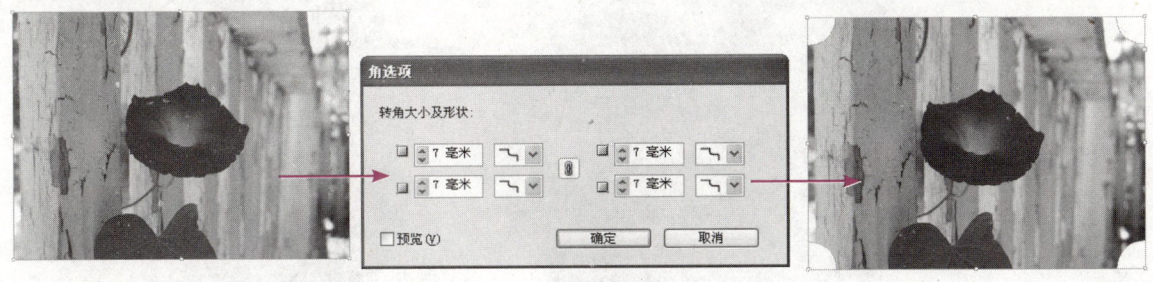

图5-89

❸ 对"图片1-3"与"图片1-4"进行角效果设置，将"图片1-3"转换形状为"多边形"、"图片1-4"为"椭圆形"，如图5-90所示，操作方法与处理"图片1-2"的方法相似。

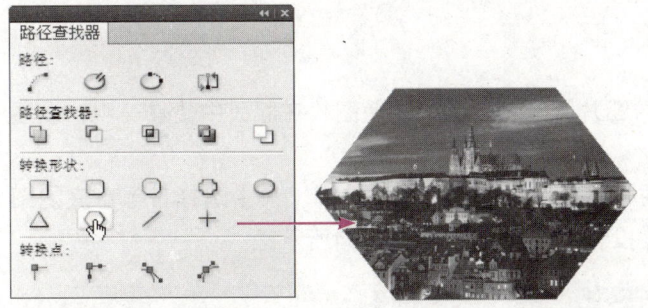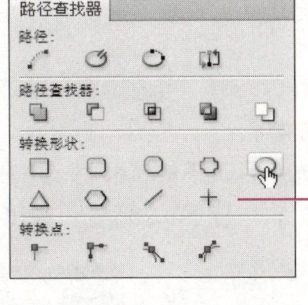

图5-90

5.3.2 投影

在InDesign CS5中，可通过设置投影对图片添加阴影效果，使图片在版面中更具立体感，设置投影的操作步骤如下。

❶ 打开光盘目录下的"素材\第5章\投影\投影.indd"文件，用【选择工具】选择图片后，执行【对象】→【效果】→【投影】命令，弹出【效果】对话框，如图5-91所示。

❷ 在【模式】下拉文本框中，根据图片与版面背景选择适合的模式，本案例无版面背景，所以选择"正常"。在【不透明度】数值框中输入"60%"，设置【距离】为"2毫米"，【颜色】为"黑色"，其他均保持默认设置，单击【确定】按钮，如图5-92所示。

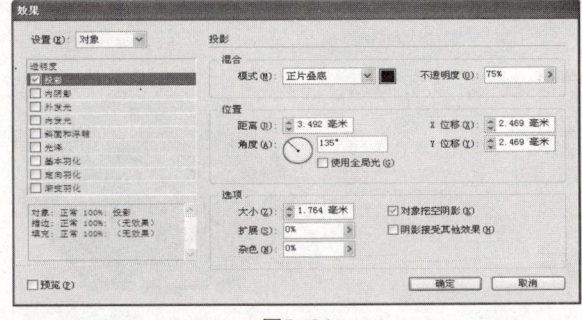 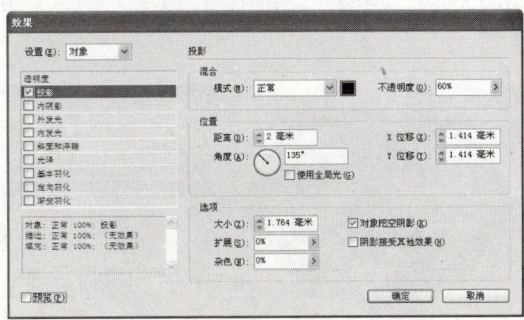

图5-91　　　　　　　　　　　图5-92

❸ 设置另一张图片，设置投影的方法与步骤2相同，在这就不重复介绍了，如图5-93所示。

图5-93

5.3.3 羽化

在InDesign CS5中，可通过羽化功能对图片添加羽化效果，使图片在版面中更具美观，设置羽化的操作步骤如下。

❶ 打开光盘目录下的"素材\第5章\投影.indd"文件，用【选择工具】选择带黑色底的图片，执行【对象】→【投影】命令，弹出【投影】对话框，如图5-94所示。

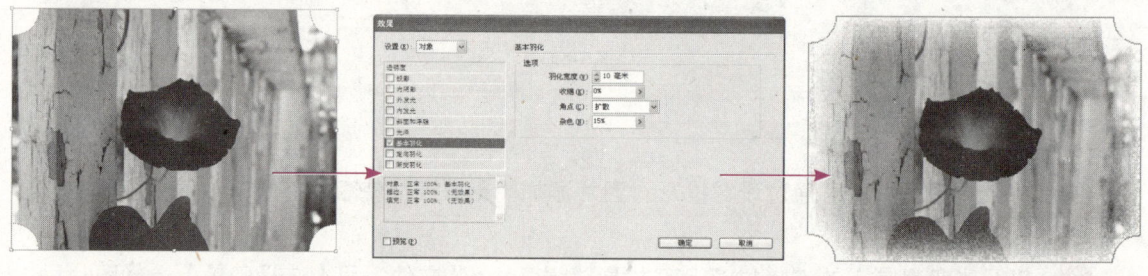

图5-94

❷ 设置"图片1-3"的羽化效果。首先为"图片1-3"描边，用【选择工具】选择"图片1-3"，单击工具箱的描边按钮，使它置于前面，然后执行【窗口】→【色板】命令，调出【色板】调板，选择颜色为"C=75,M=5,Y=100,K=65"，执行【窗口】→【描边】命令，调出【描边】调板，设置【粗细】为"3毫米"，【类型】为"虚线（4和4）"，如图5-95所示。

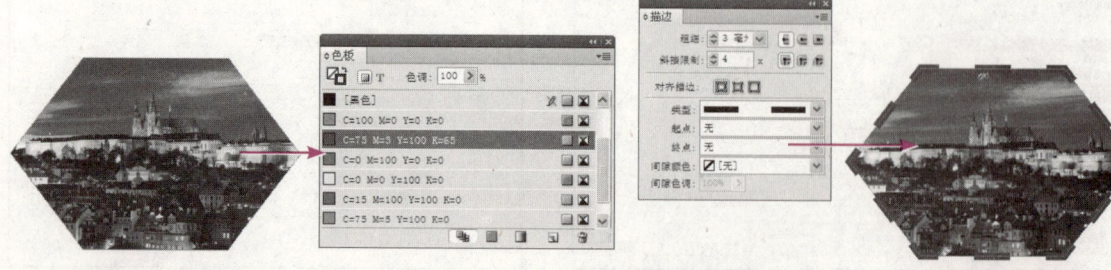

图5-95

❸ 执行【对象】→【效果】→【基本投影】命令，弹出【效果】对话框。设置【羽化宽度】为"4毫米"，【角点】为"扩散"，【杂色】为"0"，单击【确定】按钮，如图5-96所示。

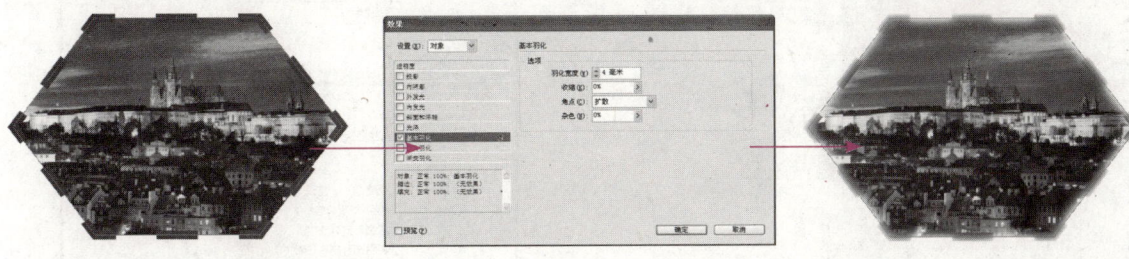

图5-96

5.3.4 剪切路径

1. 置入没有剪切路径的图片生成一个剪切路径

在InDesign CS5中，如果要在没有存储剪切路径的图形中移去背景，可以执行【对象】→【剪切路径】命令，【剪切路径】对话框中的【检测边缘】选项能完成此操作。【检测边缘】选项可以去除图形中颜色最浅和最暗的区域，当图片的主体部分被置于纯白或纯黑的背景中时，使用【检测边缘】的效果才最明显，图片背景不是纯色则使用效果不明显，如图5-97所示。

适合检测边缘　　　　　　　　　　不适合检测边缘

图5-97

置入没有剪切路径的图片生成一个剪切路径，操作步骤如下。

❶ 打开光盘目录下的"素材\第5章\剪切路径.indd"文件，执行【文件】→【置入】命令，弹出【置入】对话框。在【置入】的【查找范围】下拉文本框中打开光盘目录下的"素材\第5章\剪切路径2.tif"文件，如图5-98所示。

❷ 单击【打开】按钮，在页面的中间拖曳一个文本框，将图片置入到文档中，如图5-99所示。

❸ 对图片设置剪切路径。执行【对象】→【剪切路径】→【选项】命令，弹出【剪切路径】对话框。在【剪切

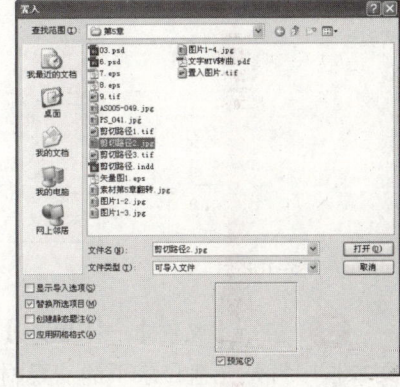

图5-98

路径】对话框中单击【类型】下拉文本框中的"检测边缘",勾选【反转】复选框和【包含内边缘】复选框,然后设置【阈值】为"188",【容差】为"10",如图5-100所示。

图5-99

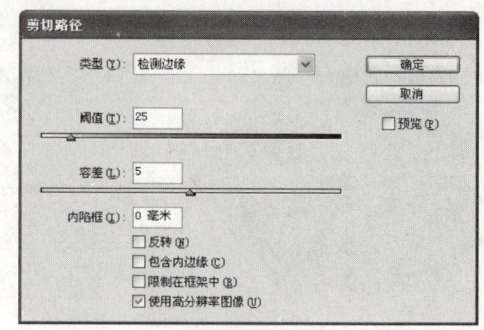

图5-100

④ 用【选择工具】选择图片,然后执行【窗口】→【文本绕排】命令,打开【文本绕排】调板。单击【沿对象形状绕排】按钮,在【轮廓选项】区域的【类型】下拉文本框中选择"与剪切路径相同",然后在【上位移】数值框中输入"1毫米",如图5-101所示。

2. 用形状剪切路径

在InDesign CS5中,可以将图片置入到各种形状中,并只显示图片的一部分,使得图片不再以单一的图形框形式出现。下面将通过两个例子讲解用不同形状剪切路径的操作。

图5-101

①用不规则形状剪切路径

❶ 用【钢笔工具】绘制一个图形,如图5-102所示。

❷ 为绘制的图形描边并填色。用【选择工具】选择图形,然后执行【窗口】→【描边】命令,调出【描边】调板,设置【类型】为"垂直线",【粗细】为"4毫米"。执行【窗口】→【色板】命令,调出【色板】调板,设置【颜色】为"C=0,M=100,Y=0,K=0",如图5-103所示。

图5-102

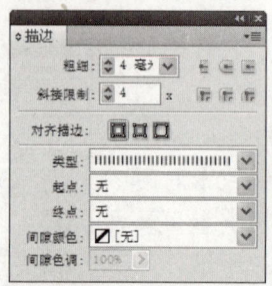

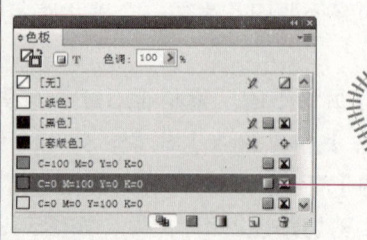

图5-103

❸ 执行【文件】→【置入】命令,弹出【置入】对话框。在【置入】的【查找范围】下拉文本框中打开光盘目录下的"素材\第5章\1-2.tif"文件,单击【打开】按钮。在页面中拖曳一个文本框,置入图片,如图5-104所示。

❹ 按住Ctrl+C键对图片进行复制，然后用【选择工具】选择图形，执行【编辑】→【贴入内部】命令，将图片贴入图形的内部，再用【直接选择工具】调整图片的显示位置，如图5-105所示。

图5-104

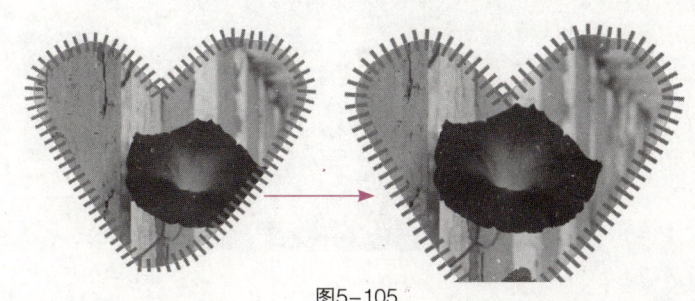

图5-105

②用多个形状剪切路径

❶ 置入图片。执行【文件】→【置入】命令，弹出【置入】对话框。在【置入】的【查找范围】下拉文本框中打开光盘目录下的"素材\第5章\剪切路径3.tif"文件，单击【打开】按钮。在页面中拖曳一个文本框，松开鼠标，置入图片，如图5-106所示。

❷ 用【矩形工具】拖曳一个矩形框，然后用【选择工具】选择矩形框，按住Alt键不放，当光标变为 时，拖曳并复制另一个矩形框，然后按快捷键Ctrl+Alt+4进行多次复制，如图5-107所示。

图5-106

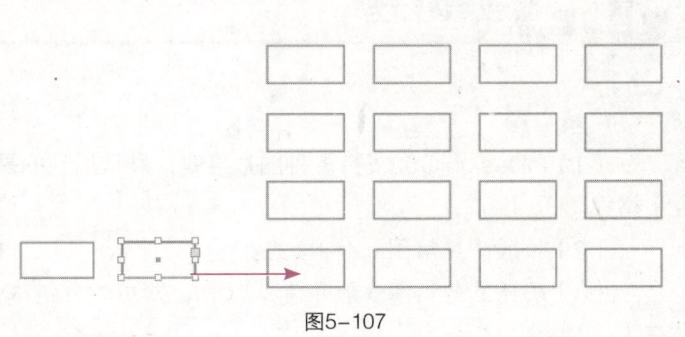

图5-107

❸ 用【选择工具】选择前面创建的矩形框，然后执行【对象】→【路径】→【建立复合路径】命令，将多个矩形框组合为一个，如图5-108所示。

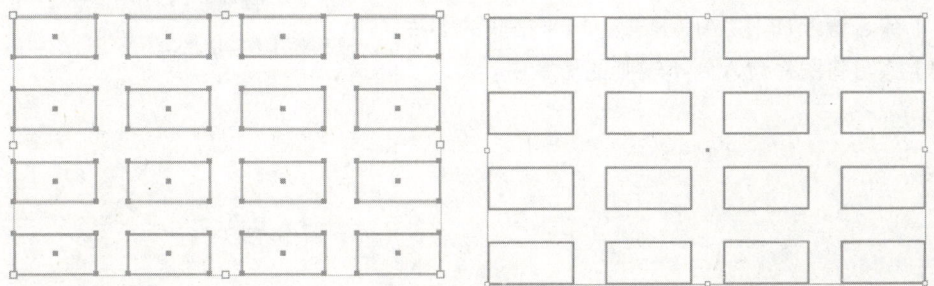

图5-108

❹ 用【选择工具】选择图片，按快捷键Ctrl+C进行复制，然后再用【选择工具】选择图形，并执行【编辑】→【贴入内部】命令，将图片粘贴到图形里，完成效果如图5-109所示。

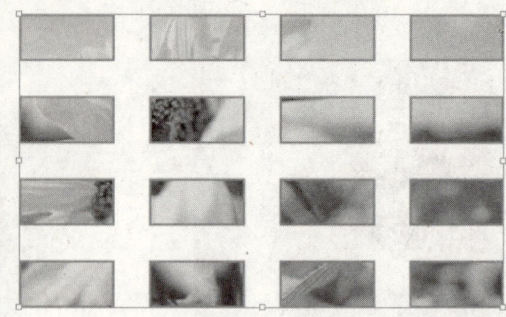

图5-109

5.4 小结

本章详细介绍了InDesign软件对图片的各种操作。包括通过图片的格式、模式和分辨率三方面挑选符合印刷的图片。如何置入与管理图片链接，以及对图片进行编辑和效果处理。

5.5 习题

1. 填空题

（1）InDesign CS2支持多种图片格式，最常用到的是（　　）、（　　）、（　　）、（　　）和（　　）格式。

（2）一般图片常用到4种模式：（　　）、（　　）、（　　）和（　　）。

（3）喷绘的分辨率一般在（　　）dpi，网页的分辨率一般在（　　）dpi，印刷品的分辨率一般在（　　）dpi。

2. 问答题

灰度图与位图的区别是什么？

3. 操作题

（1）练习置入TIFF、AI、PSD、PDF格式的图片。

（2）练习将图片置入到不规则的形状中。

第6章
图形的运用

本章主要介绍基本绘图工具及变换工具的使用方法。设计师可通过基本的绘图工具绘制出基本的图形效果,还可以通过变换工具和即时变形工具来使图形发生变形。

设计要点

- ➔ 基本绘图工具的用法。
- ➔ 变换工具的使用方法。
- ➔ Illustrator文件的基本操作。

6.1 从Illustrator CS5中导入图形

下面以从Illustrator导入图形为例，介绍从其他软件导入到InDesign CS5中如何进行再编辑。通过本节的学习，掌握导入图形的两种方法：1.置入图形；2.粘贴、拖曳图形以及对导入图形的编辑。

6.1.1 置入图形

在InDesign CS5中，经常要置入文本、图片，图形也同样适用这个方法，置入图形的方法可以参考第4章的内容。本小节主要讲解对置入的图形如何进行编辑。

置入图形的操作步骤如下。

❶ 执行【文件】→【置入】命令，弹出【置入】对话框。在【查找范围】下拉文本框中选择一张矢量图，如图6-1所示。

❷ 单击【打开】按钮，在页面中单击鼠标左键，置入图形，如图6-2所示。

图6-1

图6-2

使用置入的方法是将图形作为图片置入到InDesign CS5中，不能对其进行路径的调整，只能通过【链接】调板回到Illustrator中继续编辑，操作步骤如下。

❶ 执行【窗口】→【链接】命令，调出【链接】调板。单击【链接】调板中的"矢量图1.ai"，然后再单击【编辑原稿】按钮，如图6-3所示。

❷ 通过单击【编辑原稿】按钮回到Illustrator中继续编辑，编辑完成后执行【文件】→【存储】命令，然后返回到InDesign CS5中，即完成编辑置

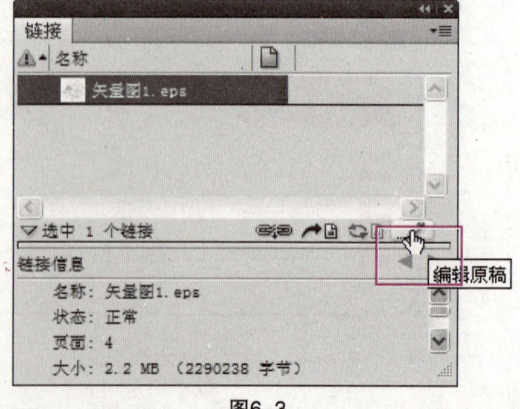

图6-3

入图形的操作，如图6-4所示。

图6-4

6.1.2 粘贴、拖曳图形

在InDesign CS5中也可以很方便地粘贴、拖曳图形，但粘贴与拖曳的图形不能回到Illustrator中编辑，可以在InDesign CS5中直接修改。

粘贴的操作方法如下。

① 在Illustrator中打开一张矢量图，用【选择工具】选择矢量图，然后执行【编辑】→【复制】命令，如图6-5所示。

图6-5

❷ 在InDesign CS5中执行【编辑】→【粘贴】命令，如图6-6所示。

图6-6

❸ 用【直接选择工具】选择需要调整的路径，直接编辑图形，即完成粘贴图形的操作，如图6-7所示。

拖曳的操作方法如下。

❶ 在Illustrator中打开一张矢量图，用【选择工具】选择矢量图之后按住鼠标左键不放，拖曳到InDesign CS5中，如图6-8所示。

❷ 用【直接选择工具】选择需要调整的路径，直接编辑图形，即完成拖曳图形的操作，如图6-9所示。

图6-7

图6-8

图6-9

6.2 在InDesign CS5中绘制图形

InDesign CS5是排版软件,如果需要绘制复杂的图形,最好使用专门的绘图软件。无论设计师使用绘图工具多熟练,都需要调整路径,本节将简单介绍在InDesign中绘图的基本知识,包括路径的绘制、描边、排列和对图形以及复合路径的应用,并以制作路线图和图形框来体现在InDesign CS5中绘制简单图形的方便之处。

6.2.1 绘图基本知识

InDesign CS5自带的绘图功能免去了设计师反复置入图形和修改的麻烦,通过本节的学习能掌握路径的绘制方法,各种描边效果,准确地排列和对齐图形以及用复合路径将多个图形组合成不同的单个图形。

1. 路径的绘制

①认识路径

路径由一个或多个直线段或曲线段组成,路径分为闭合路径和开放路径,如图6-10(a)所示为闭合路径,如图6-10(b)所示为开放路径。路径主要由方向线、方向点和锚点一起控制其形状,如图6-11所示。

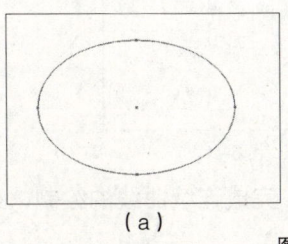

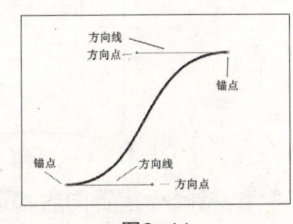

图6-10　　　　　　　　　　图6-11

②有关路径的工具

创建或编辑路径的工具包括【直线工具】、【钢笔工具】、【添加锚点工具】、【删除锚点工具】、【转换锚点工具】、【铅笔工具】、【平滑工具】、【抹除工具】以及【直接选择工具】，如图6-12所示。

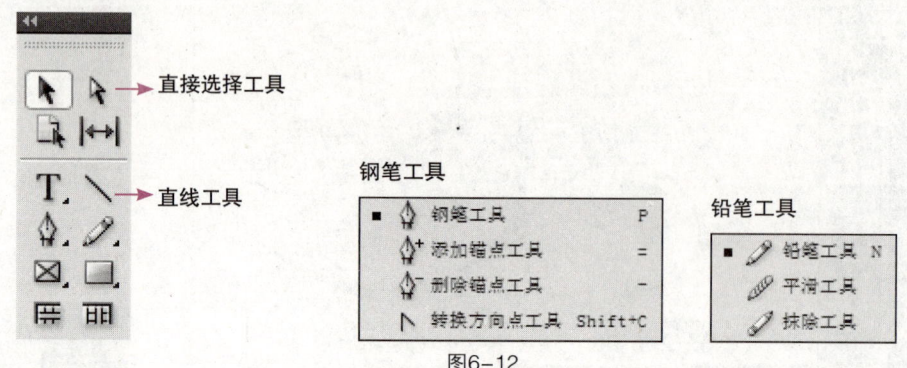

图6-12

③直线与曲线的绘制

按住Shift键可以绘制出固定角度的直线，如水平、垂直和以45°角为倍数的方向线；还可通过调整方向线和方向点绘制曲线。

绘制直线的操作步骤如下。

① 用【钢笔工具】在页面空白处绘制路径的起点，然后按住Shift键不放将鼠标指针向右移动一段距离后单击鼠标，可以看到绘制出一条水平方向的路径，如图6-13所示。

② 与步骤1相同，按住Shift键不放将鼠标指针向上移动一段距离后单击鼠标，绘制一条垂直方向的路径，如图6-14所示。

③ 继续按住Shift键不放将鼠标指针向右下方移动一段距离后单击鼠标，绘制出一条45°方向的路径，如图6-15所示。

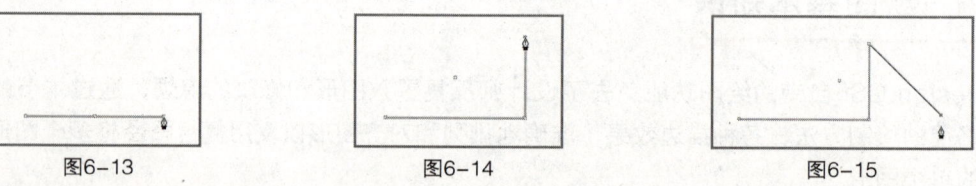

图6-13　　　　　　　　图6-14　　　　　　　　图6-15

绘制曲线的操作步骤如下。

① 用【钢笔工具】在页面空白处单击并垂直向上拖曳鼠标，如图6-16所示。

② 将鼠标指针向右移动一段距离后，单击并垂直向下拖曳鼠标，如图6-17所示。

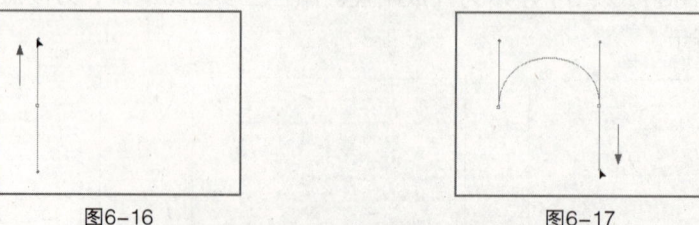

图6-16　　　　　　　　图6-17

③ 将鼠标指针向右移动一段距离后，重复步骤1的操作，完成连续曲线的绘制，如图6-18所示。

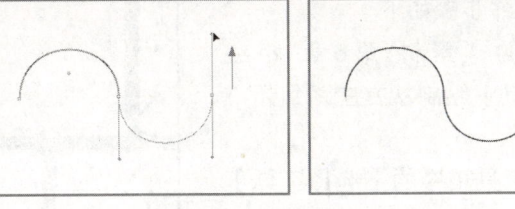

图6-18

> **提示**
>
> 设计师可通过按住Alt键调整方向点,绘制出不同的曲线,如图6-19所示,也可以将曲线与直线结合绘制路径,如图6-20所示。

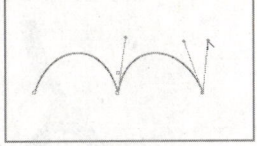
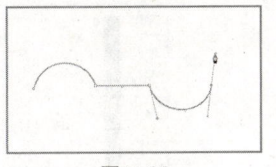

图6-19　　　　图6-20

2. 描边

设计师可以利用【描边】调板对路径、图形框进行各种描边效果设置,包括类型及端点外观等。下面为设计师讲解【描边】调板的各项设置。

①断点、连接和对齐描边

几种描边效果如图6-21所示。

平头端点
斜角连接
描边对齐中心

圆头端点
圆角连接
描边局内

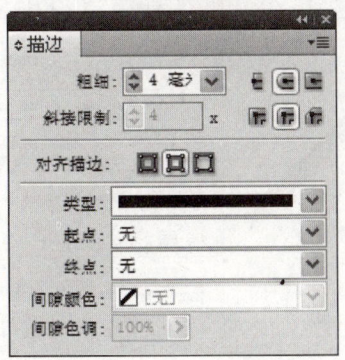

投射末端
斜面连接
描边局外

图6-21

②类型、起点、终点、间隙颜色和色调

通过【描边】调板可对路径设置不同的类型效果,还可用起点和终点配合类型设置与众不同的箭头。如果选择虚线的类型,还可用间隙颜色和色调来设置虚线的间隙。下面通过例子来讲解如何使用这些选项。

绘制虚线效果的箭头的操作步骤如下。

1 打开光盘目录下的"素材\第6章\路线图.indd"文件，用【钢笔工具】绘制从方庄路到超市的方向线，如图6-22所示。

2 绘制完成后，单击工具箱中的【选择工具】按钮，执行【窗口】→【色板】命令，调出【色板】调板。为路径选择颜色为"C=0，M=50，Y=100，K=0"，如图6-23所示。

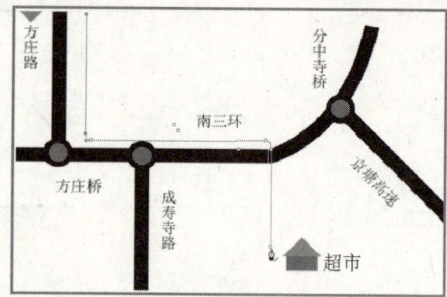

图6-22

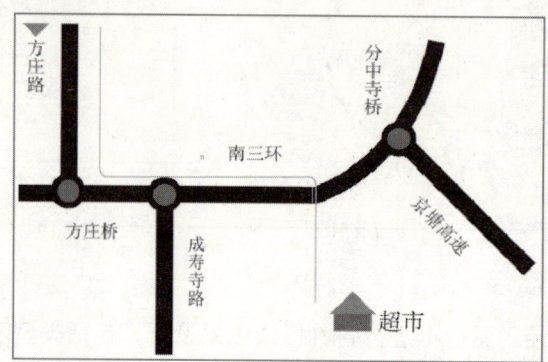

图6-23

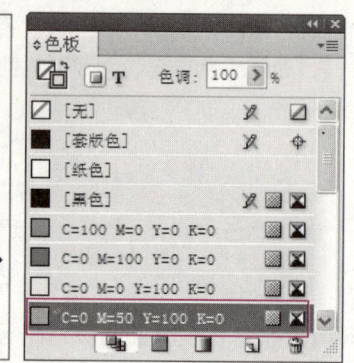

3 执行【窗口】→【描边】命令，调出【描边】调板。在【粗细】数值框中输入"1.5毫米"，在【类型】下拉文本框中选择"虚线"，因为是从开始指向终点的方向线，所以选择【终点】下拉文本框的"倒钩"箭头，选择【间隙颜色】为"C=0，M=0，Y=100，K=0"，【间隙色调】为"25%"，然后在【虚线】和【间隔】数值框中输入"4毫米"，"3毫米"，"2毫米"，"3毫米"，如图6-24所示。

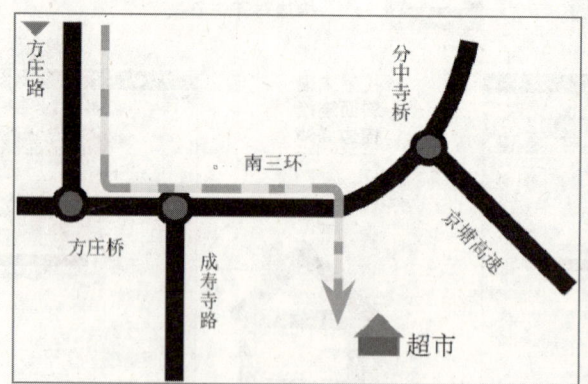

图6-24

提示

在【类型】下拉文本框中选择"虚线"才能显示【角点】和虚线间隔的选项。

③描边样式

设计师还可以自定义描边样式，新建描边样式的操作步骤如下。

❶ 执行【窗口】→【描边】命令，调出【描边】调板。单击【描边】调板右侧的黑色三角按钮，在弹出的下拉菜单中选择【描边样式】选项，如图6-25所示弹出【描边样式】对话框，如图6-26所示。

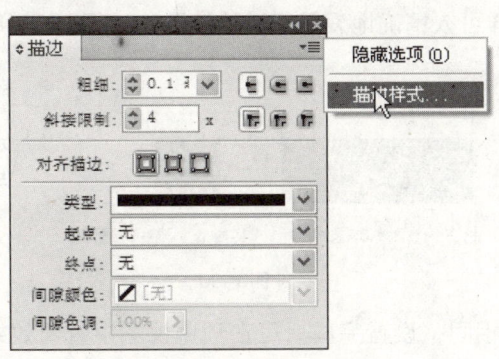

图6-25

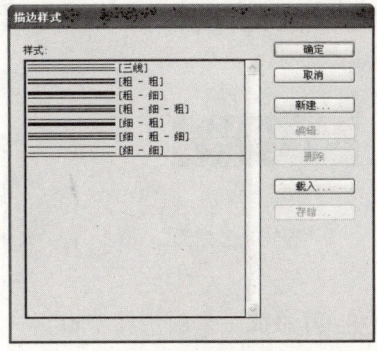

图6-26

❷ 单击【新建】按钮，弹出【新建描边样式】对话框，在【名称】文本框中为新建的样式起名为"虚线（1-2）"，如图6-27所示。

❸ 在【类型】下拉文本框中可以选择：条纹、点线和虚线3个类型，进行描边设置。在下方的预览视图中可以看到这3个类型的效果，如图6-28所示。这里以虚线为例，讲解描边样式的创建。

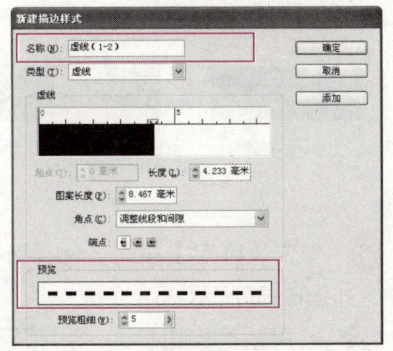

图6-27

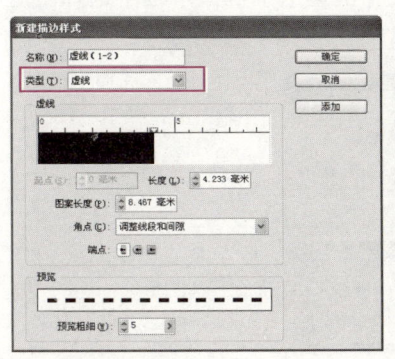

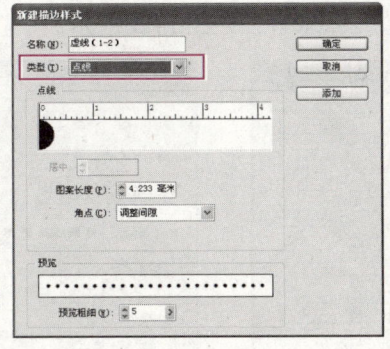

图6-28

提示

关于条纹、虚线、点线

条纹类描边样式　　点线类描边样式　　虚线类描边样式

④ 在【类型】下拉文本框中选择"虚线",在【图案长度】数值框中输入"15毫米",指定图案重复的长度。然后在【长度】数值框中输入"6毫米",如图6-29所示。

⑤ 单击标尺添加一个新虚线,然后调整虚线的宽度。在【起点】数值框中输入"8毫米",在【长度】数值框中输入"2毫米",这样可以精确地设置虚线的位置,如图6-30所示。

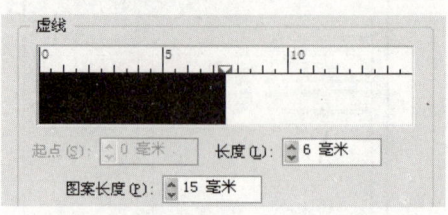

图6-29

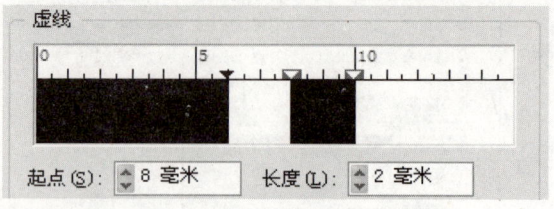

图6-30

⑥ 再添加一个新虚线,设置方法与步骤5相同,设置完成后可在预览视图中查看效果,如图6-31所示。

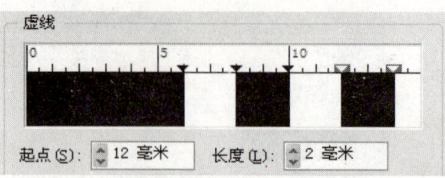

图6-31

⑦ 单击【确定】按钮,保存新建的描边样式。再单击【确定】按钮,完成描边样式设置的操作,如图6-32所示。

⑧ 应用新建描边样式。用【钢笔工具】绘制一条路径。用【选择工具】选择绘制好的路径,然后执行【窗口】→【描边】命令,调出【描边】调板,在【类型】下拉文本框中选择"虚线(1-2)",设置【粗细】为"2毫米",如图6-33所示。

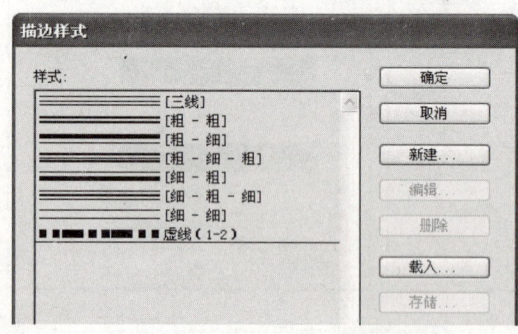

图6-32

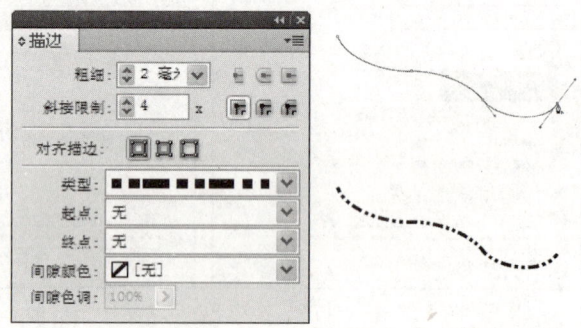

图6-33

删除描边样式的操作步骤如下。

① 执行【窗口】→【描边】命令,调出【描边】调板。单击【描边】调板右侧的黑色三角按钮,在弹出的下拉菜单中选择【描边样式】选项,弹出【描边样式】对话框,如图6-34所示。

② 在【描边样式】对话框的【样式】文本框中选择删除的样式"虚线(1-2)",然后单击【删除】按钮后,弹出【删除描边样式】对话框,如图6-35所示。

③ 单击【确定】按钮,再单击【描边样式】对话框中的【确定】按钮,完成删除描边样式

的操作，如图6-36所示。

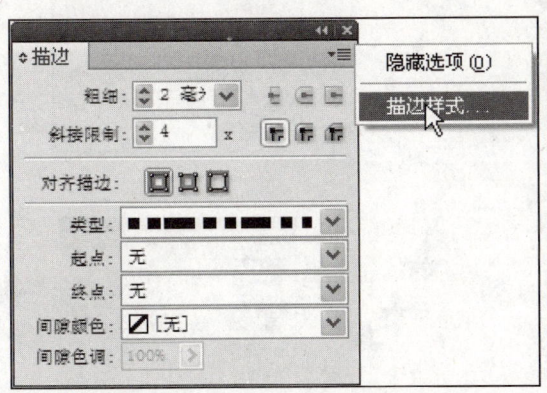

图6-34

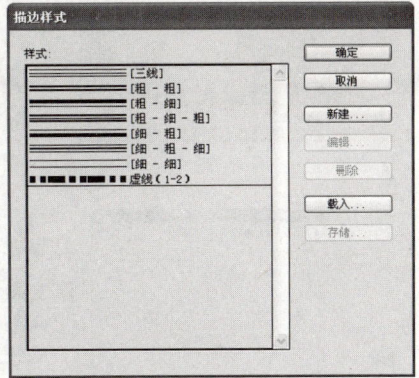

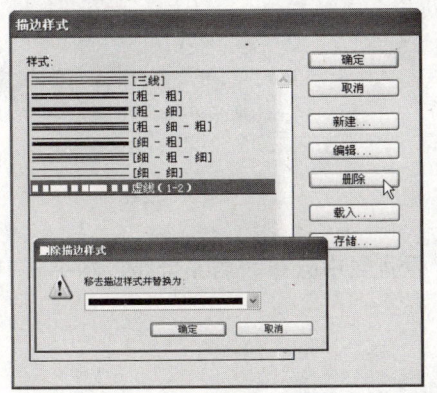

图6-35

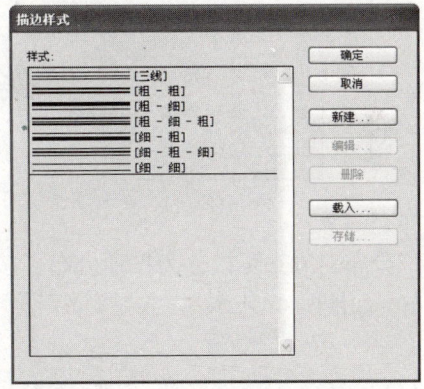

图6-36

3. 排列和对齐图形

①排列

通过排列选项（包括置于顶层、前移一层、后移一层或置于底层）来排列多个图形的位置。

> **提示**
>
> 选中对象后，可以使用快捷键调整对象的排列顺序。
> Shift+Ctrl+[：置于底层。
> Shift+Ctrl+]：置于顶层。
> Ctrl+[或Ctrl+]：前移一层或后移一层。
> 或者在选中对象后，单击鼠标右键，弹出下拉菜单，在排列的命令中选择相应的选项，如图6-37所示。
>
> 置于顶层(F)　Shift+Ctrl+]
> 前移一层(W)　　　Ctrl+]
> 后移一层(B)　　　Ctrl+[
> 置为底层(K)　Shift+Ctrl+[
>
> 图6-37

②对齐

执行【窗口】→【对象和版面】→【对齐】命令，调出【对齐】调板，可以通过【对齐】调板对齐图形、分布图形以及分布图形的间距。

❶对齐对象，如图6-38所示为左对齐，如图6-39所示为水平居中对齐，如图6-40所示为右对齐，如图6-41所示为顶对齐，如图6-42所示为垂直居中对齐，如图6-43所示为底对齐。

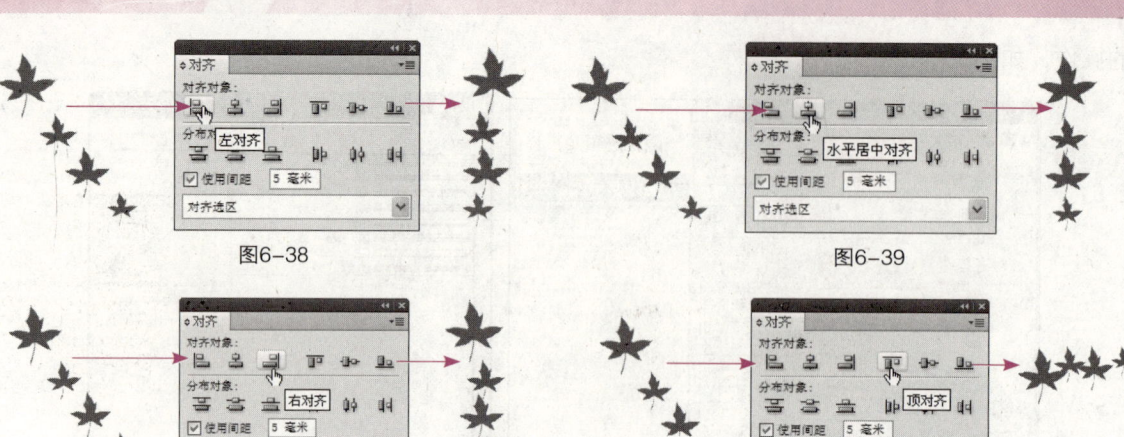

图6-38　　　　　　　　　　　　图6-39

图6-40　　　　　　　　　　　　图6-41

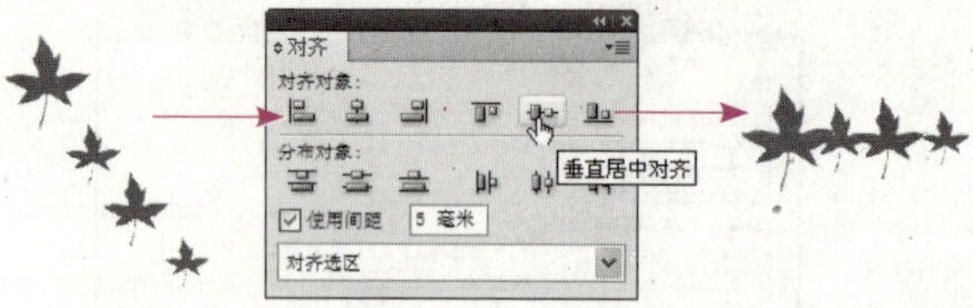

图6-42 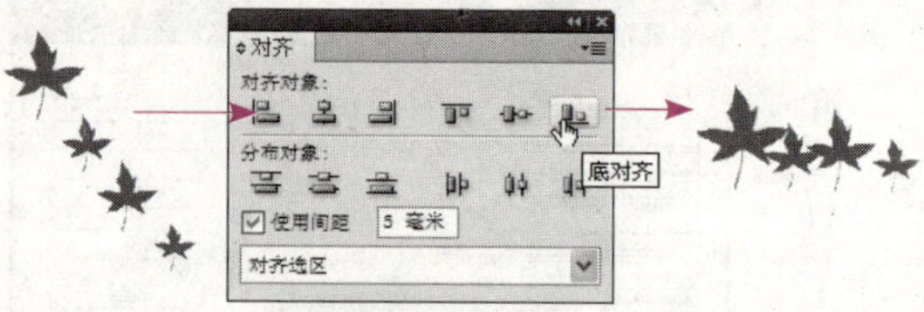　　　　　　　　　　　　图6-43

❷ 分布对象。可以分为按顶分布、按底分布、垂直居中分布、居左分布、水平居中分布、居右分布，如图6-44所示。

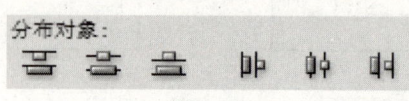

图6-44

③分布间距

如图6-45所示为垂直分布间距，如图6-46所示为水平分布间距。

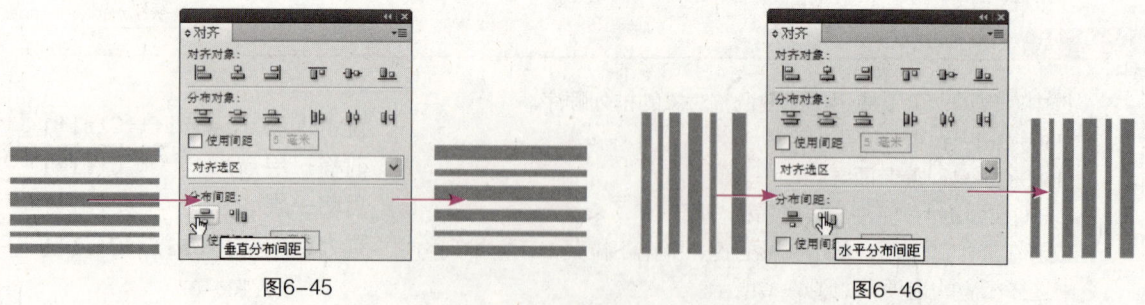

图6-45　　　　　　　　　　　　图6-46

4. 复合路径的应用

复合路径可以将多个路径组合为单个对象，复合路径与编组的功能相似，两者的区别是：编组能将多个图形组合在一起并且保持它们原来的属性（如颜色、描边和渐变等），而复合路径是将多个路径融合为一个路径。创建复合路径时，所有最初选定的路径将成为新复合路径的子路径。最后创建的路径属性将被用到其他路径中。

①图形与图形创建复合路径

将两个图形放在一起，如图6-47所示。用【选择工具】选择这两个图形，然后执行【对象】→【路径】→【建立复合路径】命令，得到如图6-48所示的效果。

图6-47

图6-48

②文字与图形创建复合路径

❶ 用【文字工具】拖曳一个文本框，然后输入"新年快乐"，在本例中选择字体为"方正舒体繁体"，字号为"72点"，字体颜色为"C=15，M=100，Y=100，K=0"，字体描边为"C=100，M=0，Y=0，K=0"，如图6-49所示。

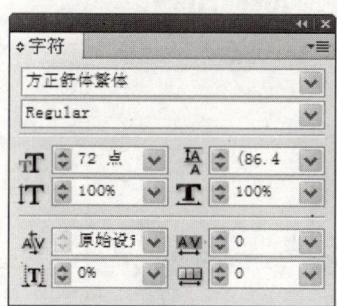

图6-49

❷ 用【矩形工具】绘制一个矩形，然后将其添色为"C=15，M=100，Y=100，K=0"，描边为"C=0，M=0，Y=100，K=0"，如图6-50所示。

图6-50

❸ 将文字转为曲线。用【选择工具】选择文字，然后执行【文字】→【创建轮廓】命令，如图6-51所示。

❹ 将矩形放在文字的上半部分，用【选择工具】选择文字与图形，然后执行【对象】→【路径】→【建立复合路径】命令，创建复合路径，如图6-52所示。

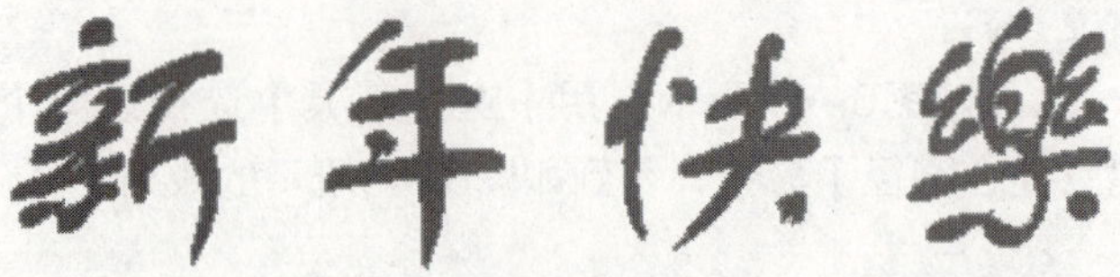

图6-51

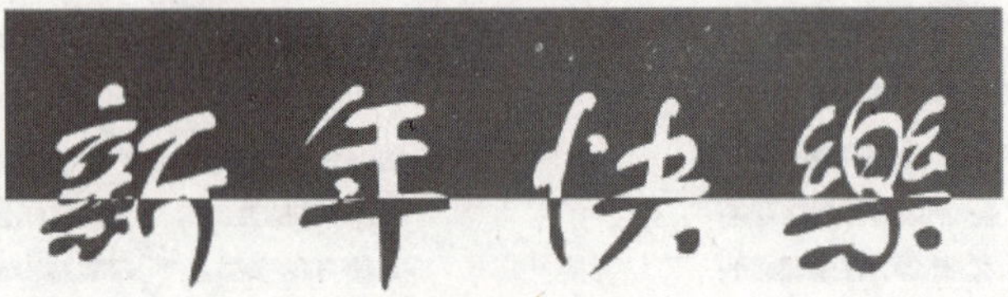

图6-52

6.2.2 制作图形框

在InDesign CS5中，可利用【描边】调板制作不同效果的图形框，下面通过制作人物对话框的实例介绍图形工具与描边以及投影效果的运用，操作步骤如下。

图6-53

① 置入一张图片，如图6-53所示。

② 用【椭圆工具】任意绘制若干个椭圆形，用【选择工具】选择绘制的椭圆形，然后执行【窗口】→【对象和版面】→【路径查找器】命令，调出【路径查找器】调板，单击【相加】按钮，如图6-54所示。

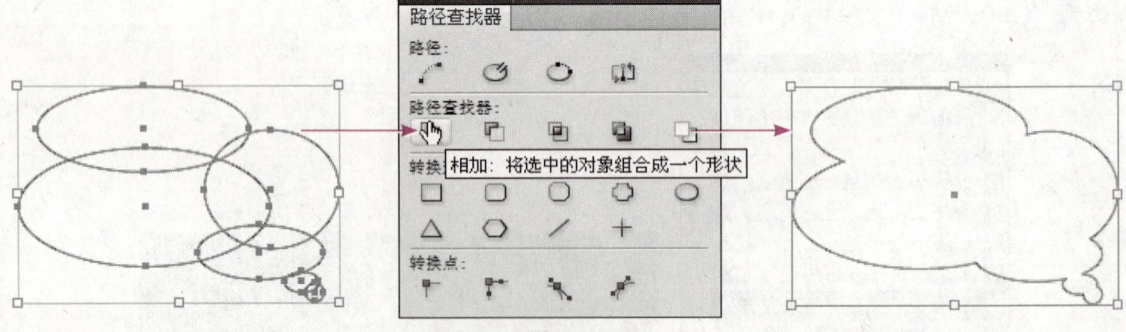

图6-54

③ 用【选择工具】选择图形框，执行【窗口】→【描边】命令，调出【描边】对话框。设置图形框的【粗细】为"1毫米"，【类型】为"细-粗"，如图6-55所示。

④ 将制作好的图形框放在人物图形的上方，如图6-56所示。

⑤ 为图形框添加投影效果。用【选择工具】选中图形框，然后执行【对象】→【效果】→【投影】命令，弹出【投影】对话框，如图6-57所示。

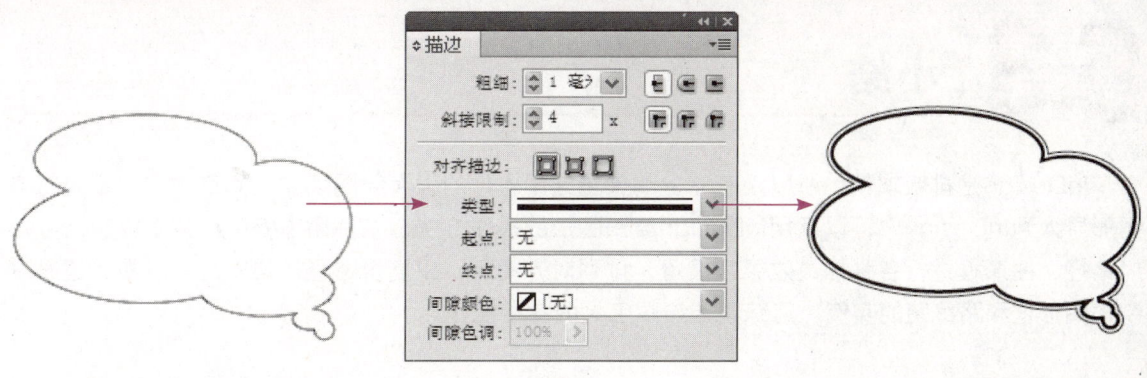

图6-55

图6-56

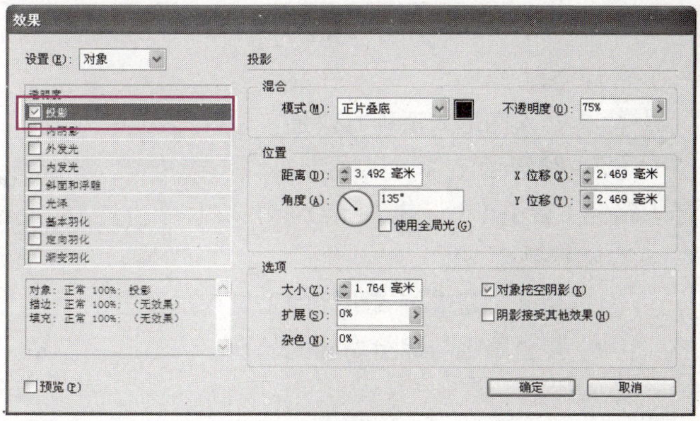

图6-57

6 在【模式】下拉文本框中选择"正常",在【不透明度】数值框中输入"60",设置【X位移】为"2毫米",【Y位移】为"1毫米",【大小】为"2毫米",其他保持默认设置,如图6-58所示。

7 单击【确定】按钮,可以看到设置完成后的效果,如图6-59所示。

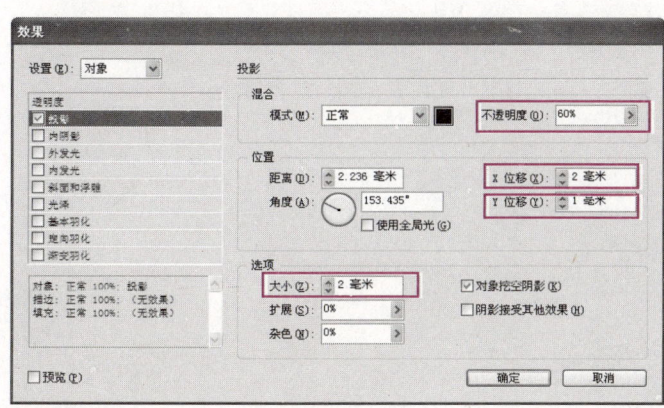

图6-58

图6-59

6.3 小结

InDesign是排版软件,所以没有专业的矢量绘图软件的强大绘图功能。本章主要介绍如何将图形导入到InDesign中,以及用InDesign绘制图形的操作方法,包括用【钢笔工具】绘制路径,对路径、图形框进行各种描边效果的设置,排列对齐图形,用复合路径编辑图形等。最后还通过制作图形框和路线图的实例,熟练掌握绘图工具的各种操作。

6.4 习题

1. 填空题

(1)导入图形的两种方法是:(　　)、(　　)。

(2)路径由(　　)或(　　)或(　　)组成,路径分为(　　)路径和(　　)路径。路径主要由(　　)、(　　)和(　　)一起控制图形的形状。

2. 问答题

(1)用来创建或编辑路径的工具包括哪些?

(2)复合路径与编组功能的区别。

3. 操作题

(1)练习用描边样式设置虚线。

(2)练习用【矩形工具】和【描边】制作图形框。

第7章
表格的处理

InDesign CS5不仅能帮助设计师很好地完成中文排版工作,而且它还具有强大的表格创建功能。设计师可以用InDesign CS5将微软的Word、Excel表格导入到InDesign中,而且不会丢失原有的格式。在InDesign CS5中,可以对表格中的文本进行标点挤压等编辑。InDesign CS5表格提供了交替颜色填充功能,可以自动生成跨栏或跨页的表格。

设计要点

- 导入Word和Excel表格的方法。
- 对Word和Excel表格的编辑。
- 用行线、列线、交替颜色修饰表格。
- 用制表符对齐表格内容。

印刷要点

- 在InDesign中如何将Word表格使用的RGB颜色转换为CMYK颜色。

7.1 其他软件表格的处理

InDesign虽然有表格创建功能，但很多设计师还是习惯在Word和Excel中建立表格。Word只能做简单的文字编辑工作，不能用于排版。Excel只是一个制作表格的工具，也不具备排版功能，因此需要把表格导入到排版软件中进行排版。

本节将讲解如何通过InDesign CS5来处理Word和Excel表格。

7.1.1 导入Word表格

导入Word表格的方法与导入文字图片的方法相同，一般用置入的方法。设计师通过置入就能很轻易地将Word表格转换到InDesign CS5中，这为排版工作带来了极大的方便。下面详细讲解Word表格置入到InDesign CS5的方法。

1 执行【文件】→【置入】命令，选中光盘目录下的“素材\第7章\Word表格1.doc”文件，在弹出的【置入】对话框中勾选【显示导入选项】选项，单击【打开】按钮，弹出【Microsoft Word导入选项】对话框，在对话框中勾选【保留文本和表的样式和格式】选项，如图7-1所示。

2 在页面空白处单击鼠标左键，此时可看到表格在置入时自动生成文本框，如图7-2所示。

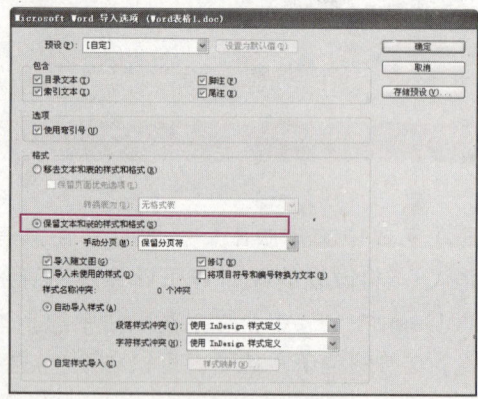

图7-1

升旗仪式广播操10%	自行车10%	仪表仪容10%	眼保健操10%	包干区20%	室内卫生15%	黑板报10%	纪律15%	折合总分	名次	宿舍20%	备注
100	99.7	100		99.72	99.72	98.7	99.9	99.715	8		
100	99.6	100	99.8	99.46	99.84	98.5	100	99.658	11		
100	99.9	100	99.8	99.84	99.8	98.5	100	99.758	3		
99.96	99.4	100		99.74	99.52	98.4	99.8	99.619	12		
100	99.8	100	99.9	99.68	100	98.3	100	99.736	7		
100	99.8	100	100	99.8	99.82	98.4	99.9	99.738	6		
99.96	99.9	100	100	99.88	99.7	98.5	100	99.767	2	39.1	
99.96	99.6	100	100	99.78	99.44	98.6	100	99.688	10	39.4	
99.96	99.5	100	100	99.64	99.78	98.5	100	99.691	9	38.95	
100	99.5	100	100	99.88	99.84	98.5	100	99.752	4	39	
100	99.7	100	99.8	100	99.82	98.6	100	99.783	1	38.75	
100	99.5	100	100	99.7	99.96	98.6	100	99.744	5		
99.72	100	100	100	99.98	99.66	97.8	99.9	99.682	11		
99.92	100	100	100	99.98	99.92	97.8	100	99.756	4		
99.92	100	100		100	99.6	97.8	99.8	99.677	12		
99.96	100	100	100	99.96	99.88	97.8	99.9	99.735	6		
99.88	99.7	100	100	99.98	99.7	98	99.9	99.694	10		

图7-2

3 单击控制调板右上角的【框架适合内容】按钮，使文本框适合表格大小，即完成置入表格的操作，如图7-3所示。

升旗仪式广播操10%	自行车10%	仪表仪容10%	眼保健操10%	包干区20%	室内卫生15%	黑板报10%	纪律15%	折合总分	名次	宿舍20%	备注
100	99.7	100		99.72	99.72	98.7	99.9	99.715	8		
100	99.6	100	99.8	99.46	99.84	98.5	100	99.658	11		
100	99.9	100	99.8	99.84	99.8	98.5	100	99.758	3		
99.96	99.4	100		99.74	99.52	98.4	99.8	99.619	12		
100	99.8	100	99.9	99.68	100	98.3	100	99.736	7		
100	99.8	100	100	99.8	99.82	98.4	99.9	99.738	6		
99.96	99.9	100	100	99.88	99.7	98.5	100	99.767	2	39.1	
99.96	99.6	100	100	99.78	99.44	98.6	100	99.688	10	39.4	
99.96	99.5	100	100	99.64	99.78	98.5	100	99.691	9	38.95	
100	99.5	100	100	99.88	99.84	98.5	100	99.752	4	39	
100	99.7	100	99.8	100	99.82	98.6	100	99.783	1	38.75	
100	99.5	100	100	99.7	99.96	98.6	100	99.744	5		
99.72	100	100	100	99.98	99.66	97.8	99.9	99.682	11		
99.92	100	100	100	99.98	99.92	97.8	100	99.756	4		
99.92	100	100		100	99.6	97.8	99.8	99.677	12		
99.96	100	100	100	99.96	99.88	97.8	99.9	99.735	6		
99.88	99.7	100	100	99.98	99.7	98	99.9	99.694	10		

图7-3

7.1.2 Word表格的编辑

下面通过一个导入到InDesign CS5中的Word表格案例进行一些简单的表格编辑操作，介绍Word表格在InDesign CS5中的编辑。

1. 插入行和列

操作步骤如下。

❶ 执行【文件】→【置入】命令，在弹出的【置入】对话框中，选择光盘目录下的“素材\第7章\Word表格2”文件，单击【打开】按钮。在空白页面中单击鼠标左键，表格自动插入到拖曳的文本框中，如图7-4所示。

姓名:	曾 x	性别:	男
政治面貌:	团员	毕业学校:	成都理工大学
出生年月:	1983 年 4 月	专业:	信息与计算科学
最高学历:	本科	毕业时间:	2005 年 7 月
求职意向:	软件开发或事有个人发展空间的人事或销售管理领域。		

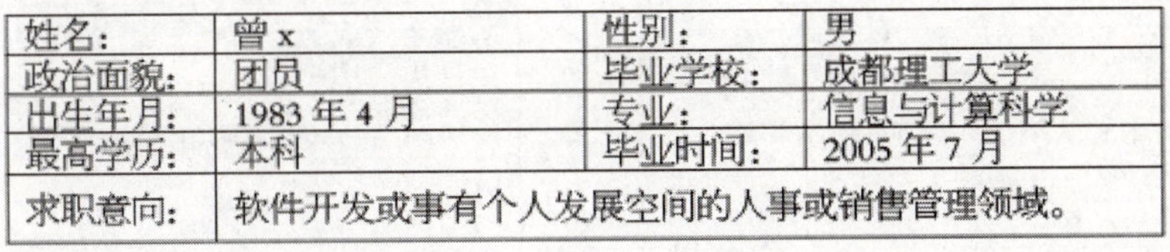

图7-4

❷ 单击控制调板右上角的【框架适合内容】按钮，使文本框适合表格的大小，如图7-5所示。

❸ 选择文字工具，然后将光标插入最后一个单元格。执行【表】→【插入】→【行】命令，在弹出的【插入行】对话框中，在【行数】数值框内输入8，并选择【下】单选钮，如图7-6所示。

姓名:	曾 x	性别:	男
政治面貌:	团员	毕业学校:	成都理工大学
出生年月:	1983 年 4 月	专业:	信息与计算科学
最高学历:	本科	毕业时间:	2005 年 7 月
求职意向:	软件开发或事有个人发展空间的人事或销售管理领域。		

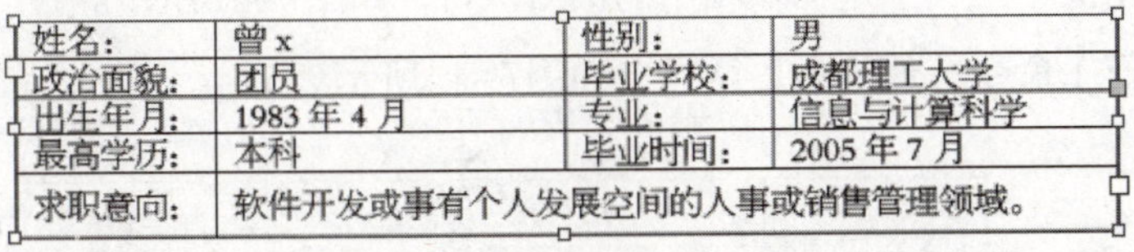

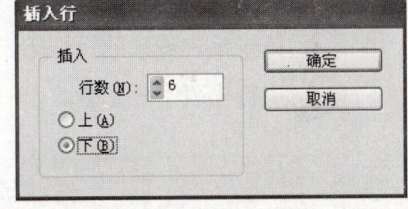

图7-5

图7-6

❹ 单击【确定】按钮后，可看到表格右下方出现溢流文本，如图7-7（a）所示。单击控制调板右上角的【框架适合内容】按钮，使文本框适合表格的大小，即所插入的行在表格的下方，如图7-7（b）所示。

姓名:	曾 x	性别:	男
政治面貌:	团员	毕业学校:	成都理工大学
出生年月:	1983 年 4 月	专业:	信息与计算科学
最高学历:	本科	毕业时间:	2005 年 7 月
求职意向:	软件开发或事有个人发展空间的人事或销售管理领域。		

（a）

姓名:	曾 x	性别:	男
政治面貌:	团员	毕业学校:	成都理工大学
出生年月:	1983 年 4 月	专业:	信息与计算科学
最高学历:	本科	毕业时间:	2005 年 7 月
求职意向:	软件开发或事有个人发展空间的人事或销售管理领域。		

（b）

图7-7

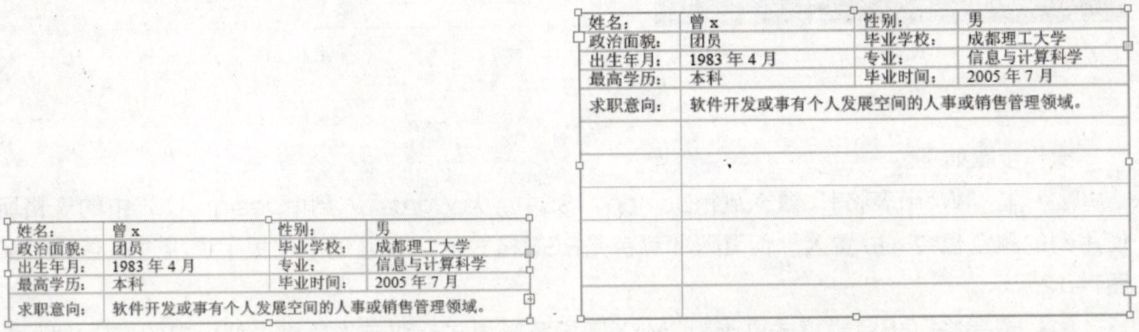

提 示

插入列的操作与插入行相同，这里就不详细讲解了。

2. 合并单元格

操作步骤如下。

❶ 将前面完成插入行的表格进行合并单元格设置。用【文字工具】选择第一列的3个单元格，如图7-8所示。

❷ 执行【表】→【合并单元格】命令，即完成了合并单元格的操作，如图7-9所示。

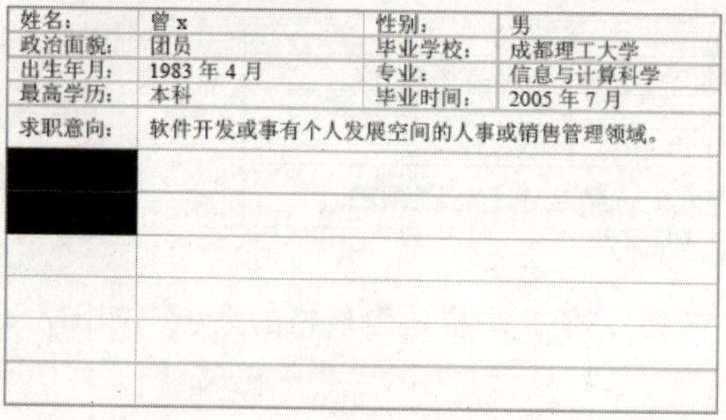

姓名:	曾 x	性别:	男
政治面貌:	团员	毕业学校:	成都理工大学
出生年月:	1983 年 4 月	专业:	信息与计算科学
最高学历:	本科	毕业时间:	2005 年 7 月
求职意向:	软件开发或事有个人发展空间的人事或销售管理领域。		

图7-8

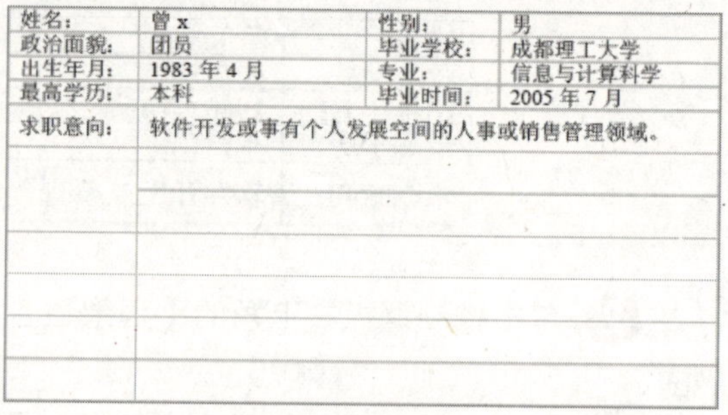

姓名:	曾 x	性别:	男
政治面貌:	团员	毕业学校:	成都理工大学
出生年月:	1983 年 4 月	专业:	信息与计算科学
最高学历:	本科	毕业时间:	2005 年 7 月
求职意向:	软件开发或事有个人发展空间的人事或销售管理领域。		

图7-9

3. 删除行和列

操作步骤如下。

❶ 将表格中多余的行删除。用【文字工具】选择表格中的最后两行，如图7-10所示。

❷ 执行【表】→【删除】→【行】命令，删除最后两行，如图7-11所示。

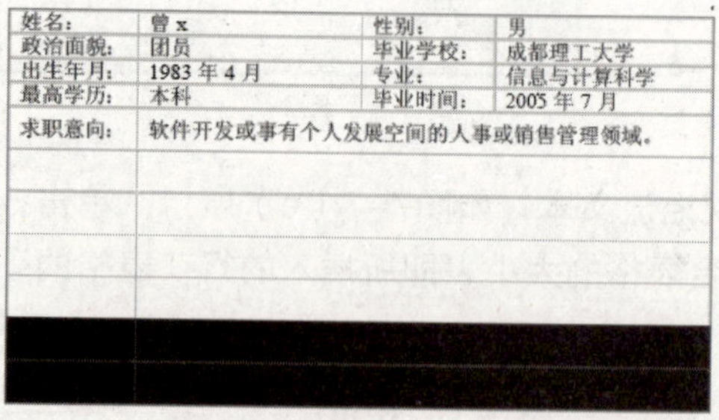

姓名:	曾 x	性别:	男
政治面貌:	团员	毕业学校:	成都理工大学
出生年月:	1983 年 4 月	专业:	信息与计算科学
最高学历:	本科	毕业时间:	2005 年 7 月
求职意向:	软件开发或事有个人发展空间的人事或销售管理领域。		

图7-10

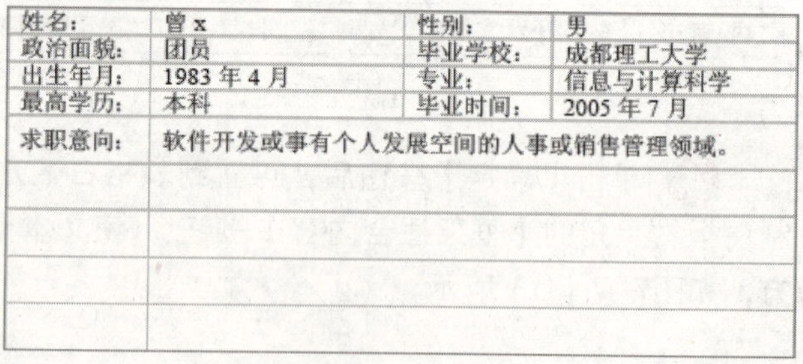

姓名:	曾 x	性别:	男
政治面貌:	团员	毕业学校:	成都理工大学
出生年月:	1983 年 4 月	专业:	信息与计算科学
最高学历:	本科	毕业时间:	2005 年 7 月
求职意向:	软件开发或事有个人发展空间的人事或销售管理领域。		

图7-11

4. 填色

操作步骤如下。

❶ 将“Word表格1”置入到InDesign CS5中，从Word置入到InDesign CS5中的表格所使用到的颜色也会一并置入。但置入的颜色是RGB格式的，可通过【色板】调板进行查看，如图7-12所示。

❷ 需要将RGB色彩模式更改为CMYK印刷色彩模式。双击【色板】调板中的“Gold”颜色，弹出【色板选项】对话框，如图7-13所示。

图7-12　　　　　　　　　　　　　　图7-13

③ 在【颜色模式】下拉文本框中选择"CMYK",如图7-14所示。

④ 单击【确定】按钮,完成颜色模式的转换,如图7-15所示。

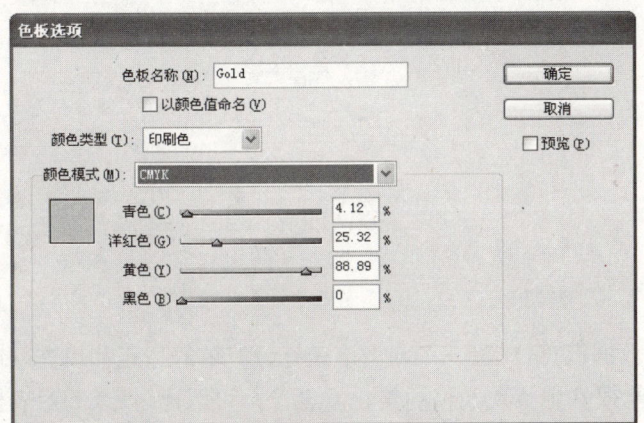 

图7-14　　　　　　　　　　　　　　图7-15

> **提 示**
>
> 剩下的颜色"Light Orange"也按照该操作步骤改为CMYK印刷色。

7.1.3　导入Excel表格

导入Excel表格与导入Word表格的方法基本相同。下面讲解将Excel表格置入InDesign CS5的操作方法。

① 执行【文件】→【置入】命令,弹出【置入】对话框。在【置入】对话框中选择光盘目录下的"素材\第7章\Excel表格1"文件,勾选【显示导入选项】复选框,单击【打开】按钮,弹出【Microsoft Excel导入选项】对话框,如图7-16所示。

② 单击【确定】按钮,在页面空白处单击鼠标左键,表格自动置入到文本框中,如图7-17所示。

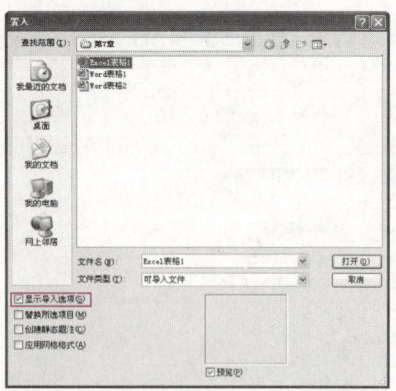

图7-16

日期	国内旅游接团数、人数		其中：在本市旅游团数、人数		
					其中：本市居民
	团数(个)	人数(人次)	团数(个)	人数(人次)	人数(人次)
"黄金周"第一天	15	200	5	50	50
"黄金周"第二天	12	150	4	30	20
"黄金周"第三天	18	300	6	100	80
"黄金周"第四天	13	175	4	20	15
"黄金周"第五天	11	100	3	20	20
"黄金周"第六天	9	80	3	20	15
"黄金周"第七天	6	50	2	10	10
合计	64	1055	27	250	210

图7-17

❸ 单击控制调板右上角的【框架适合内容】按钮，使文本框适合表格的大小，即完成置入表格的操作，如图7-18所示。

日期	国内旅游接团数、人数		其中：在本市旅游团数、人数		
					其中：本市居民
	团数(个)	人数(人次)	团数(个)	人数(人次)	人数(人次)
"黄金周"第一天	15	200	5	50	50
"黄金周"第二天	12	150	4	30	20
"黄金周"第三天	18	300	6	100	80
"黄金周"第四天	13	175	4	20	15
"黄金周"第五天	11	100	3	20	20
"黄金周"第六天	9	80	3	20	15
"黄金周"第七天	6	50	2	10	10
合计	64	1055	27	250	210

图7-18

7.1.4 Excel表格的编辑

Excel表格能帮助设计师进行各种数据运算，但是Excel表格只能做简单的边距和填充颜色，其美观性受到限制，而InDesign CS5能很好地实现表格的美化。设计师可以通过Excel对表格数据进行运算，再导入到InDesign CS5中进行编辑排版工作。下面将举例简单讲解Excel表格在InDesign CS5中的编辑。

操作步骤如下：

❶ 置入"Excel表格1"，然后单击控制调板右上角的【框架适合内容】按钮，使文本框适合表格的大小，如图7-19所示。

❷ 调整表格文字的对齐方式。用【文字工具】选择表格，如图7-20所示。

日期	国内旅游接团数、人数		其中：在本市旅游团数、人数		
					其中：本市居民
	团数(个)	人数(人次)	团数(个)	人数(人次)	人数(人次)
"黄金周"第一天	15	200	5	50	50
"黄金周"第二天	12	150	4	30	20
"黄金周"第三天	18	300	6	100	80
"黄金周"第四天	13	175	4	20	15
"黄金周"第五天	11	100	3	20	20
"黄金周"第六天	9	80	3	20	15
"黄金周"第七天	6	50	2	10	10
合计	64	1055	27	250	210

图7-19

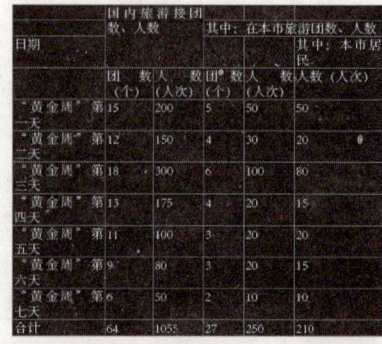

图7-20

❸ 单击控制调板上的文字【居中对齐】按钮和表格【居中对齐】按钮，如图7-21所示。

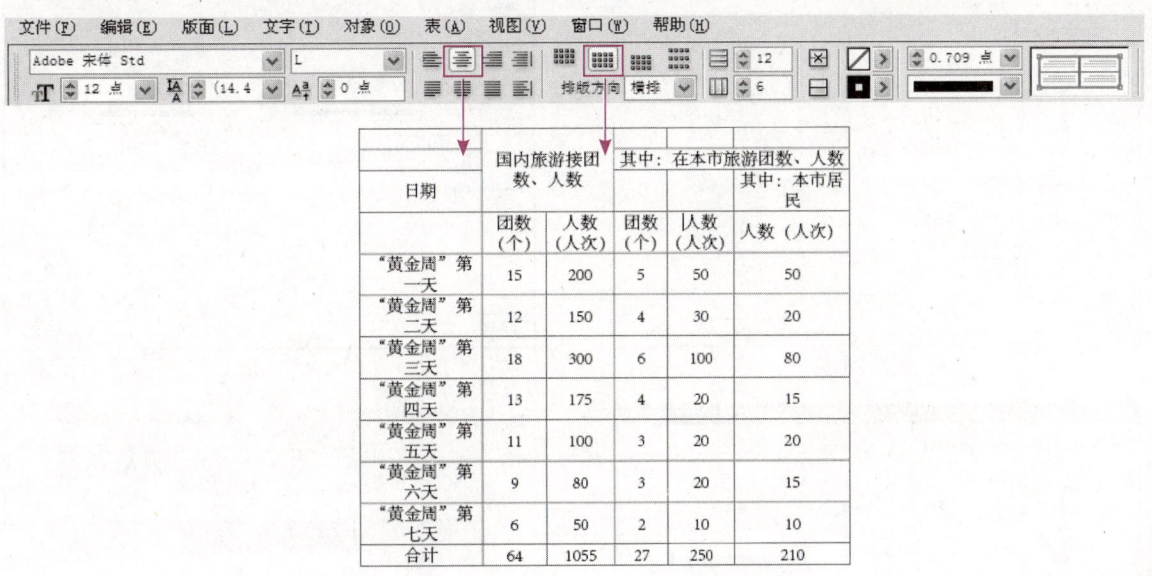

图7-21

❹ 将光标插入任意一个单元格中，执行【表】→【表选项】→【交替填色】命令，弹出【表选项】对话框，如图7-22所示。

❺ 在【交替模式】下拉文本框中选择"每隔一行"，然后在【交替】选区中，前行选择【颜色】为"黑色"，色调为"40%"；后行选择【颜色】为"无"，如图7-23所示。

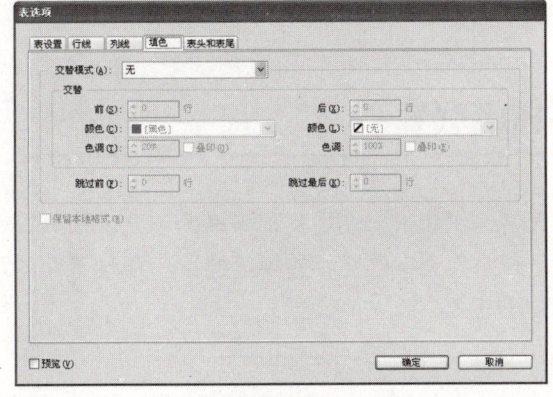

图7-22

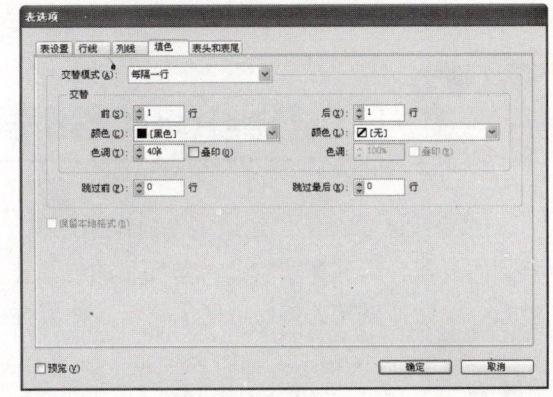

图7-23

❻ 单击【行线】选项卡，然后在【交替模式】下拉文本框中选择"每隔一行"，在前行的【类型】下拉文本框中选择"无"，在后行【类型】下拉文本框中选择"无"，如图7-24所示。

❼ 单击【列线】选项卡，然后在【交替模式】下拉文本框中选择"每隔一列"，在前列的【粗细】下拉文本框中选择"0.25毫米"，【类型】为"实底"，【颜色】为"纸色"，后列的设置与前列相同，如图7-25所示。

❽ 单击【表设置】选项卡，在【表外框】选区中选择【类型】为"无"，如图7-26所示。

❾ 设置完成后，单击【确定】按钮，如图7-27所示。

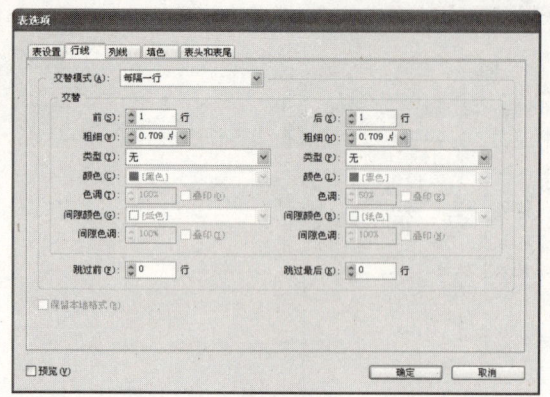

图7-24

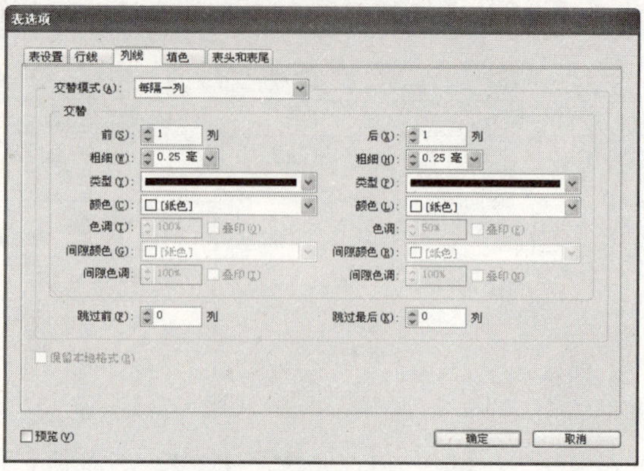

图7-25

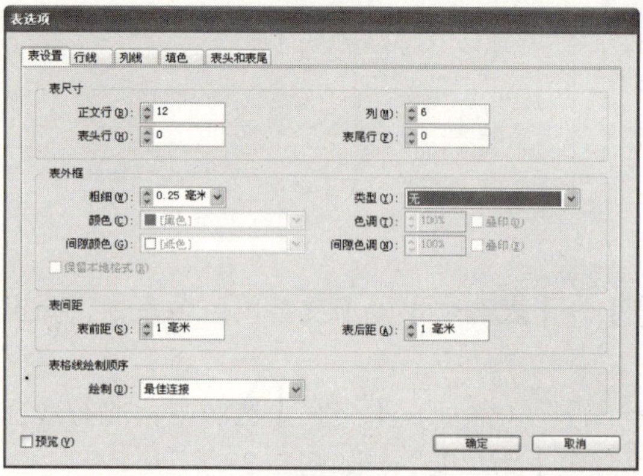

图7-26

日期	国内旅游接团数、人数		其中：在本市旅游团数、人数		
					其中：本市居民
	团数（个）	人数（人次）	团数（个）	人数（人次）	人数（人次）
“黄金周”第一天	15	200	5	50	50
“黄金周”第二天	12	150	4	30	20
“黄金周”第三天	18	300	6	100	80
“黄金周”第四天	13	175	4	20	15
“黄金周”第五天	11	100	3	20	20
“黄金周”第六天	9	80	3	20	15
“黄金周”第七天	6	50	2	10	10
合计	64	1055	27	250	210

图7-27

7.2 InDesign CS5表格的制作

InDesign CS5不仅能编辑来自Word、Excel的表格，也能很方便地实现表格的创建、插入行和列的设置，行列宽度均分、单元格的合并与拆分、表格与文字的互相转换等操作。通过下面的学习，设计师能掌握如何创建表格与表格属性的修改等内容。

7.2.1 直接插入表格

下面通过表格基础知识与创建的学习，让设计师了解表格的种类，构成表格各部分的名称和表格的创建。

1. 表格基础知识

表格简称为表，表格的种类很多，从不同角度可有多种分类方法。

（1）按结构形式划分，表格可分为横直线表、无线表以及套线表三大类。用线作为行线和列线而排成的表格称为横直线表，也称卡线表；不用线而以空间隔开的表格称为无线表；把表格分排在不同版面上，然后通过套印而印成的表格称为套准表。在书刊中，应用最为广泛的是横直线表。

（2）按排版方式划分，表格可分为书刊表格和零件表格两大类。书刊表格如数据、统计表以及流程表等，零件表格如工资表、记账表、考勤表等。

普通表格一般可分为表题、表头、表身和表注4个部分，各部分的名称如图7-28所示。

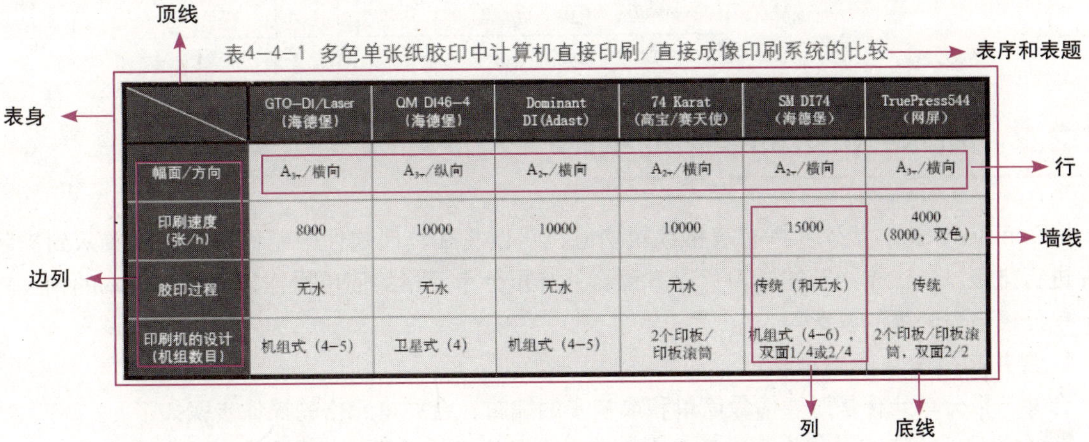

图7-28

其中，表题由表序与题文组成，一般采用与正文同字号或小1个字号的黑体字排版。

表头由各列头组成，表头文字一般用比正文小1~2个字号的字排版。

表身是表格的内容与主体，由若干行、列组成，列的内容包括项目栏、数据栏及备注栏等，各栏中的文字要求采用比正文小1~2个字号的文字排版。

表注是表的说明，要求采用比表格内容小1个字号的文字排版。

表格中的横线称为行线，竖线称为列线，行线之间称为行，列线之间称为列。每行最左边一行称为行头，每列最上方一格称为（左）边列、项目栏或竖表头，即表格的第一列；列头是表头的组成部分，列头所在的行称为头行，即表格的第一行。边列与第二列的交界线称为边列线，头行与第二行的交界线称为表头线。

表格的四周边线称为表框线。表框线包括顶线、底线和墙线。顶线和底线分别位于表格的顶端和底部；墙线位于表格的左右两边。由于墙线是竖向的，故又称为竖边线。表框线应比行线和列线稍粗一些，一般为行线和列线的两倍，在以往的排版书籍中也被称为反线。表格也可以不排墙线。

2. 表格创建

通过前面知识的学习，可以让设计师在制作表格时更加规范。下面讲解在InDesign CS5中创建表格的操作。

插入表格的操作步骤如下。

❶ 用【文字工具】在页面内文字起点处按住鼠标左键沿对角线方向拖曳，绘制一个文本框，如图7-29所示。

❷ 执行【表】→【插入表】命令，在弹出的【插入表】对话框中，设置正文行为8，列为8，如图7-30所示。

❸ 单击【确定】按钮，可以看到文本框内插入了一个空的表格，如图7-31所示。

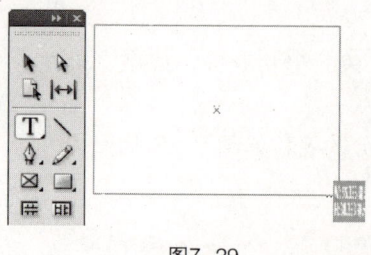
图7-29

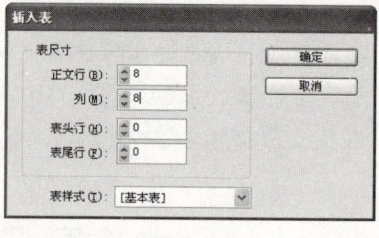
图7-30

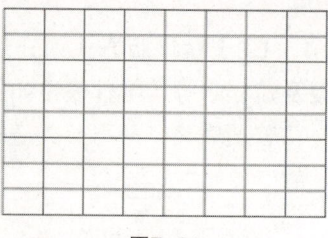
图7-31

7.2.2 InDseign CS5表格的编辑

InDesign CS5排版软件具有表格编辑功能，可以将在其他软件中制作好的表格置入到排版软件进行排版。通过本小节的学习可以掌握合并与拆分单元格的简单操作，表格与文本的相互转换、单元格与表外框的设置等。

1. 合并与拆分单元格

合并与拆分单元格是对表格最简单和最初步的编辑，合并单元格的操作步骤如下。

❶ 创建一个表格。用【文字工具】拖曳一个文本框，然后执行【表】→【插入表】命令，在弹出的【插入表】对话框中设置正文行为8，列为6，单击【确定】按钮，如图7-32所示。

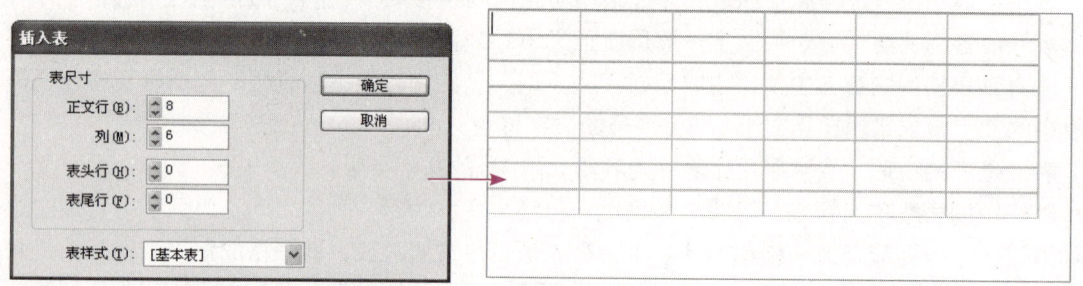
图7-32

❷ 单击控制调板右上角的【框架适合内容】按钮，然后用【文字工具】选择需要合并的两个或两个以上的单元格，如图7-33所示。

❸ 执行【表】→【合并单元格】命令，合并所选的两个单元格，如图7-34所示。

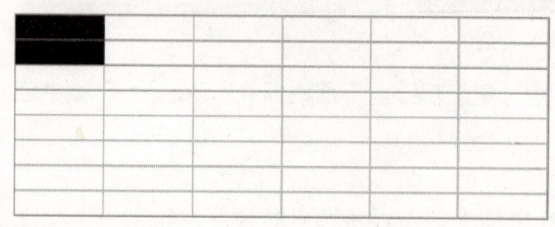
图7-33

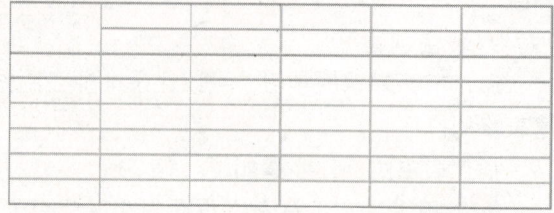
图7-34

水平拆分单元格的操作步骤如下。

❶ 选择【文字工具】，把光标插入到需要水平拆分的单元格中，如图7-35所示。

❷ 执行【表】→【水平拆分单元格】命令，水平拆分选中的单元格，如图7-36所示。

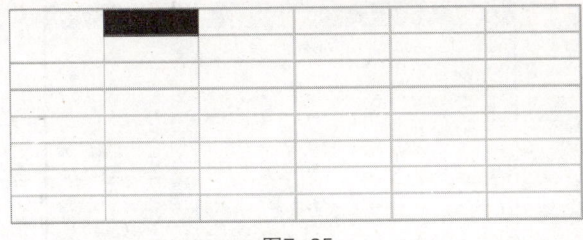

图7-35 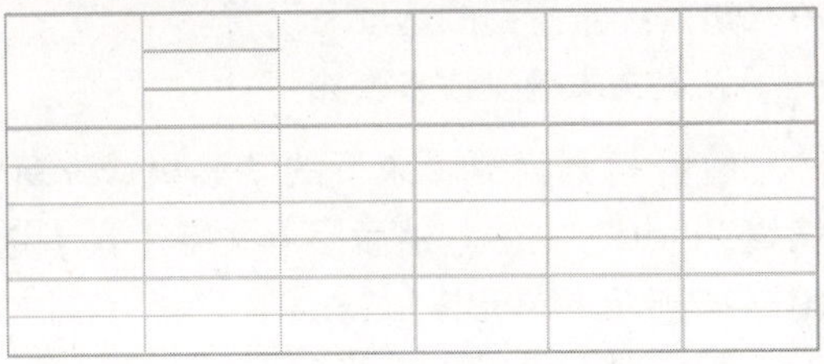　　　　　　　　　　　　　图7-36

2. 均匀分布行和列

设计师可以通过行均分和列均分功能，使选择的行或列统一高度或宽度。下面分别讲解均匀分布行和列的操作过程。

均分行的操作步骤如下。

❶ 用【文字工具】选择要统一高度的行，如图7-37所示。

❷ 执行【表】→【均匀分布行】命令，均匀分布需要统一高度的行，得到如图7-38所示的效果。

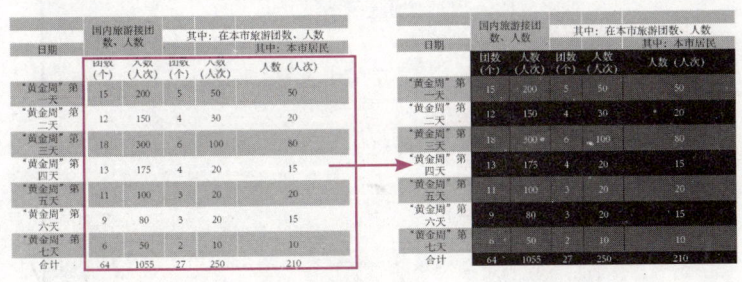

图7-37 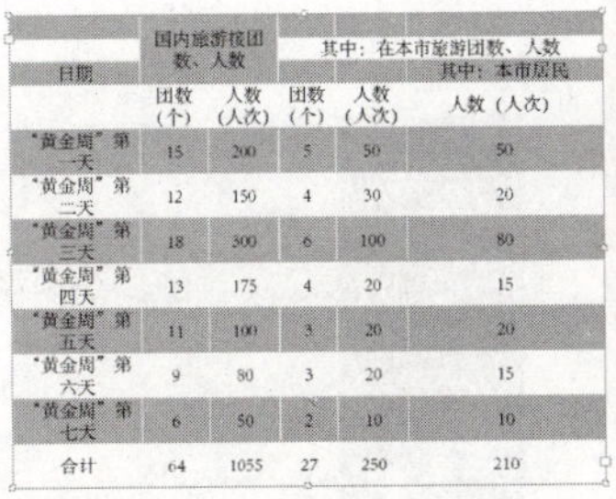　　　　　　　　　　　　　图7-38

均分列的操作步骤如下。

❶ 用【文字工具】选择要统一宽度的列，如图7-39所示。

❷ 执行【表】→【均匀分布列】命令，均匀分布需要统一宽度的列，如图7-40所示。

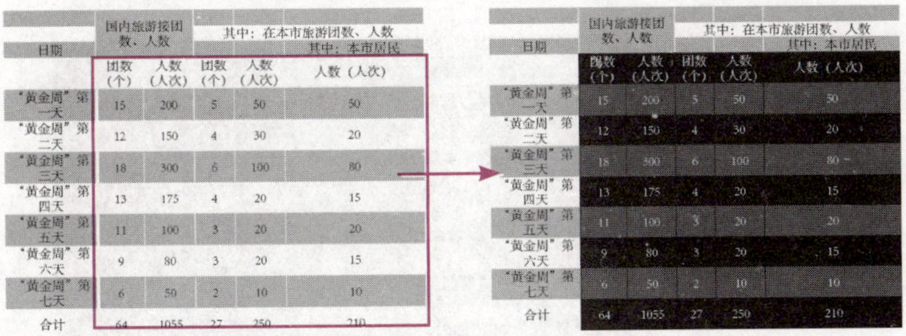

图7-39 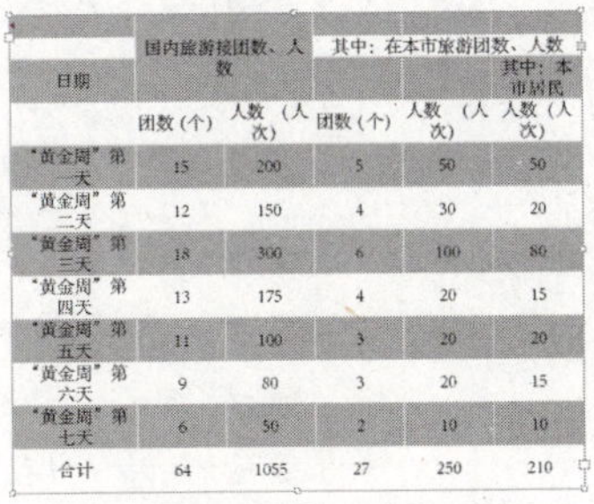　　　　　　　　　　　　　图7-40

3. 单元格选项的应用

表格的单元格选项可进行文本、填色和描边、行和列以及对角线的设置，可以使表格更加个性化，表现的形式更多样化。

①文本

文本选项能设置单元格内文本的排版方向、内边距以及对齐方式，如图7-41所示。在本节中只讲解经常用到的选项及设置。

设置文本的操作步骤如下。

❶ 打开光盘目录下的"素材\第7章\表格编辑2.indd"文件，然后用【文字工具】选择如图7-42所示的单元格。

❷ 执行【表】→【单元格选项】→【文本】命令，弹出【单元格选项】对话框，在【排版方向】下拉文本框中选择"垂直"（注：排版方向一般默认为水平），如图7-43所示。

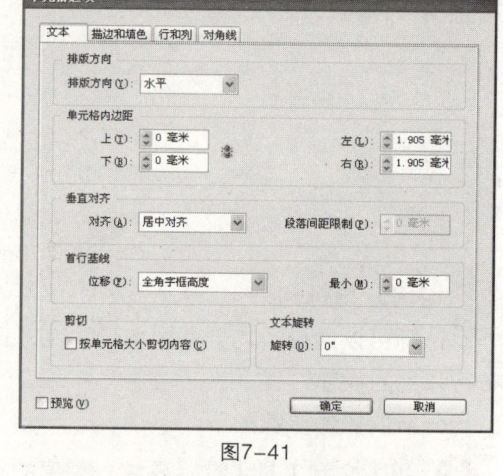

图7-41

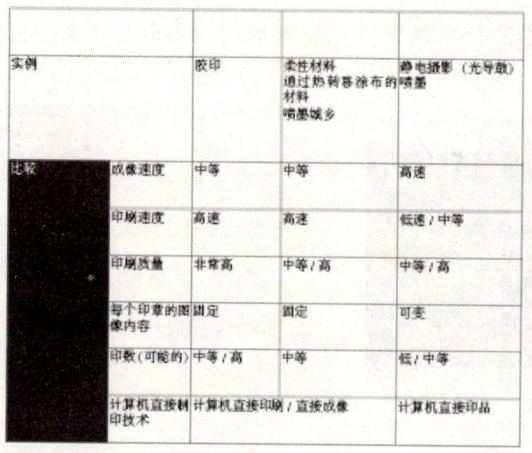

图7-42

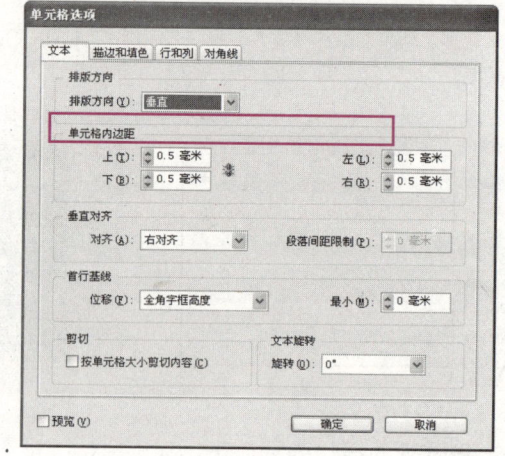

图7-43

❸ 单击【确定】按钮，前面所选单元格的排版方向为垂直，如图7-44所示。

❹ 用【文字工具】选择整个表格的内容，如图7-45所示。

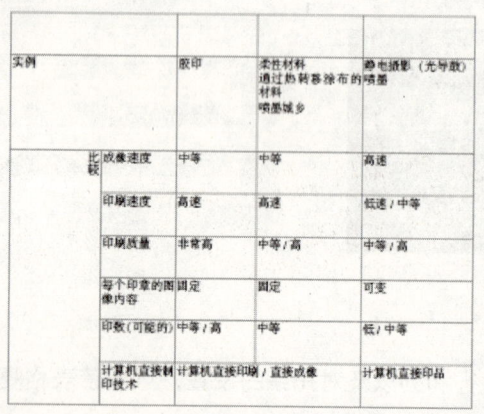

图7-44

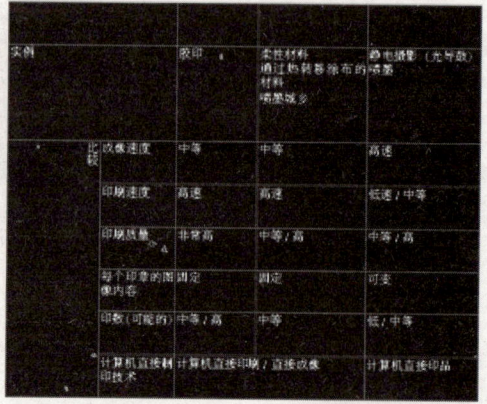

图7-45

❺ 执行【表】→【单元格选项】→【文本】命令，弹出【单元格选项】对话框。在【单元

格内边距】的上、下、左、右数值框中均输入“1毫米”，在【垂直对齐】复选区的【对齐】下拉文本框中选择“居中对齐”，如图7–46所示。

6 单击【确定】按钮，可看到如图7–47所示的效果。

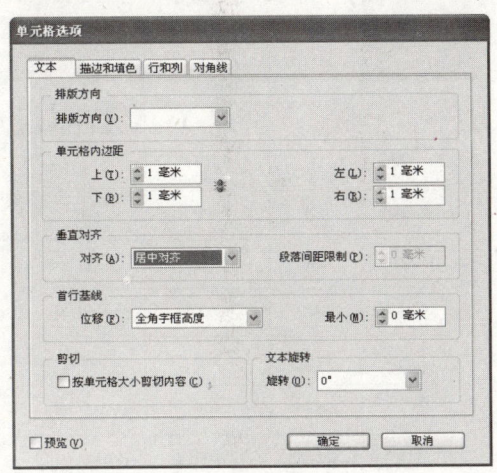

图7–46

实例		胶印	柔性材料 通过热转基涂布的材料 喷墨城乡	静电摄影（光导鼓）喷墨
比较	成像速度	中等	中等	高速
	印刷速度	高速	高速	低速/中等
	印刷质量	非常高	中等/高	中等/高
	每个印章的图像内容	固定	固定	可变
	印数（可能的）	中等/高	中等	低/中等
	计算机直接制印技术	计算机直接印刷/直接成像		计算机直接印品

图7–47

7 用【文字工具】选中表格的全部内容，然后执行【文字】→【段落】命令，打开【段落】调板，单击【居中对齐】按钮，文本的设置就完成了，得到如图7–48所示的效果。

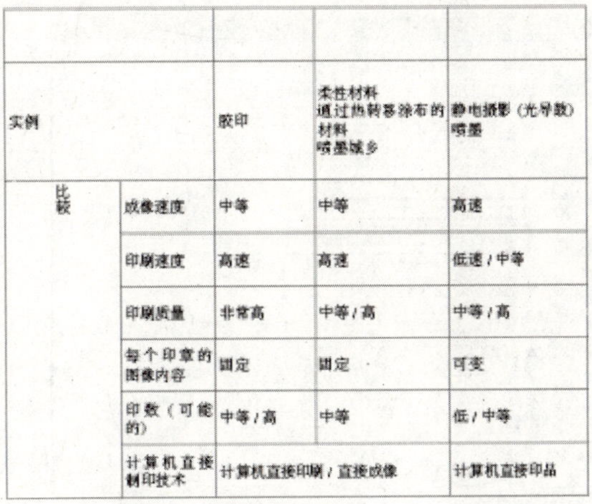

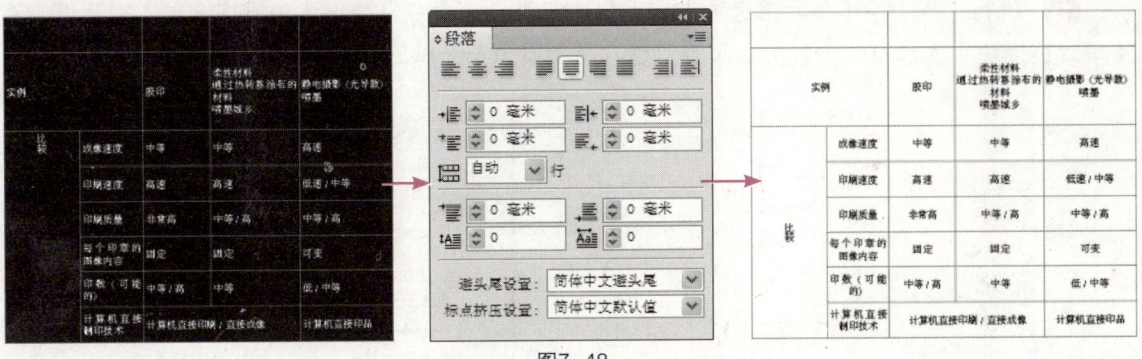

图7–48

②描边与填色

通过【描边和填色】选项可以改变单元格的描边、粗细、类型（如实线、虚线、斜线等）、颜色、色调以及填色等设置，下面继续上一个案例进行描边和填色的操作。

描边的操作步骤如下。

1 对部分单元格进行描边。用【文字工具】选择图7–49所示的单元格。

2 执行【表】→【单元格选项】→【描边和填色】命令，弹出【单元格选项】对话框。在【单元格描边】的预览图中单击中间和下面的蓝线。【粗细】

实例		胶印	柔性材料 通过热转基涂布的材料 喷墨城乡	静电摄影（光导鼓）喷墨
比较	成像速度	中等	中等	高速
	印刷速度	高速	高速	低速/中等
	印刷质量	非常高	中等/高	中等/高
	每个印章的图像内容	固定	固定	可变
	印数（可能的）	中等/高	中等	低/中等
	计算机直接制印技术	计算机直接印刷/直接成像		计算机直接印品

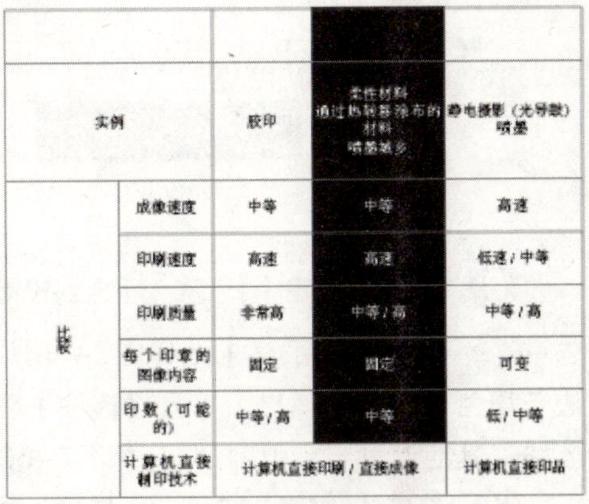

图7–49

设置为"0.5毫米",【颜色】为"C=100,M=90,Y=10,K=0",其他保持默认设置,如图7-50所示。

③ 单击【确定】按钮,可看到设置后的效果,如图7-51所示。

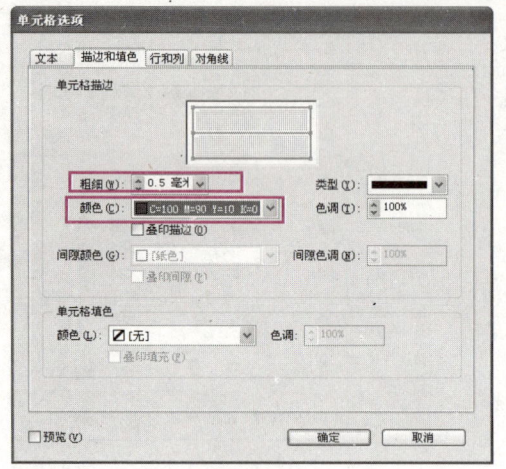

图7-50　　　　　　　　　　图7-51

④ 继续设置其他单元格。用【文字工具】选择图7-52所示的单元格。

⑤ 执行【表】→【单元格选项】→【描边与填色】命令,弹出【单元格选项】对话框。在【单元格描边】的预览图中单击上面的蓝线,其他设置与步骤2相同,如图7-53所示。

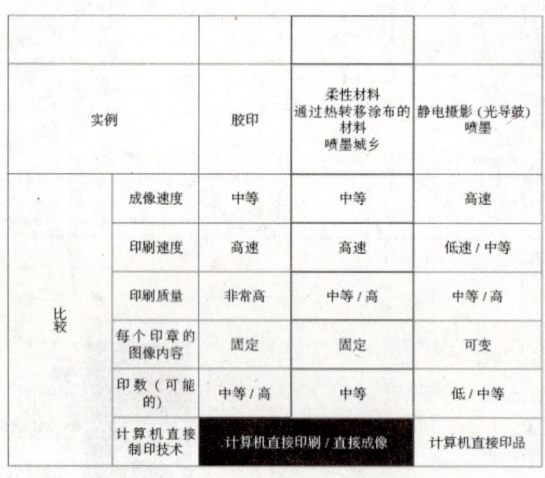
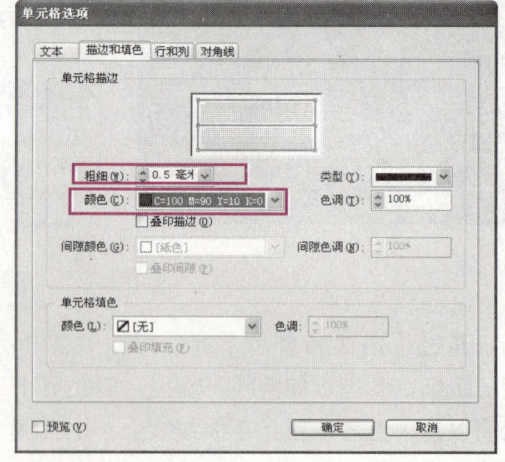

图7-52　　　　　　　　　　图7-53

⑥ 单击【确定】按钮,可看到设置后的效果,如图7-54所示。

⑦ 用【文字工具】选择图7-55所示的单元格,然后执行【表】→【单元格选项】→【描边与填色】命令,弹出【单元格选项】对话框。在【单元格描边】的预览图中单击上面和左右的蓝线,其他设置与步骤2相同,如图7-56所示。

⑧ 单击【确定】按钮,可看到设置后的效果,如图7-57所示。

实例		胶印	柔性材料 通过热转移涂布的材料 喷墨城乡	静电摄影（光导鼓） 喷墨
比较	成像速度	中等	中等	高速
	印刷速度	高速	高速	低速／中等
	印刷质量	非常高	中等／高	中等／高
	每个印章的图像内容	固定	固定	可变
	印数（可能的）	中等／高	中等	低／中等
	计算机直接制印技术	计算机直接印刷／直接成像		计算机直接印品

图7-54

实例		胶印	柔性材料 通过热转移涂布的材料 喷墨城乡	静电摄影（光导鼓） 喷墨
比较	成像速度	中等	中等	高速
	印刷速度	高速	高速	低速／中等
	印刷质量	非常高	中等／高	中等／高
	每个印章的图像内容	固定	固定	可变
	印数（可能的）	中等／高	中等	低／中等
	计算机直接制印技术	计算机直接印刷／直接成像		计算机直接印品

图7-55

图7-56

实例		胶印	柔性材料 通过热转移涂布的材料 喷墨城乡	静电摄影（光导鼓） 喷墨
比较	成像速度	中等	中等	高速
	印刷速度	高速	高速	低速／中等
	印刷质量	非常高	中等／高	中等／高
	每个印章的图像内容	固定	固定	可变
	印数（可能的）	中等／高	中等	低／中等
	计算机直接制印技术	计算机直接印刷／直接成像		计算机直接印品

图7-57

填色的操作步骤如下。

❶ 用【文字工具】选择图7-58所示的单元格，然后执行【表】→【单元格选项】→【描边与填色】命令，弹出【单元格选项】对话框。在【单元格填色】复选区中，设置【颜色】为“C=100,M=90,Y=10,K=0”，【色调】为“20”，如图7-59所示。

❷ 单击【确定】按钮，得到如图7-100所示的效果。

图7-58

实例		胶印	柔性材料 通过热转移涂布的材料 喷墨城乡	静电摄影（光导鼓） 喷墨
比较	成像速度	中等	中等	高速
	印刷速度	高速	高速	低速／中等
	印刷质量	非常高	中等／高	中等／高
	每个印章的图像内容	固定	固定	可变
	印数（可能的）	中等／高	中等	低／中等
	计算机直接制印技术	计算机直接印刷／直接成像		计算机直接印品

图7-59

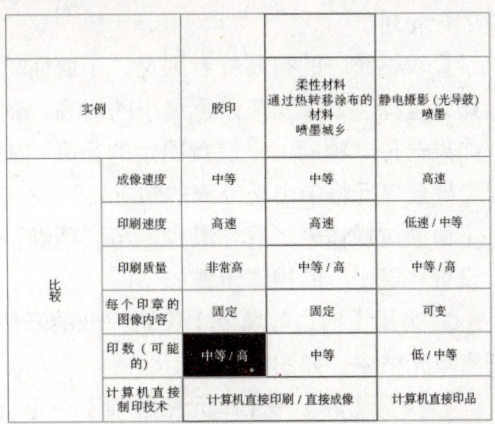

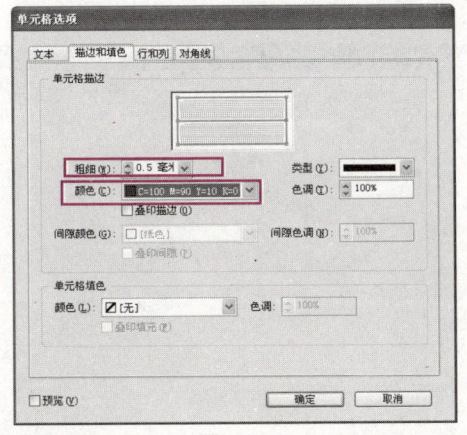

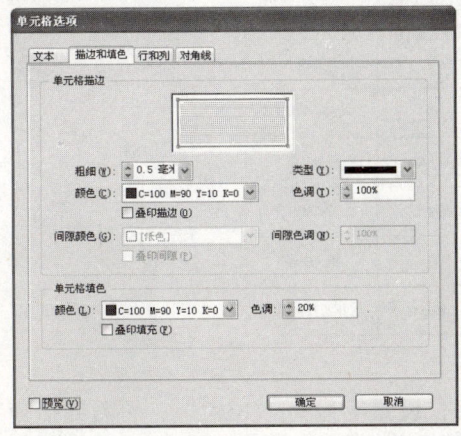

③行和列

设置表格统一的行高或者列宽，下面简单介绍一下【行和列】选项。

如果选择“最少”来设置最小的行高，则当添加文本或增加字号大小时，会增加行高。

如果选择“精确”来设置固定的行高，则当添加或移去文本时，行高不会改变。固定的行高经常会导致单元格中出现溢流的情况。

下面通过操作来了解“最少”与“精确”设置的区别。

设置“最少”的操作步骤如下。

1 选用【描边与填色】设置完成的表格进行下面的操作。选择【文字工具】，将光标插入到任意单元格中，如图7-60所示。

2 执行【表】→【单元格选项】→【行和列】命令，弹出【单元格选项】对话框。在【行高】下拉文本框中选择“最少”，然后在其旁边的数值框中输入“20毫米”，【最大值】数值框中输入“200毫米”，如图7-61所示。

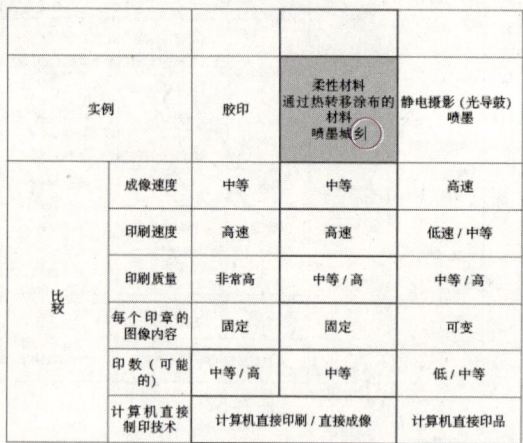

实例		胶印	柔性材料 通过热转移涂布的材料 喷墨城乡	静电摄影（光导鼓）喷墨
比较	成像速度	中等	中等	高速
	印刷速度	高速	高速	低速 / 中等
	印刷质量	非常高	中等 / 高	中等 / 高
	每个印章的图像内容	固定	固定	可变
	印数（可能的）	中等 / 高	中等	低 / 中等
	计算机直接制印技术	计算机直接印刷 / 直接成像		计算机直接印品

图7-60

图7-61

3 单击【确定】按钮，可看到设置后的效果，如图7-62所示。

实例		胶印	柔性材料 通过热转移涂布的材料 喷墨城乡	静电摄影（光导鼓）喷墨
比较	成像速度	中等	中等	高速
	印刷速度	高速	高速	低速 / 中等
	印刷质量	非常高	中等 / 高	中等 / 高
	每个印章的图像内容	固定	固定	可变
	印数（可能的）	中等 / 高	中等	低 / 中等
	计算机直接制印技术	计算机直接印刷 / 直接成像		计算机直接印品

图7-62

4 用【文字工具】选择第二行的第三个单元格，设置字号为“16点”，可看到行随字号的增大而增加行高，如图7-63所示。

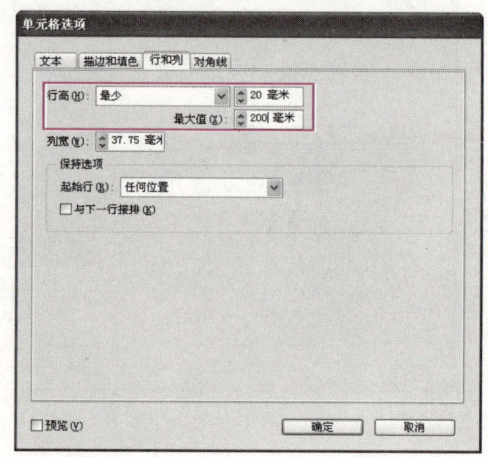

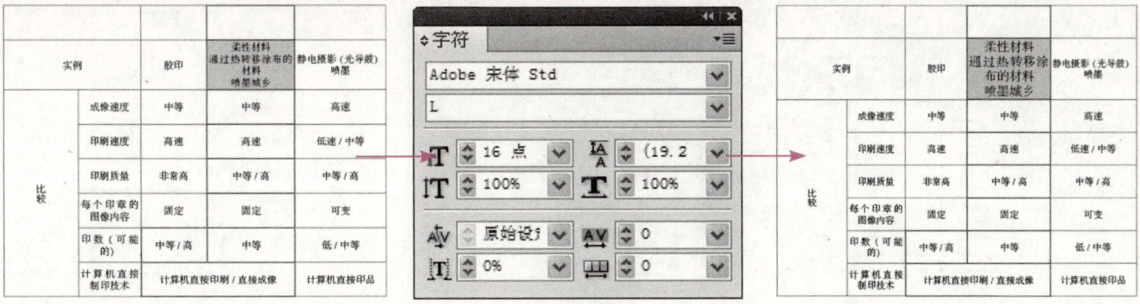

图7-63

设置“精确”的操作步骤如下。

1 选择【文字工具】，将光标插入到任意单元格中，如图7-64所示。

2 执行【表】→【单元格选项】→【行和列】命令，弹出【单元格选项】对话框。在【行高】下拉文本框中选择“精确”，然后在其旁边的数值框中输入“20毫米”，【最大值】数值框中输入“200毫米”，如图7-65所示。

实例		胶印	柔性材料 通过热转移涂布的材料 喷墨城乡	静电摄影（光导鼓） 喷墨
比较	成像速度	中等	中等	高速
	印刷速度	高速	高速	低速 / 中等
	印刷质量	非常高	中等 / 高	中等 / 高
	每个印章的图像内容	固定	固定	可变
	印数（可能的）	中等 / 高	中等	低 / 中等
	计算机直接制印技术	计算机直接印刷 / 直接成像		计算机直接印品

图7-64

图7-65

3 单击【确定】按钮，可看到设置后的效果，如图7-66所示。

4 用【文字工具】选择第二行的第三个单元格，设置字号为“16点”，可以看到，字号变大时行高不发生改变而出现溢流单元格，如图7-67所示。

实例		胶印	柔性材料 通过热转移涂布的材料	静电摄影（光导鼓） 喷墨
比较	成像速度	中等	中等	高速
	印刷速度	高速	高速	低速 / 中等
	印刷质量	非常高	中等 / 高	中等 / 高
	每个印章的图像内容	固定	固定	可变
	印数（可能的）	中等 / 高	中等	低 / 中等
	计算机直接制印技术	计算机直接印刷 / 直接成像		计算机直接印品

图7-66

第6章 第7章 第8章 第9章 第10章

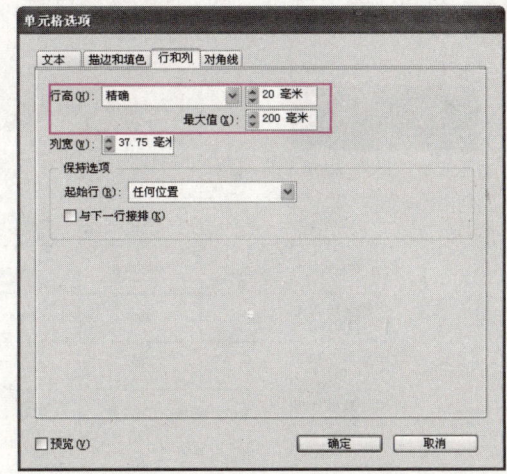

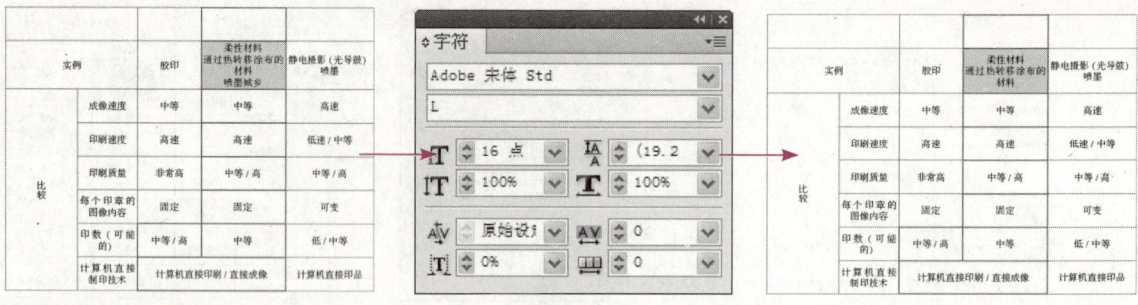

图7-67

④ 对角线

对角线是制作表格时经常使用到的功能,主要用于无内容的空白单元格,或者是第一行第一列的第一个单元格,用来区分第一行和第一列的内容。

添加对角线的操作步骤如下。

❶ 用【文字工具】选择表格的第一个单元格,如图7-68所示。

❷ 执行【表】→【单元格选项】→【对角线】命令,弹出【单元格选项】对话框。单击第二个对角线类型按钮,其他保持默认设置,如图7-69所示。

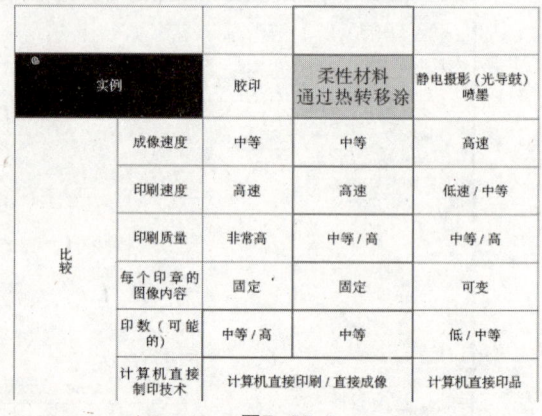

图7-68

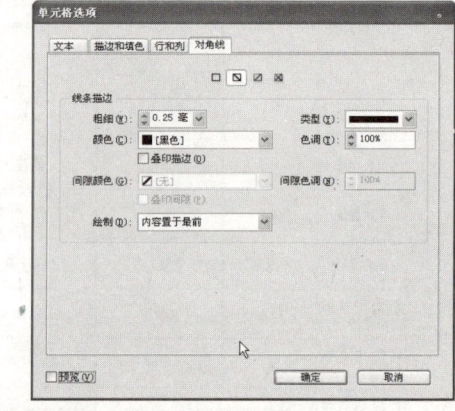

图7-69

❸ 单击【确定】按钮,完成对单元格添加对角线的操作,如图7-70所示。

❹ 对添加对角线的单元格中的文字进行调整。用【文字工具】选择表格的第一个单元格,如图7-71所示。

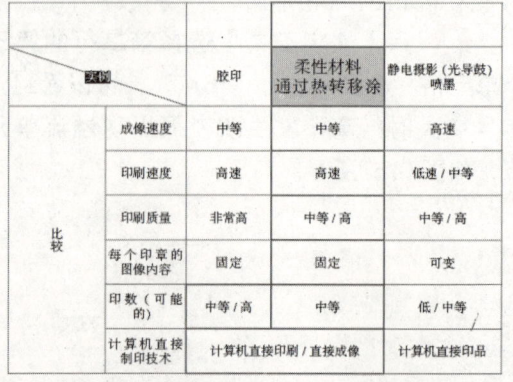

图7-70   图7-71

3 打开【段落】调板，单击【右对齐】按钮，如图7-72所示。

	实例	胶印	柔性材料通过热转移涂	静电摄影（光导鼓）喷墨
比较	成像速度	中等	中等	高速
	印刷速度	高速	高速	低速 / 中等
	印刷质量	非常高	中等 / 高	中等 / 高
	每个印章的图像内容	固定	固定	可变
	印数（可能的）	中等 / 高	中等	低 / 中等
	计算机直接制印技术	计算机直接印刷 / 直接成像		计算机直接印品

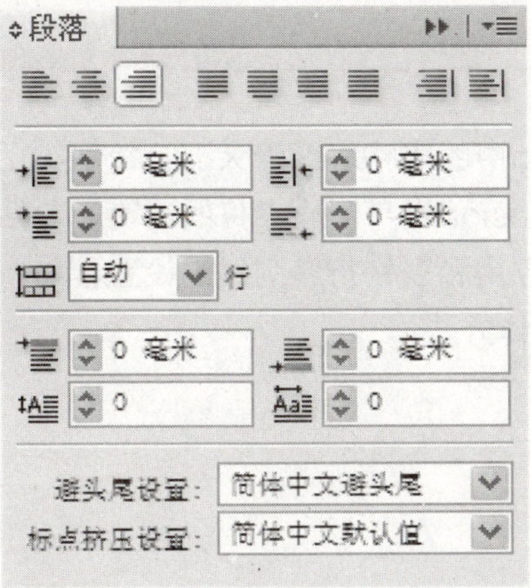

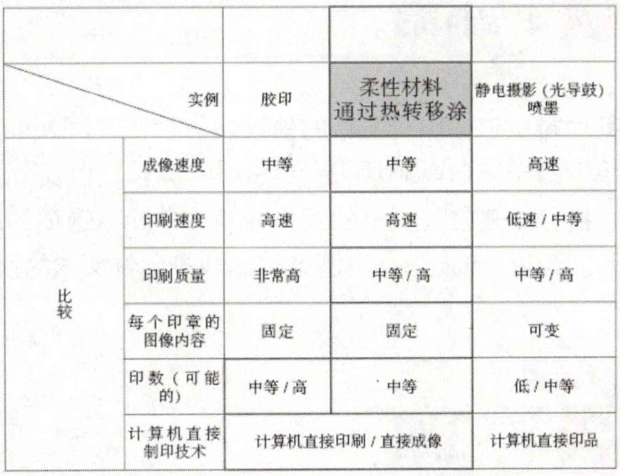

图7-72

7.3 制表符的运用

制表符可以将文本定位在文本框中特定的水平位置上，使设计师能自定义对齐文本。下面介绍【制表符】调板各结构的名称。

执行【文字】→【制表符】命令，打开【制表符】调板，如图7-73所示。

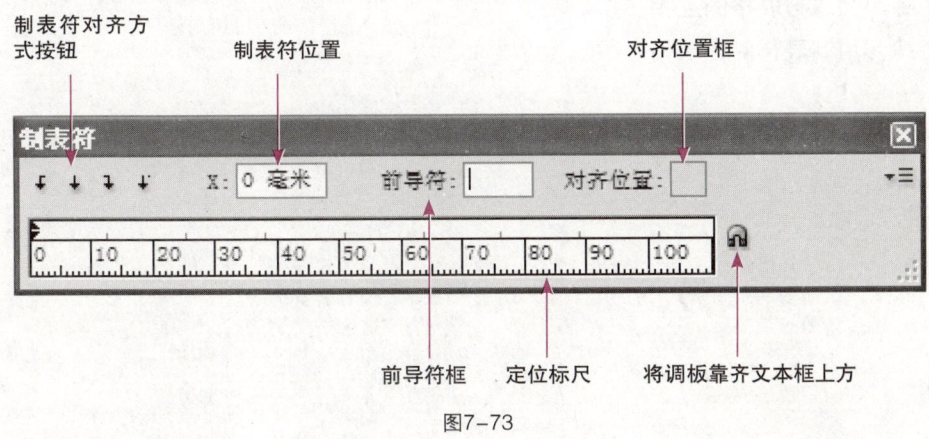

图7-73

在制表符中，定位文本的4种不同定位符如下所示。

- 用定位符进行左对齐文本（默认的对齐方式，最常用）。
- 用定位符进行中心对齐文本（常用于标题）。
- 用定位符右对齐文本。
- 用定位符对齐文本中的特殊符号（常用于大量的数据统计中）。

7.4 小结

与其他排版软件中对表格的处理功能相比，InDesign中的表格功能强大而且简便实用。本章详细介绍了对于来自Word和Excel表格的编辑，以及InDesign本身制作表格的功能，包括单元格的合并与拆分，表格与文本的互相转换，单元格选项的应用和表格行线列线的设置，如何使用交替颜色等。最后还通过3个案例讲解制表符定位文本的操作方法。

7.5 习题

1. 填空题

（1）普通表格一般可分为（　）、（　）、（　）和（　）4个部分。

（2）表格简称为表，表格的种类很多，从不同角度可有多种分类方法：

按其结构形式划分：表格可分为（　）、（　）和（　）三大类；按其排版方式划分：表格可分为（　）和（　）两大类。

2. 问答题

制表符定位文本有哪四种不同的定位符？

3. 操作题

（1）练习文本与表格的互相转换。

（2）练习用制表符对齐表格内容。

第8章
出版物的制作

设计师在制作一个多页面的出版物时，会涉及出版物的页面尺寸和整个版式风格的设定、每个页面的排版。这些都需要规范的操作，才能在排版工作中减少错误。报纸、杂志这样的期刊类出版物每期的版式都基本相同。它们的页面尺寸、边距、文本格式、版式都相同，只是内容不一样。如果每次都从头开始创建出版物，会把大量的时间花费在文档的设置上。在InDesign CS5中，设计师可以在主页中设计基本的版式并将其运用到每个页面中，这样不仅统一了出版物的风格，而且避免了每页相同元素的重复操作。

设计要点

- 新建主页的3种方法
- 使用占位符设计页面
- 标题、正文和图片样式的设定
- 文本绕排的设置
- 图层的运用
- 目录的制作

印刷要点

- 检查字体缺失或使用系统字
- 预检文档
- 打包文档
- 输出适用于客户和印厂的PDF文件

8.1 版式设计

设计师在开始制作出版物之前,首先需要考虑页面尺寸是210毫米×285毫米还是185毫米×260毫米,边距设置多大为宜,分栏设置为2栏还是3栏等问题。下面将对这些内容进行讲解。

8.1.1 创建文档

在第2章中已经为设计师详细讲解了如何创建符合印刷要求的文档,本小节会再介绍一下页面尺寸和边距的设置,主要讲解如何创建不相等的栏宽。

1. 页面尺寸

本章主要以期刊杂志为例,所以设置的是期刊杂志常用的页面尺寸210毫米×285毫米。设置页面的操作步骤如下。

① 执行【文件】→【新建】→【文档】命令,弹出【新建文档】对话框,如图8-1所示。

② 在【页数】数值框中输入"72",在【页面大小】的【高度】数值框中输入"285毫米",如图8-2所示。

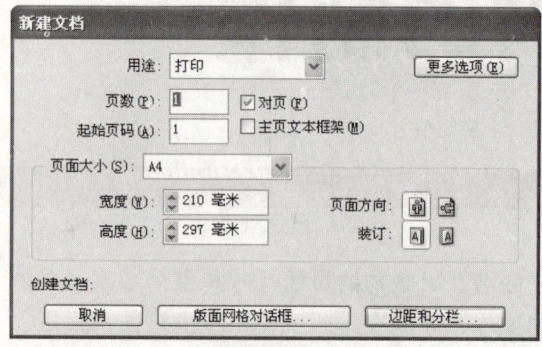

图8-1

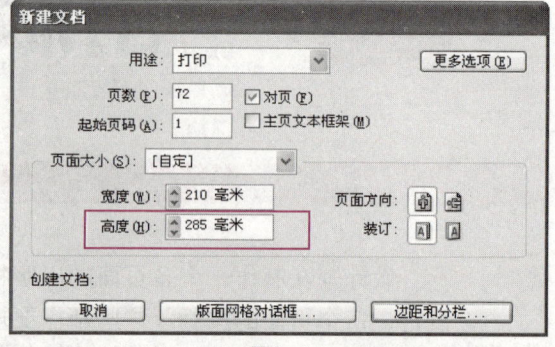

图8-2

③ 因为设置的是对页,所以要将内出血设置为0。单击【更多选项】按钮,出现【出血和辅助信息区】选区,把内出血设置为"0",如图8-3所示。

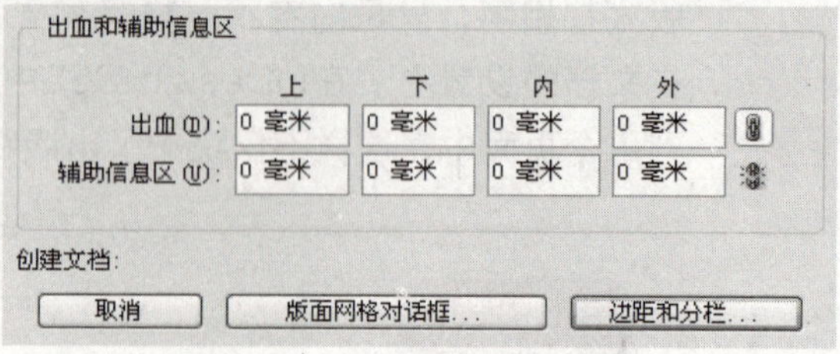

图8-3

2. 边距

在设置边距时应该考虑到最后出版物使用哪种装订方式,是骑马订还是无线胶订。如果是无线胶订,在设置边距时内边距应比外边距稍宽些,读者在翻阅杂志时能方便看清订口旁边的文字。如果是骑马订,则不需要考虑内边距的设置问题。这里以骑马订方式为例讲解边距的设置。

① 单击【边距和分栏】按钮,出现【新建边距和分栏】对话框,如图8-4所示。

❷ 设置内外边距为"15毫米",如图8-5所示。

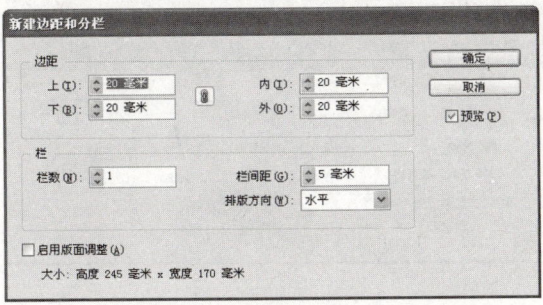
图8-4

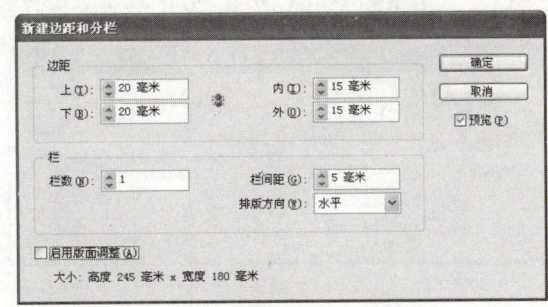
图8-5

3. 分栏

接着将版面分成双栏,然后再设置不等距的栏宽。

❶ 在【栏数】数值框中输入"2",【栏间距】设置为"7毫米",如图8-6所示。

❷ 单击【确定】按钮后,执行【视图】→【网格和参考线】→【锁定栏参考线】命令,调整栏宽。用鼠标向左拖动栏参考线,如图8-7所示。

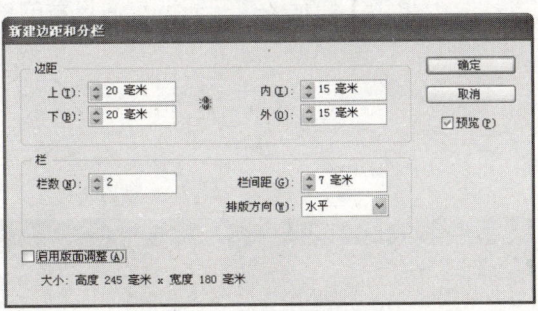
图8-6

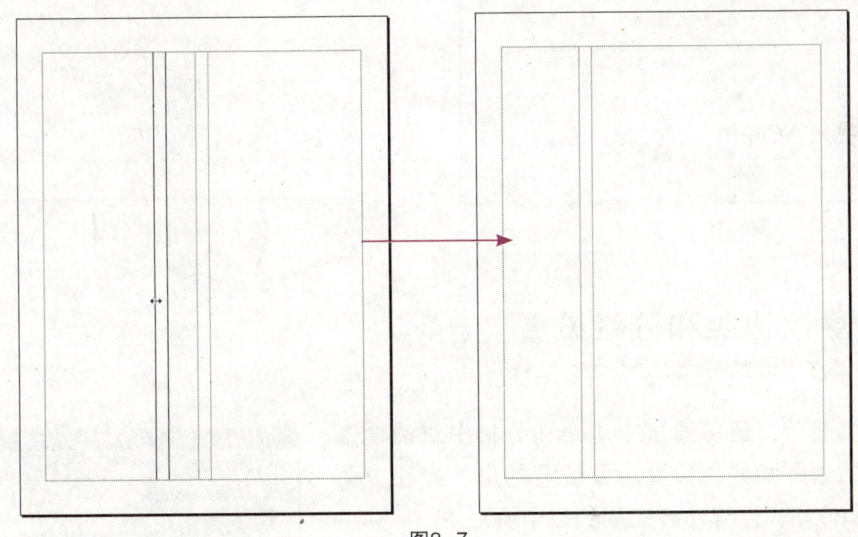
图8-7

8.1.2 更改文档设置

在创建完文档后,如果需要调整页面大小、页数,可通过执行【页面设置】对话框对文档进行修改。

❶ 执行【文件】→【文档设置】命令,弹出【文档设置】对话框,如图8-8所示。

❷ 在【文档设置】对话框中，可更改页数、页面大小和页面方向，本例将【页数】改为"11"，【页面大小】改为"210毫米×260毫米"，如图8-9所示。

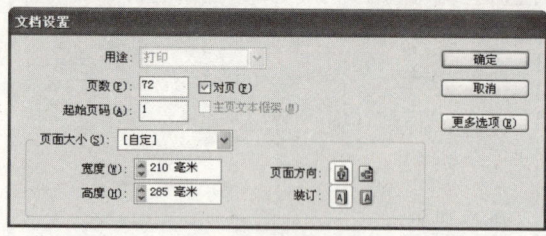

图8-8

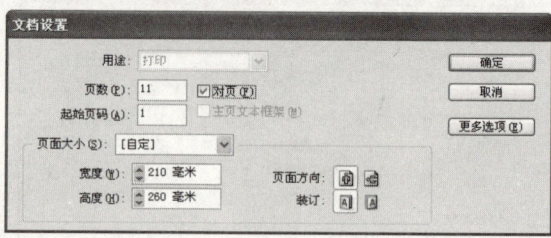

图8-9

❸ 单击【更多选项】按钮，还可对出血进行设置，如图8-10所示。

❹ 单击【确定】按钮完成页面设置的操作，如图8-11所示。

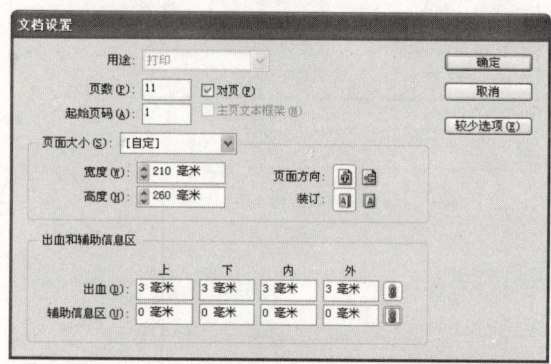

图8-10

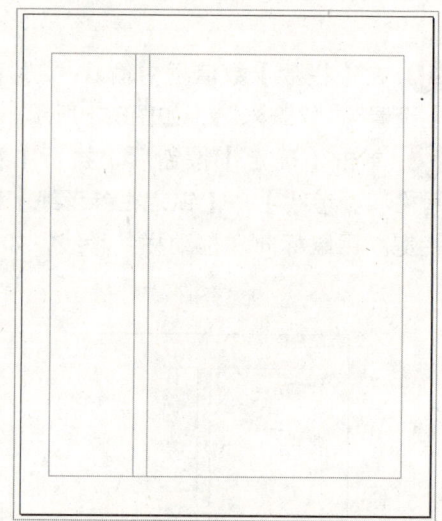

图8-11

8.1.3 更改边距和分栏设置

调整完页面后，还可通过【边距和分栏】对话框修改已创建好的边距和分栏设置。要注意的是，应在主页上设置边距和分栏，这样才会应用到每个页面中。

❶ 打开【页面】调板，然后双击"A-主页"，如图8-12所示。

❷ 执行【版面】→【边距和分栏】命令，弹出【边距和分栏】对话框，如图8-13所示。

❸ 本例设置上下边距为"15毫米"，【栏数】为2，【栏间距】为"7毫米"，如图8-14所示。

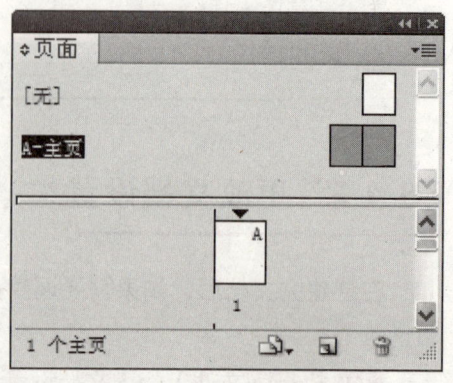

图8-12

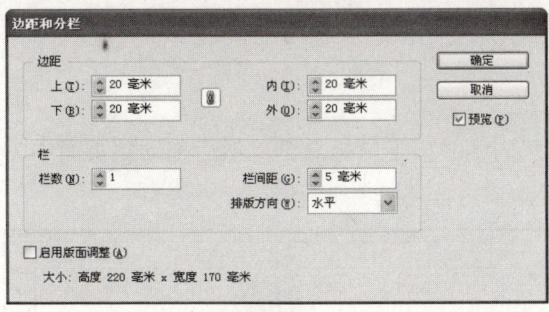

图8-13　　　　　　　　　　　　　　　图8-14

❹ 单击【确定】按钮，完成更改边距和分栏的操作，如图8-15所示。

图8-15

8.2 主页的制作

当多个页面都含有相同的页面元素时，可在InDesign CS5的主页里制作页面中用到的元素，如页码、页眉和页脚等。本节将讲解如何在主页上运用参考线准确地设置图片与文字的位置；新建和编辑主页的方法；如何添加页码等内容。通过本节的学习，可以掌握主页的制作与运用方法，避免重复性工作。

8.2.1 参考线的运用

本小节将分为3个知识点讲解参考线的运用：创建标尺参考线、创建等间距的页面参考线及删除参考线。

通过这些知识点的学习，设计师应该能灵活运用参考线，准确地标记图片与文字的放置位置。

1. 创建标尺参考线

参考线有助于设计师将对象准确地放在任何位置上，并且不在最后输出中显示。在

InDesign CS5中，可创建页面、跨页、水平或垂直的参考线，也可用【变换】调板精确设置参考线的位置。

①页面参考线

创建页面参考线时，将指针放在水平或垂直标尺内侧并按下鼠标左键，然后拖动到页面中需放置对象的位置上即可，如图8-16所示。

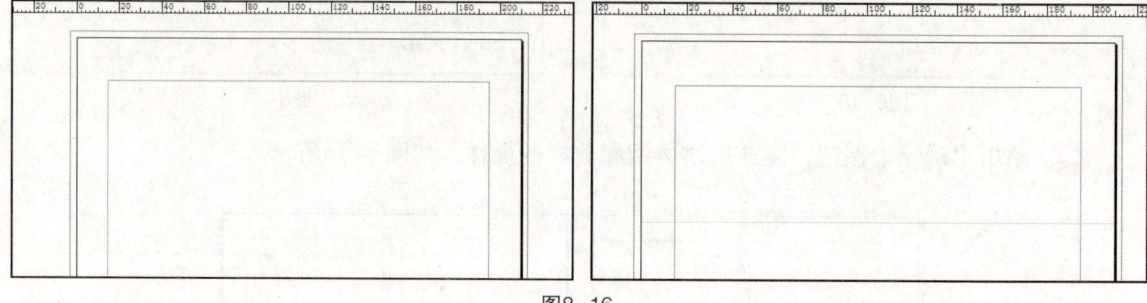

图8-16

②跨页参考线

创建跨页参考线时，将指针放在水平或垂直标尺内侧，按住Ctrl键并按下鼠标左键，然后拖动到页面中需放置对象的位置上即可，如图8-17所示。

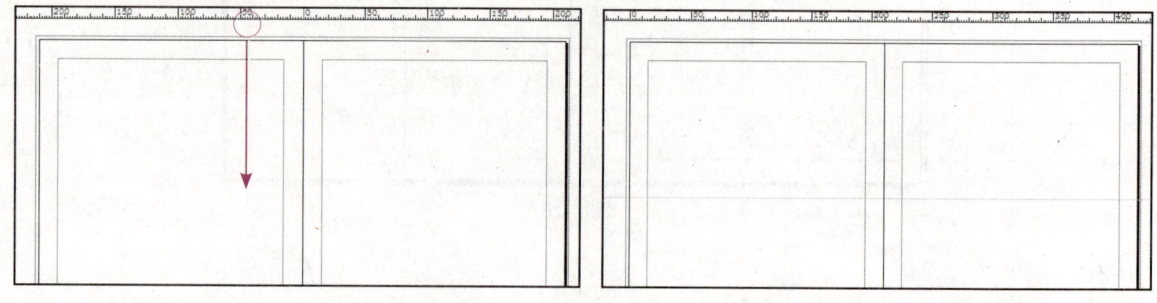

图8-17

③水平垂直参考线

要同时创建水平和垂直的参考线时，需要将指针放置在水平和垂直标尺的交叉点上，按住Ctrl键并按下鼠标左键，然后拖动到页面中需放置对象的位置上即可，如图8-18所示。

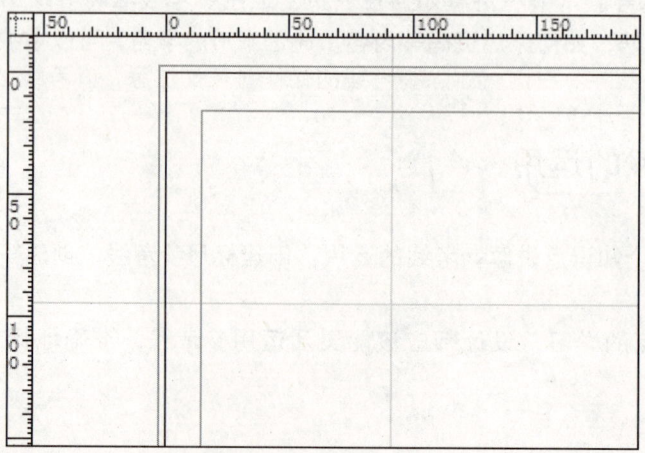

图8-18

2. 创建等间距的页面参考线

❶ 执行【版面】→【创建参考线】命令，弹出【创建参考线】对话框，如图8-19所示。

❷ 本例中设置参考线的【行数】为"3"，【栏数】为"2"，【参考线适合】为"边距"，如图8-20所示。

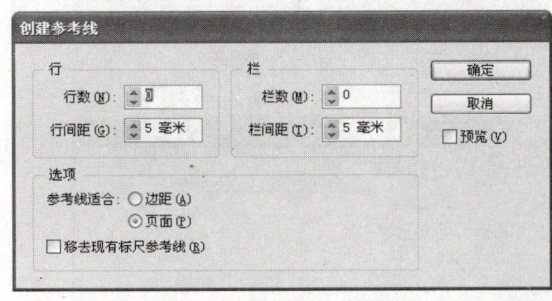

图8-19

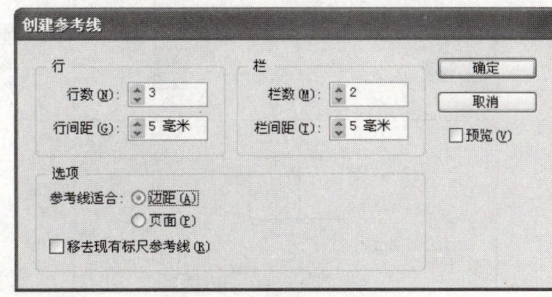

图8-20

❸ 单击【确定】按钮，完成等间距参考线的创建，如图8-21所示。

图8-21

3. 删除参考线

选中参考线，然后按Delete键就可以把参考线删除。可以一次选择多个参考线，然后按Delete键进行删除。也可以一次性清除页面上的所有参考线，按Ctrl+Alt+G键全选参考线，然后按Delete键进行全部删除。在进行删除参考线的操作时需要注意，参考线必须在不锁定的状态下才能被删除。执行【视图】→【网格和参考线】→【锁定参考线】命令，可将参考线解除锁定。

8.2.2 新建主页

如果要创建的出版物的每个页面上的设计基本相同，就不必创建新的主页，直接使用默认的A-主页即可。如果打算在一个文档中使用多种页面设计，就需要另外新建主页。

本节主要讲解新建主页的3个方法：创建主页、复制其他主页、将页面变为主页。

1. 创建主页

❶ 将【页面】调板从窗口右侧的抽屉式调板中拖动出来成为浮动调板，如图8-22所示。

❷ 单击【页面】调板右侧的黑色三角按钮，在弹出的下拉菜单中选择"新建主页"，弹出【新建主页】对话框，如图8-23所示。

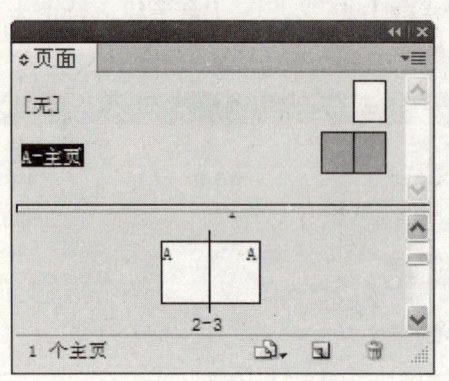

图8-22

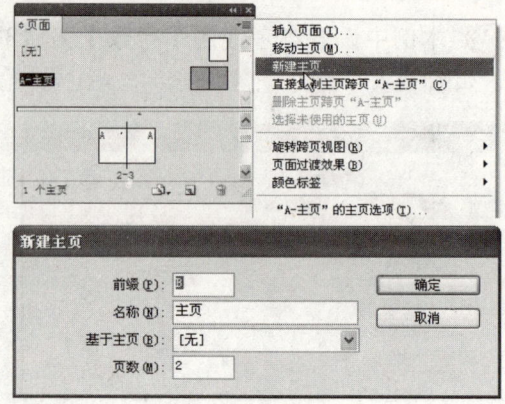

图8-23

❸ 在【新建主页】对话框的【名称】文本框中可根据自己的习惯将主页命名为方便记忆的名字，在【基于主页】下拉文本框中选择基于对象，在【页数】数值框中最多可创建10个主页，如图8-24所示。

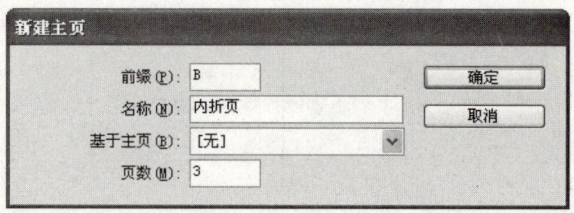

图8-24

❹ 单击【确定】按钮，完成创建主页的操作，如图8-25所示。

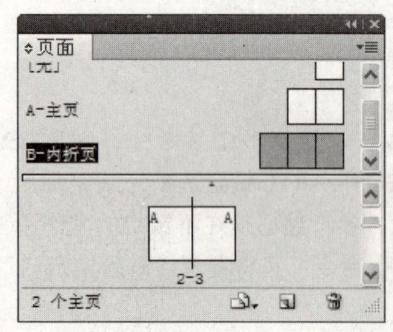

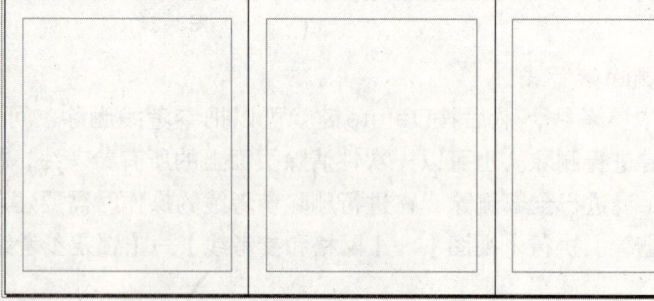

图8-25

2. 复制其他主页

复制其他主页有两种方法。

将主页的页面名称直接拖动到【页面】调板底部的【创建新页面】按钮处，然后松开鼠标，即完成复制主页的操作，如图8-26所示。

单击【页面】调板右侧的黑色三角按钮，在弹出的下拉菜单中选择"直接复制主页跨页"A-主页""，也可以完成复制主页的操作，如图8-27所示。

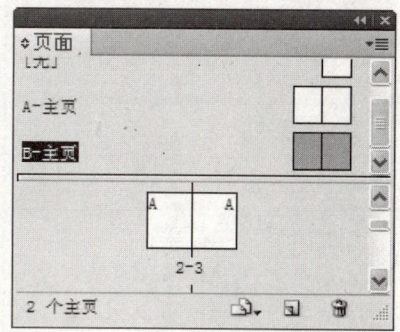

图8-26

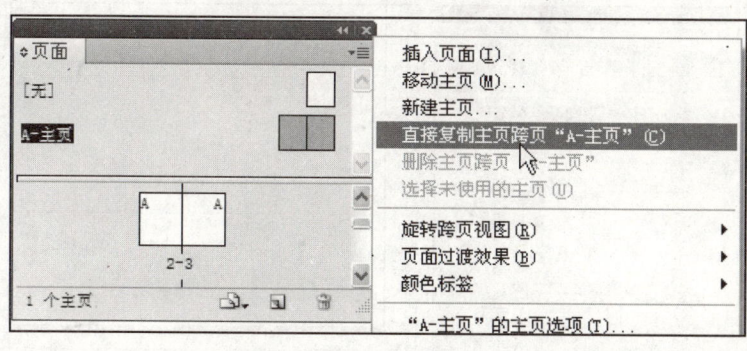

图8-27

3. 将页面变为主页

❶ 选择页面，单击【页面】调板右上角的黑色三角按钮，在弹出的下拉菜单中选择"存储为主页"，如图8-28所示。

❷ 在【页面】调板上可以看到页面已经作为主页显示出来，如图8-29所示。

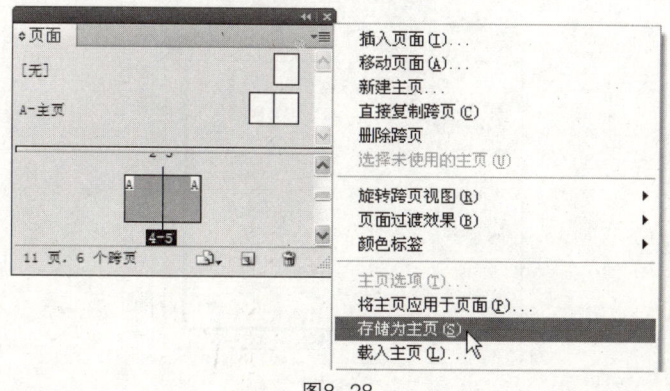

图8-28

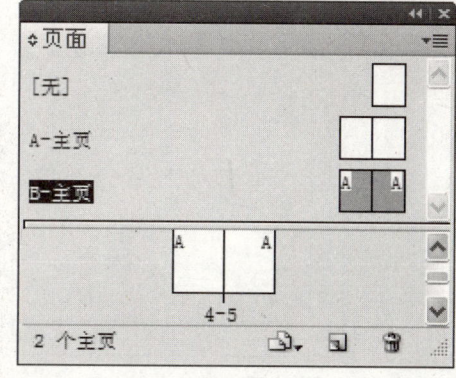

图8-29

8.2.3 向主页添加页码

本节介绍给主页添加页码的方法。

本节主要分3个知识点讲解页码，分别是添加页码、设置章节页码位置、更改页码的格式。

1. 添加页码

向主页添加页码可以指定每页的位置，由于页码是自动更新的，当添加、删除或重新排版页面时，文档所显示的页码始终是正确的。下面讲解添加页码的操作步骤。

① 在主页中用【文字工具】绘制一个文本框，然后执行【文字】→【插入特殊字符】→【标志符】→【当前页码】命令，在前面绘制的文本框中自动插入英文大写字母A，如图8-30所示。

② 用【文字工具】选择页码"A"，然后设置它的字体为"Arial"，字号为"14点"，对齐方式为"右对齐"，如图8-31所示。

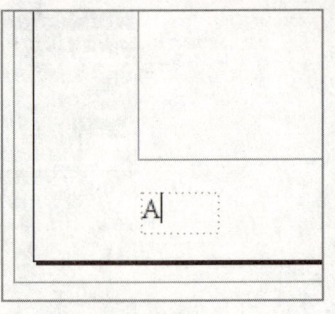

图8-30

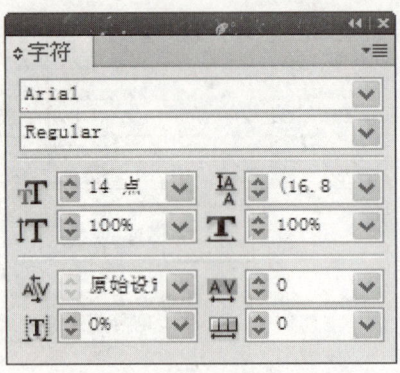 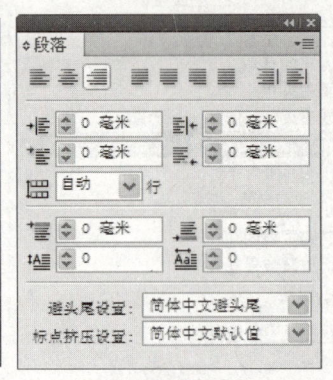 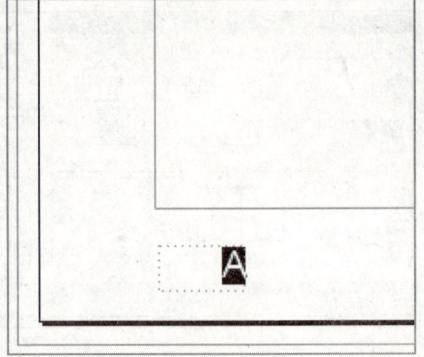

图8-31

③ 将页码放在页面中的适合位置，然后绘制一条直线作为页码的装饰，直线的颜色为"C=0,M=40,Y=100,K=0"，描边粗细为"1毫米"，如图8-32所示。

④ 用【选择工具】选中左页码与线条，并按Ctrl+C组合键进行复制，然后按Ctrl+V组合键粘贴至右边的页面中，将右页码的对齐方式改为"左对齐"，并进行调整，使它与左页码位置一致，如图8-33所示。

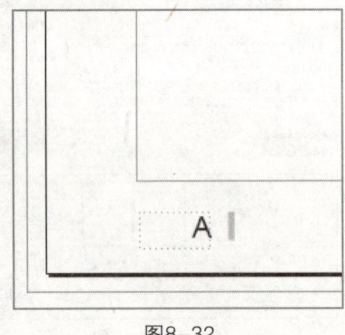 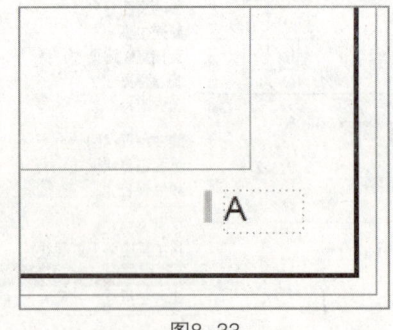

图8-32　　　　　　　　　　　图8-33

2. 设置章节页码的位置

有些出版物的页码按内容划分，比如图书分章节设置页码"章节1-1"……"章节2-1"……有些出版物在前几页不设置页码，比如杂志的目录不设置页码，需要从第3页开始设置，这些都要求重新设置页码的起始位置。下面对这些设置进行详细的操作讲解。

① 打开【页面】调板，选择要定义新章节的页码，在本例中选择第4页，如图8-34所示。

② 执行【版面】→【页码和章节选项】命令，弹出【新建章节】对话框，如图8-35所示。

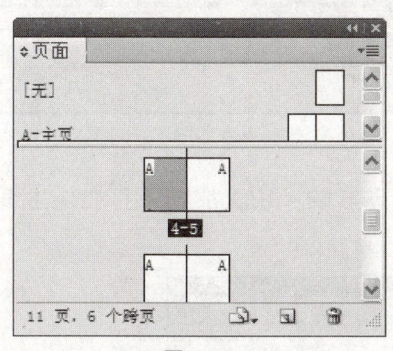
图8-34

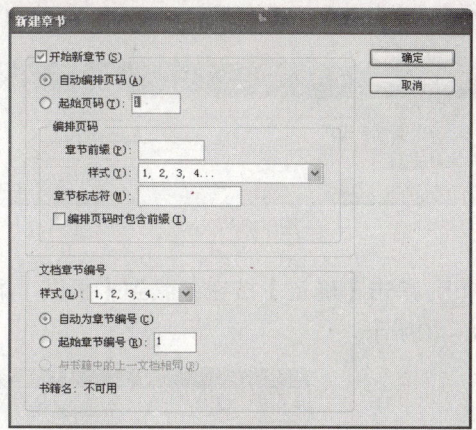
图8-35

❸ 单击【起始页码】单选框，然后单击【确定】按钮，可以看到【页面】调板中的第4页变为第1页，如图8-36所示。

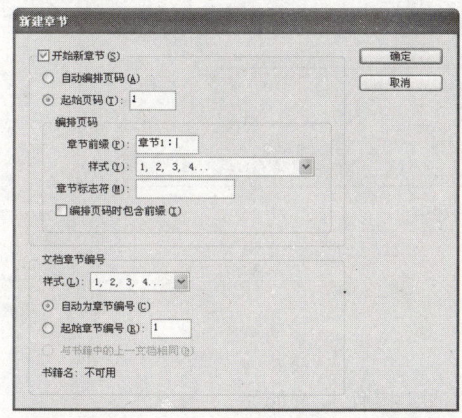
图8-36

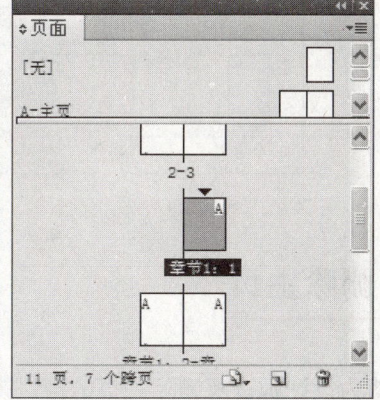

8.2.4 应用主页

如果一个文档里只有一个主页，默认情况下每个页面中都应用"A-主页"的版式。如果一个文档里有多个主页，就需要将其他主页应用到页面中，下面讲解应用主页的操作方法。

❶ 新建一个20页的文件，调出【页面】调板，如图8-37所示，页面默认情况下都应用"A-主页"，再新建一个"B-主页"。

❷ 将4～7页与12～13页应用"B-主页"。单击【页面】调板右侧的黑色三角按钮，在弹出的下拉菜单中选择"将主页应用于页面"，弹出【应用主页】对话框，如图8-38所示。

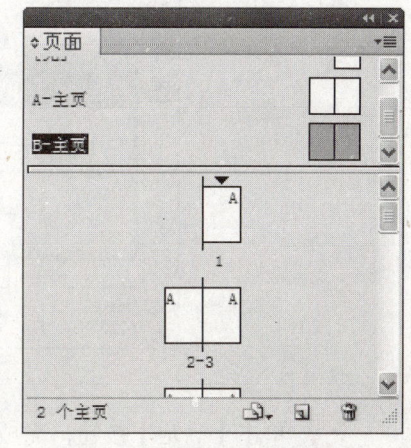
图8-37

③ 在【于页面】数值框中输入"4-7,12-13",如图8-39所示。

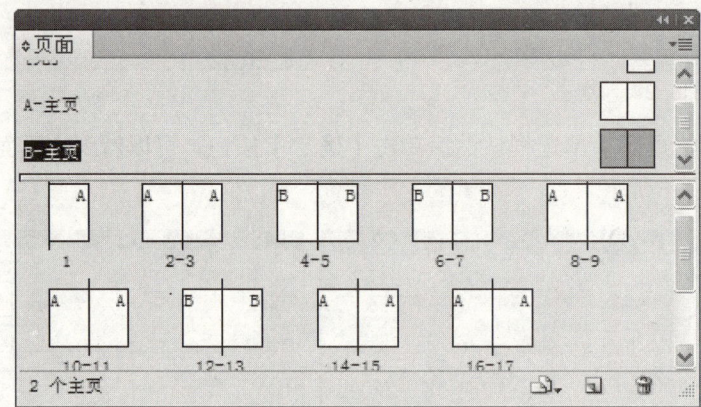

图8-38　　　　　　　　　　　　　图8-39

④ 单击【确定】按钮,看到【页面】调板中的4～7页与12～13页都应用了"B-主页",如图8-40所示。

图8-40

8.2.5 删除主页

本小节将为设计师讲解删除主页的操作方法,操作步骤如下。

① 在【页面】调板中,单击需要删除的主页图标,然后单击【页面】调板右下角的【删除选中页面】按钮 🗑 ,弹出【Adobe InDesign】对话框,如图8-41所示。

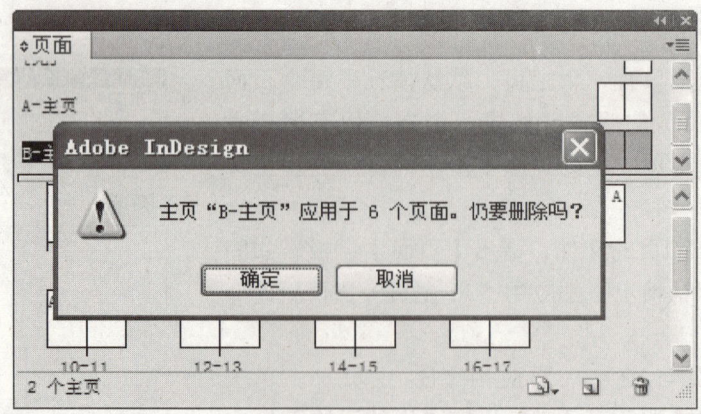

图8-41

② 单击【确定】按钮,完成删除主页的操作,如图8-42所示。

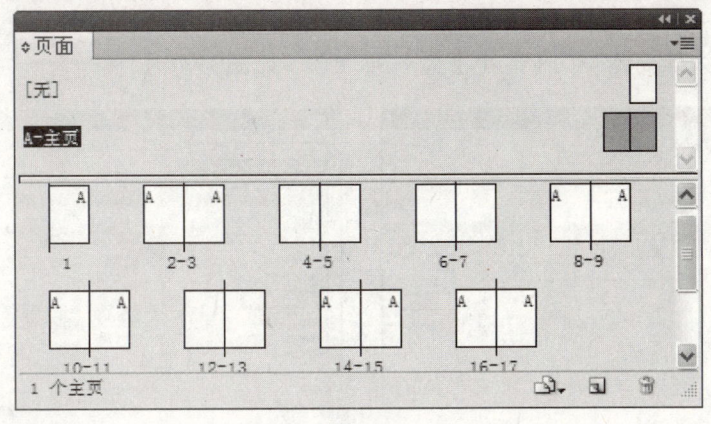

图8-42

8.3 整体样式的设定

在制作一个多页面的出版物时，为其制定样式是很重要的。使用样式可以降低出错率，并且快捷方便地完成统一格式的操作。下面讲解在安排内容之前先设定整体样式的操作。

8.3.1 标题样式的设定

标题样式的设定主要以期刊杂志为讲解对象，期刊杂志的标题与图书标题的设定不同，图书标题在字体字号上比较讲究，而期刊杂志的标题设置比较灵活，以字体变化丰富为特点，起到修饰版面的作用。在第3章中详细说明了各种出版物字体字号的设置，在这里将简单讲解标题样式设定的操作。

❶ 新建一个文件，打开【字符样式】调板，如图8-43所示。

❷ 设置一个字符样式作为嵌套样式使用。单击【字符样式】调板右下角的【创建新样式】按钮，新建"字符样式1"，如图8-44所示。

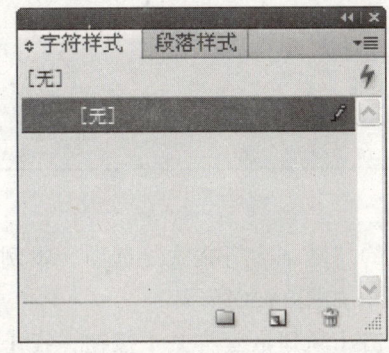

图8-43

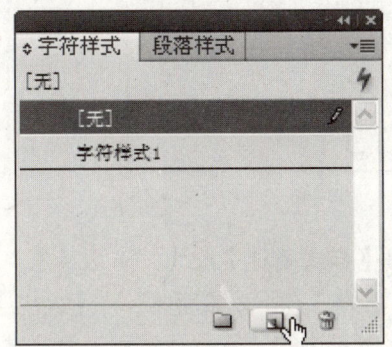

图8-44

❸ 双击"字符样式1"，弹出【字符样式选项】对话框，如图8-45所示。

❹ 将【样式名称】改为"首字符",单击右边的【基本字符格式】选项,本例中设置【字体系列】为"方正大黑简体",【大小】为"30点",如图8-46所示。

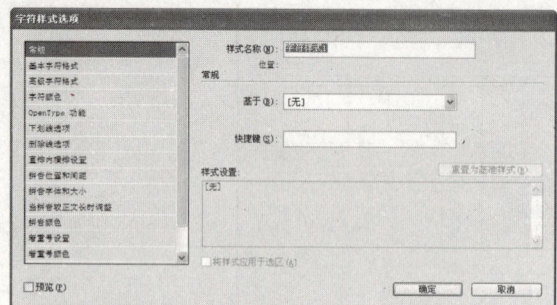
图8-45

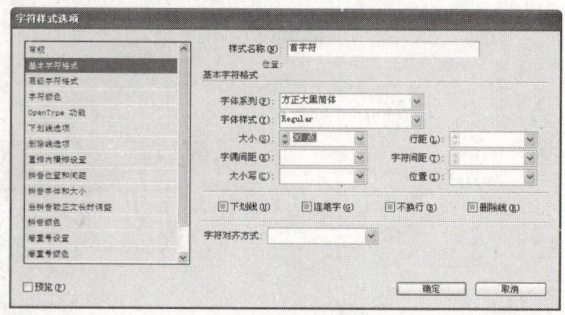
图8-46

❺ 单击左边的【字符颜色】选项,本例中设置字符颜色为"C=0,M=40,Y=100,K=0",如图8-47所示。

❻ 单击【确定】按钮,完成字符样式的设置,下面设置段落样式。打开【段落样式】调板,单击调板右下角的【创建新样式】按钮,新建"段落样式1",如图8-48所示。

❼ 双击"段落样式1",弹出【段落样式选项】对话框,如图8-49所示。

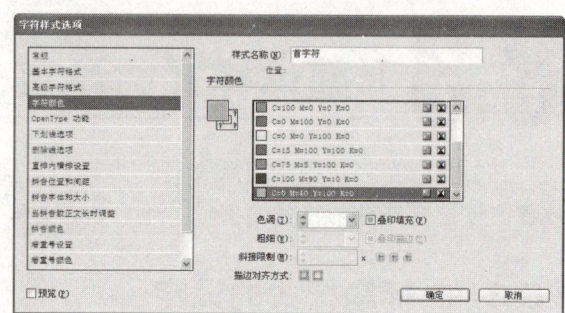
图8-47

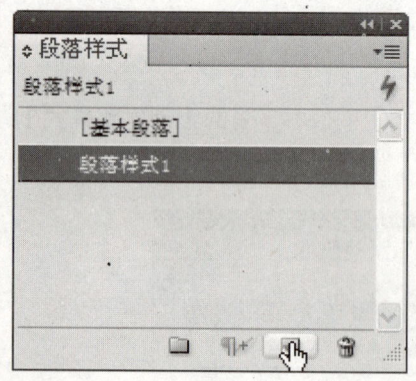
图8-48

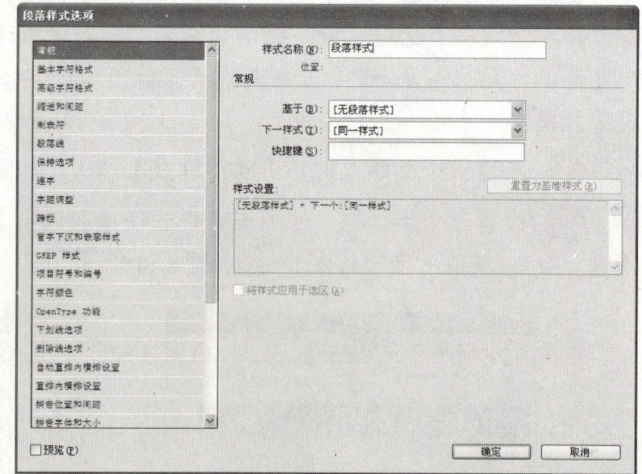
图8-49

❽ 将【样式名称】改为"一级标题",选中左边的"基本字符格式"选项,本例中设置【字体系列】为"方正大黑简体",【大小】为"24点",如图8-50所示。

❾ 选中左边的"首字下沉和嵌套样式"选项,单击【新建嵌套样式】按钮,在【嵌套样式】复选区中选择"首字符",其他保持默认设置,如图8-51所示。

❿ 单击【确定】按钮,完成一级标题的设置。

出版物的制作 第8章

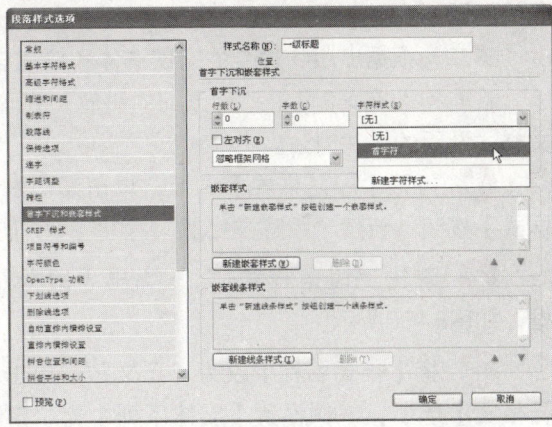

图8-50　　　　　　　　　　图8-51

⑪ 接下来设置二级标题，单击【段落样式】调板的【创建新样式】按钮，新建"段落样式2"，如图8-52所示。

⑫ 双击"段落样式2"，弹出【段落样式选项】对话框，如图8-53所示。

⑬ 将【样式名称】改为"二级标题"，选中左边的"基本字符格式"选项，本例中设置【字体系列】为"方正大黑简体"，【大小】为"12点"，如图8-54所示。

⑭ 单击【确定】按钮，完成二级标题的操作。

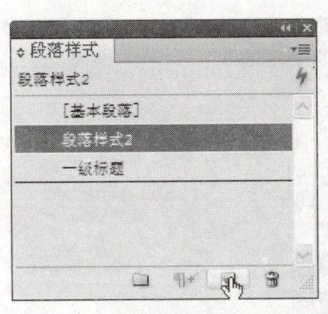

图8-52

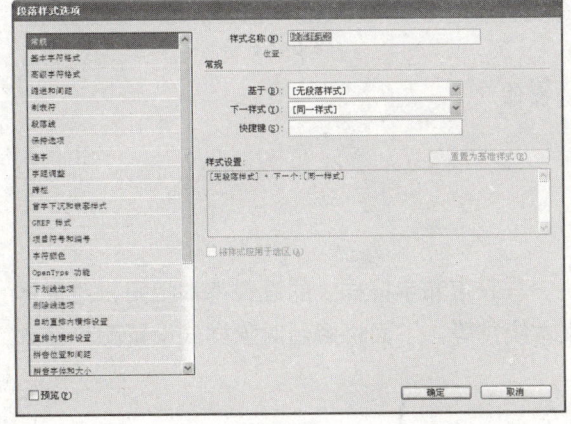 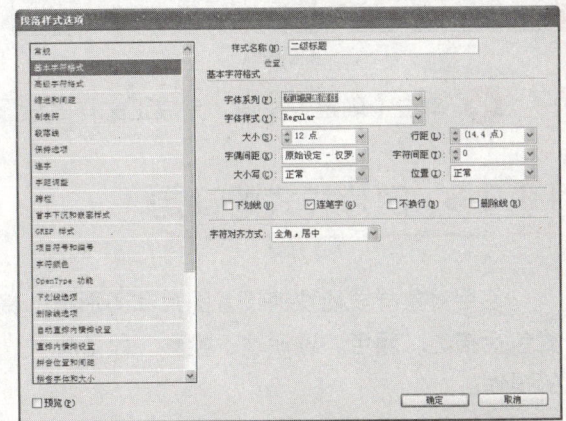

图8-53　　　　　　　　　　图8-54

8.3.2 正文样式的设定

上面讲到了标题样式的设定，接下来讲解正文样式的设定。

在设置正文字体字号时设计师应注意以下两点。

第一，当字号较小时，最好使用笔画粗细相同的中等线字体，避免印刷时出现小字套印不准

InDesign CS5　第8章　173

确的问题。

第二，根据出版物适合的阅读群体和信息容量大小来设定字号。

这些问题在第3章中都有详细的讲解，在这里主要以适合年轻人阅读的期刊杂志为例讲解正文样式设置的操作方法。

① 打开【段落样式】调板，单击调板右下角的【创建新样式】按钮，新建"段落样式3"，如图8-55所示。

② 双击"段落样式3"，弹出【段落样式选项】对话框，如图8-56所示。

③ 将【样式名称】改为"正文"，单击左边的【基本字符格式】选项，本例设置【字体系列】为"汉仪中等线简"，【大小】为"9点"，【行距】为"12点"，如图8-57所示。

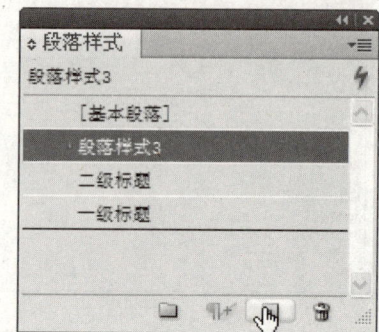

图8-55

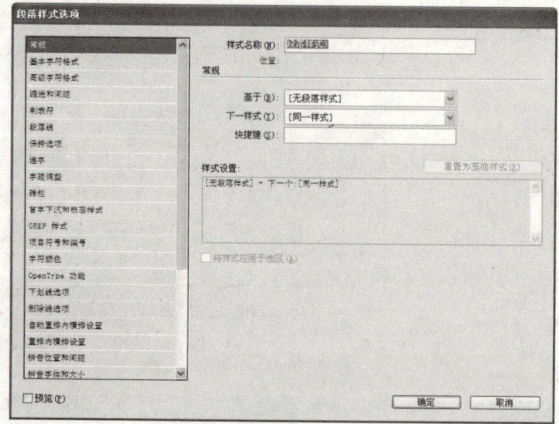

图8-56

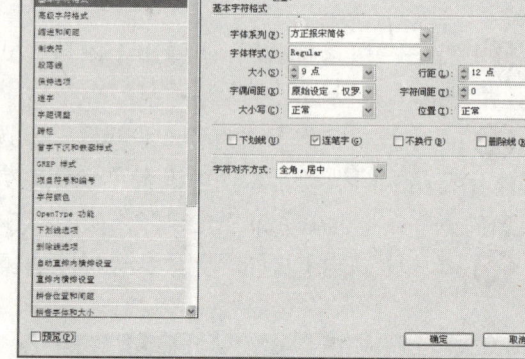

图8-57

④ 单击【确定】按钮，完成正文样式设置的操作。

8.3.3 图片样式的设定

使用对象样式能快速设置图片和图形框的格式。与段落和字符样式的设置基本相同，对象样式包括描边、颜色、透明度、投影、段落样式、文本绕排等。下面讲解用对象样式设置图片格式的操作。

① 打开【对象样式】调板，如图8-58所示。

② 单击【对象样式】调板右下角的【创建新样式】按钮，新建"对象样式1"，如图8-59所示。

③ 双击"对象样式1"，弹出【对象样式选项】对话框，如图8-60所示。

④ 设置【样式名称】为"图片"，选中左边的"投影"选项，勾选【投影】复选框，然后设置【不透明度】为"50%"，【距离】为"2毫米"，【颜色】为"C=0,M=40,Y=100,K=0"，如图8-61所示。

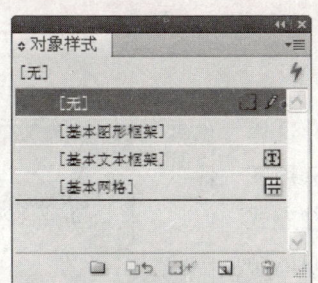
图8-58

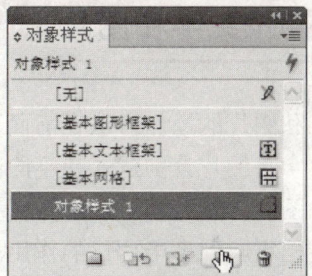
图8-59

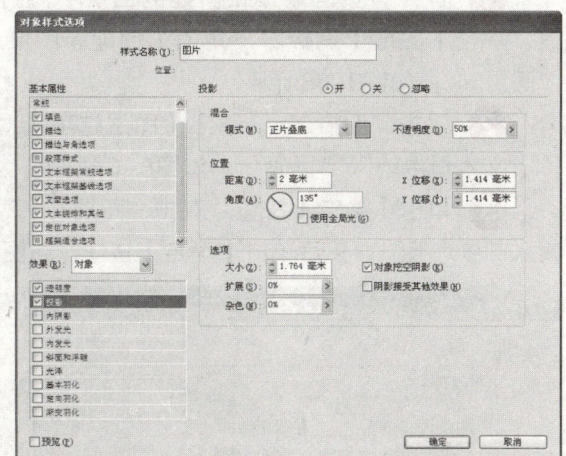

图8-60　　　　　　　　　　图8-61

❺ 选中左边的"基本羽化"选项，勾选【基本羽化】复选框，使用其默认值，如图8-62所示。

❻ 单击【确定】按钮，完成图片样式的设定。

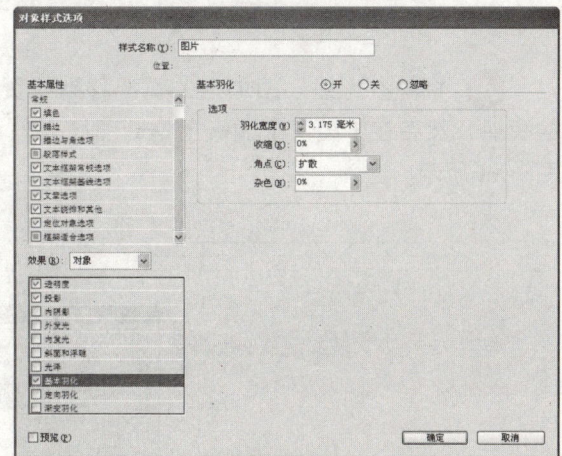

图8-62

8.4 文字与图片的置入

主页制作与样式设置完成后，接下来的工作就是置入文字与图片，然后将它们都应用前面设置的样式。本节主要讲解置入文字和图片与应用样式。

8.4.1 置入文字和图片

置入文字和图片的操作方法在前面已有详细的讲解，这里主要介绍将文字与图片分别置入在不同图层上的方法。运用图层管理文字和图片，设计师可能会觉得有些麻烦，但这种方式对日后检查文档可起到事半功倍的作用。本小节对图层的运用只略作讲解，详细介绍请参阅8.5节图层的运用。

1 首先将页码放置在新建的图层中。打开【图层】调板，单击【图层】调板右下角的【创建新图层】按钮，新建"图层2"，如图8-63所示。

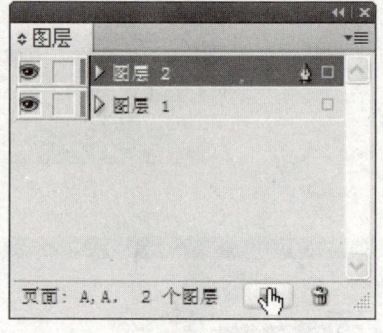

图8-63

2 双击"图层2"，弹出【图层选项】对话框，在【名称】文本框中输入"页码"，如图8-64所示。

3 单击【确定】按钮。双击"图层1"，弹出【图层选项】对话框，在【名称】文本框中输入"参考线"，然后单击【确定】按钮，如图8-65所示。

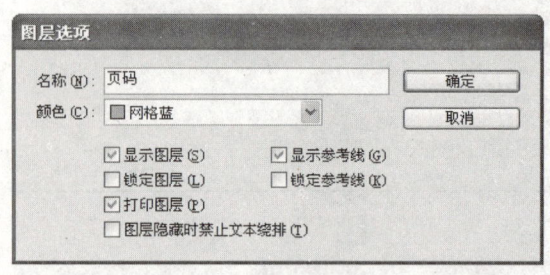

图8-64

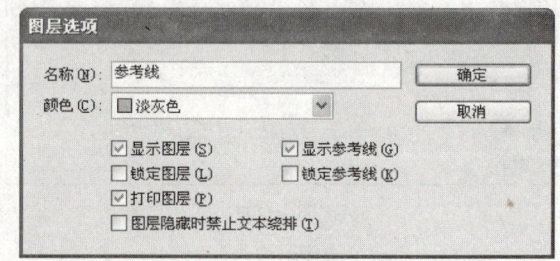

图8-65

4 将"参考线"图层上的页码移到"页码"图层上。用【选择工具】选择"A-主页"的页码，然后在【图层】调板上拖动图层列表右侧的彩色点，将页码移动到"页码"图层，如图8-66所示。

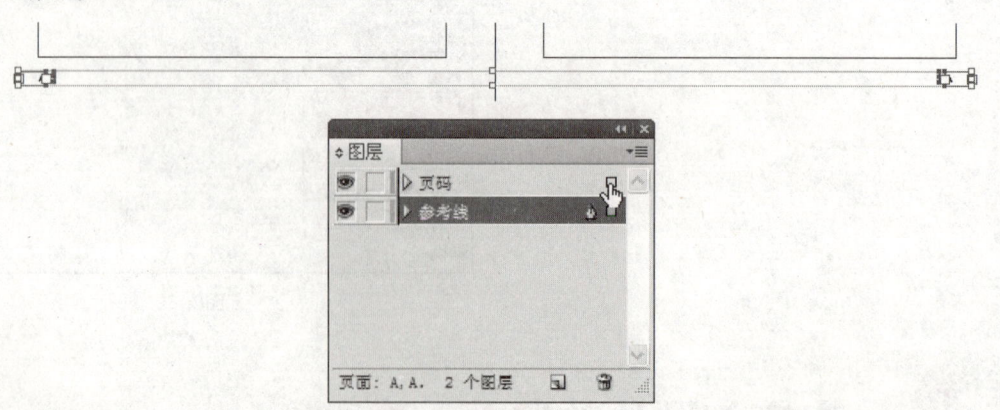

图8-66

5 新建一个图层用于存放文字。单击【图层】调板右下角的【创建新图层】按钮，新建"图层3"，然后双击"图层3"，在弹出的【图层选项】中，将【名称】改为"文字"，如图8-67所示，单击【确定】按钮。

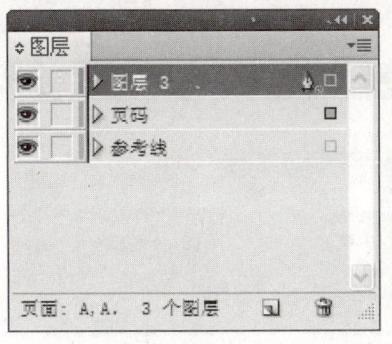

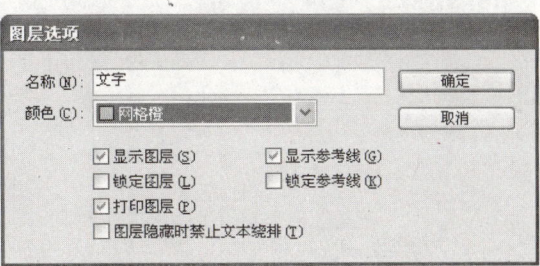

图8-67

6 文字置入到“文字”层中。执行【文件】→【置入】命令，弹出【置入】对话框。在【查找范围】下拉文本框中选择光盘目录下的“素材\第8章\第2页.txt”文件，单击【打开】按钮，如图8-68所示。

7 把光标移到页面2，在页面空白处单击鼠标左键，即完成文字的置入操作，如图8-69所示。

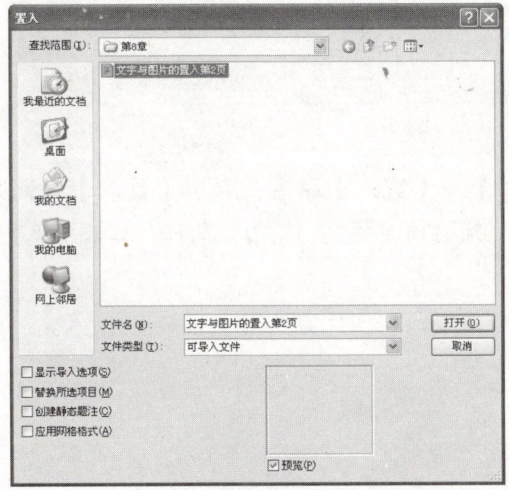

图8-68

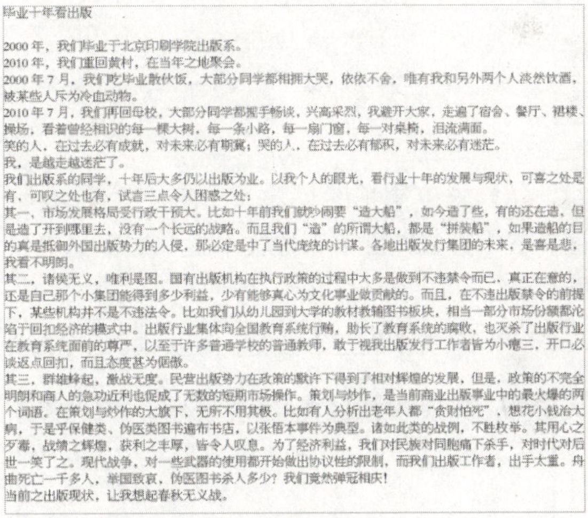

毕业十年看出版

2000 年，我们毕业于北京印刷学院出版系。
2010 年，我们重回黄村，在当年之地聚会。
2000 年 7 月，我们吃毕业散伙饭，大部分同学都相拥大哭，依依不舍，唯有我和另外两个人淡然饮酒，被某些人斥为冷血动物。
2010 年 7 月，我们再回母校，大部分同学都握手畅谈，兴高采烈，我避开大家，走遍了宿舍、餐厅、裙楼、操场，看着曾经相识的每一棵大树，每一条小路，每一扇门窗，每一对桌椅，泪流满面。
笑的人，在过去必有成就，对未来必有期冀；哭的人，在过去必有郁积，对未来必有迷茫。
我，是越走越迷茫了。
我们出版系的同学，十年后大多仍以出版为业。以我个人的眼光，看行业十年的发展与现状，可喜之处是有，可叹之处也有，试言三点令人困惑之处：
其一，市场发展格局受行政干预大。比如十年前我们就吵闹要“造大船”，如今造了些，有的还在造，但是造了开到哪里去，没有一个长远的战略。而且我们“造”的所谓大船，都是“拼装船”，如果造船的目的真是抵御外国出版势力的入侵，那必定是中了当代庞统的计谋。各地出版发行集团的未来，是喜是悲，我看不明朗。
其二，诸侯无义，唯利是图。国有出版机构在执行政策的过程中大多是做到不违禁令而已，真正在意的，还是自己那个小集团能得到多少利益，少有能够真心为文化事业做贡献的。而且，在不违出版禁令的前提下，某些机构并不是不违法令。比如我们从幼儿园到大学的教材教辅图书板块，相当一部分市场份额都沦陷于回扣经济的模式中。出版行业集体向全国教育系统行贿，助长了教育系统的腐败，也灭杀了出版行业在教育系统面前的尊严，以至于许多普通学校的普通教师，敢于视我出版发行工作者皆为小瘪三，开口必谈返点回扣，而且态度甚为倨傲。
其三，群雄蜂起，激战无度。民营出版势力在政策的默许下得到了相对辉煌的发展，但是，政策的不完全明朗和商人的急功近利也促成了无数的短期市场操作。策划与炒作，是当前商业出版事业中的最火爆的两个词语。在策划与炒作的大旗下，无所不用其极。比如有人分析出老年人都“贪财怕死”，想花小钱治大病，于是乎保健类、伪医类图书遍布书店，以张悟本事件为典型。诸如此类的战例，不胜枚举。其用心之歹毒，战绩之辉煌，获利之丰厚，皆令人叹息。为了经济利益，我们对民族对同胞痛下杀手，对时代对后世一笑了之。现代战争，对一些武器的使用都开始做出协议性的限制，而我们出版工作者，出手太重。舟曲死亡一千多人，举国致哀，伪医图书杀人多少？我们竟然弹冠相庆！
当前之出版现状，让我想起春秋无义战。

图8-69

8 将“第3页.txt”文件中的纯文本置入到页面3中，操作方法与步骤7相同，如图8-70所示。

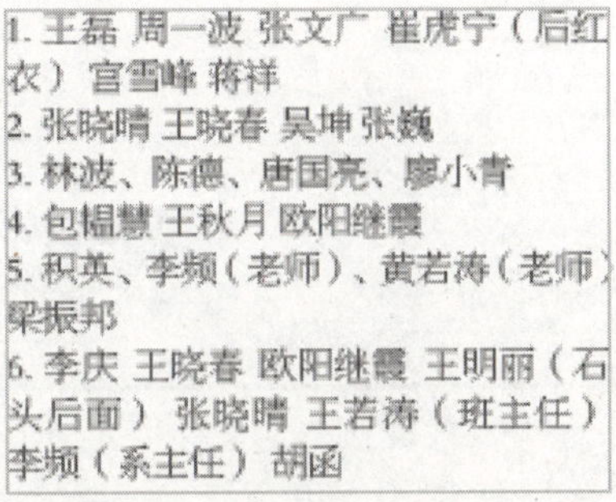

1. 王磊 周一波 张文广 崔虎宁（后红衣） 宫雪峰 蒋祥
2. 张晓晴 王晓春 吴坤 张巍
3. 林波、陈德、唐国亮、廖小青
4. 包楣慧 王秋月 欧阳继霞
5. 积英、李频（老师）、黄若涛（老师）梁振邦
6. 李庆 王晓春 欧阳继霞 王明丽（石头后面） 张晓晴 王若涛（班主任） 李频（系主任） 胡函

图8-70

9 新建一个图层用于放置图片。打开【图层】调板，单击【创建新图层】按钮，新建“图层4”，如图8-71所示。然后双击“图层4”，在弹出的【图层选项】对话框中把名称改为“图片”，如图8-72所示。

10 单击【确定】按钮后，更改图层的顺序，移动图层列表，将“页码”置于第1层，“文字”置于第2层，“图片”置于第3层，“参考线”置于第4层，如图8-73所示。

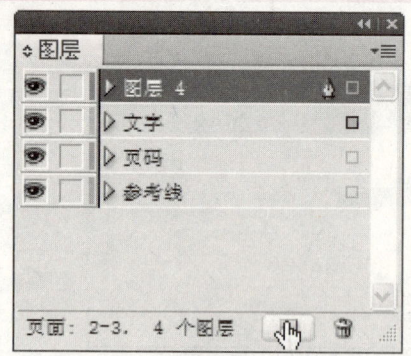
图8-71

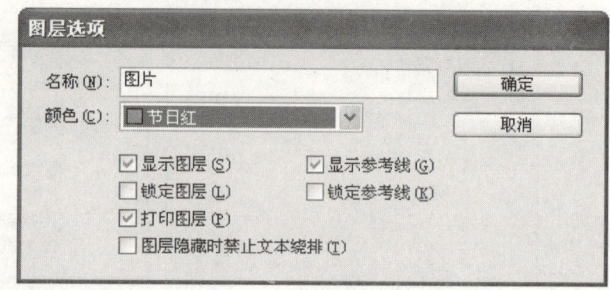
图8-72

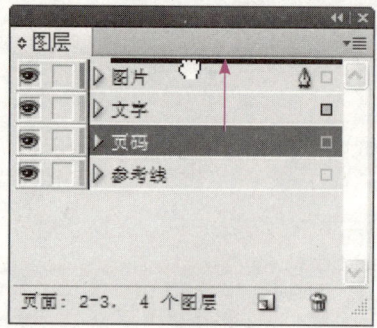
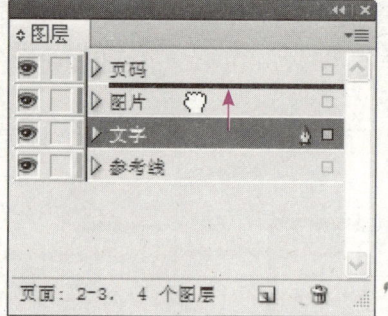
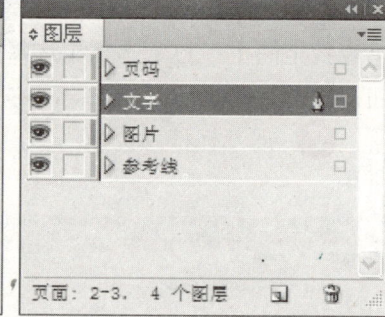

图8-73

⓫ 接下来把图片置入"图片"层。执行【文件】→【置入】命令,弹出【置入】对话框。在【查找范围】下拉文本框中选择光盘目录下的"素材\第8章\2-1.jpg"文件,如图8-74所示。

⓬ 单击【确定】按钮,在页面3的空白处单击鼠标左键,将图片置入,如图8-75所示。

图8-74

图8-75

⓭ 分别将剩下的图片按照图片名称置入到相应的页面中,例如,"3-1"指页面3的第一张图片,效果如图8-76所示。置入文字与图片的操作就完成了。

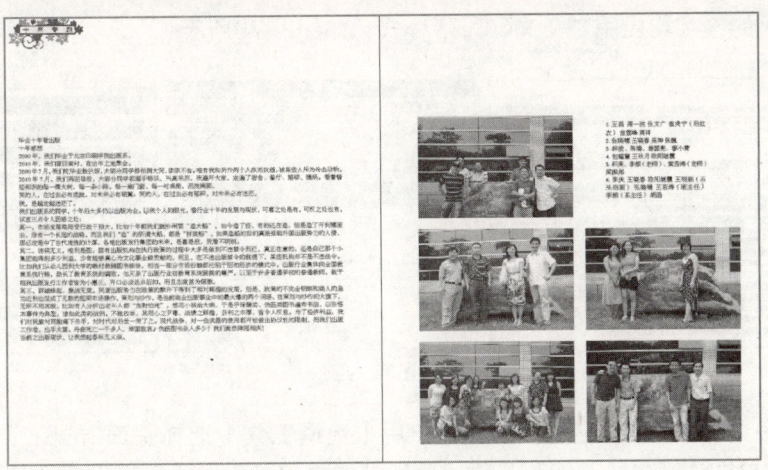

图8-76

8.4.2 应用样式

将文字与图片全部置入到页面中并调整好位置后,下面把前面设置好的样式应用到文字与图片中,操作步骤如下。

❶ 用【文字工具】选择页面2的标题,然后打开【段落样式】调板,单击"一级标题",即完成了应用样式的操作,如图8-77所示。

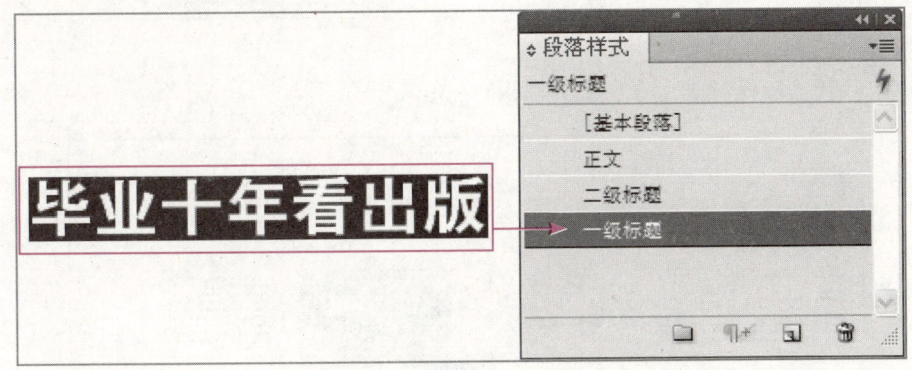

图8-77

❷ 选择页面2的副标题文字,应用二级标题,如图8-78所示。

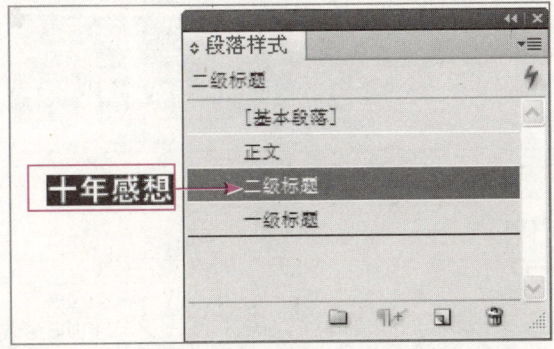

图8-78

③ 将剩下的文字均应用"正文"段落样式，如图8-79所示。

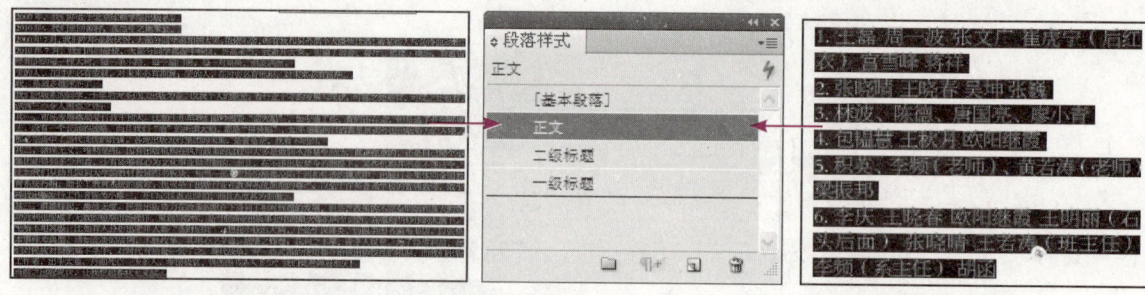

图8-79

④ 最后将页面3的图片应用对象样式。用【选择工具】选择页面3的图片，然后打开【对象样式】调板，单击调板中的"图片"样式，即完成应用对象样式的操作，如图8-80所示。

图8-80

⑤ 应用样式的操作就完成了，如图8-81所示。

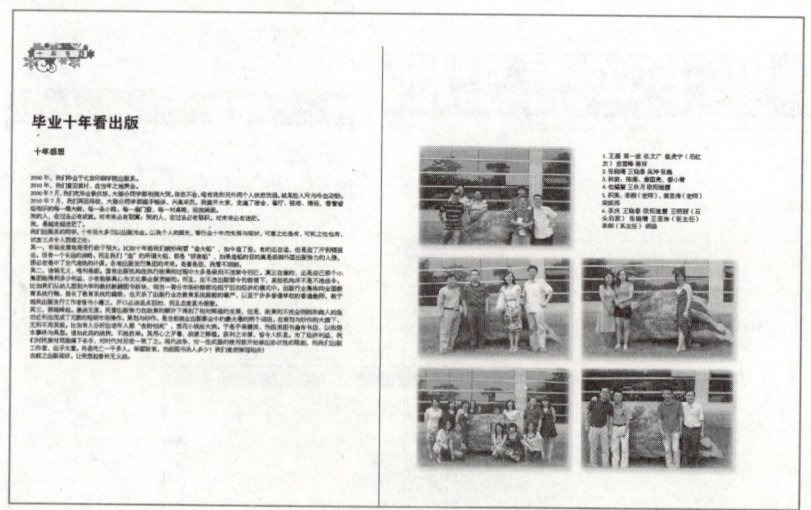

图8-81

8.4.3 排版文字与图

在排版中经常会遇到图压文或文压图的情况，为了使图文之间能够融洽，可以使用文本绕排，这样文字和图片就能组合在一起。在InDesign CS5中，文字绕图有多种方式，可以是绕图形框排版，也可以是绕图片的剪切路径排版。

要实现文本绕排，必须要把文本框设成可以绕排，否则任何绕排方式对文字都不起作用。在默认情况下都可以进行文本绕排，如果不可以，则执行【对象】→【文本框架选项】命令，弹出【文本框架选项】对话框，不勾选左下角的【忽略文本绕排】复选框，如图8-82所示。如果勾选了此复选框就不能文本绕排了。

1. 创建文本绕排

❶ 执行【文件】→【置入】命令，在【置入】对话框的【查找范围】下拉列表中选择一张图片，置入到文件中，如图8-83所示。

❷ 用【选择工具】选择图片，然后执行【窗口】→【文本绕排】命令，调出【文本绕排】调板，如图8-84所示。

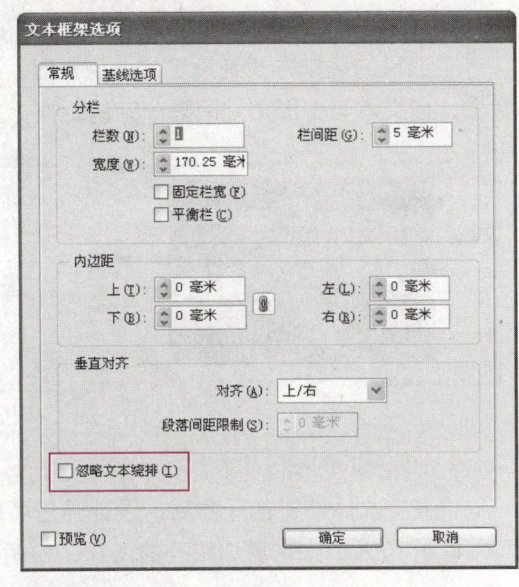

图8-82

图8-83

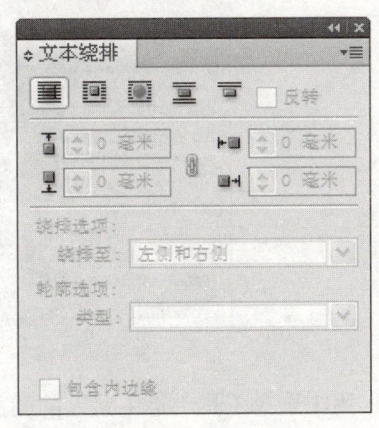

图8-84

❸ 在【文本绕排】调板中可设置4种绕排方式，分别是沿定界框绕排 、沿对象形状绕排 、上下型绕排 、下型绕排 ，如图8-85所示。

沿定界框绕排

沿对象形状绕排

上下型绕排

下型绕排

图8-85

2. 设置文本绕排距离

当选择的绕排方式是沿定界框绕排时，可在【文本绕排】调板的上下左右位移数值框中输入数值，使文本与图形之间间隔一定的距离，如图8-86所示。

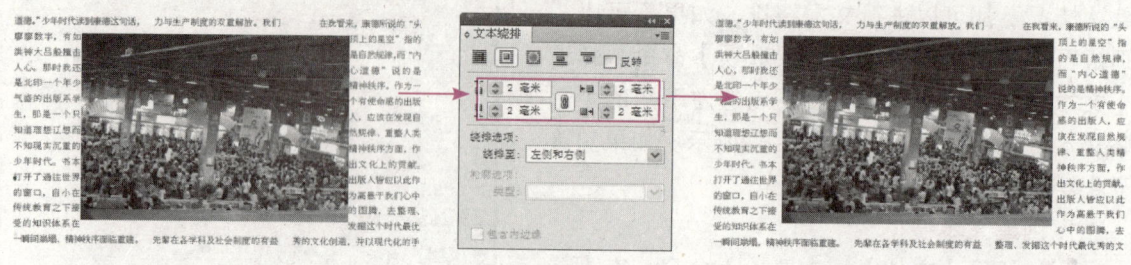

图8-86

3. 调整绕排形状

调整完文本绕排的距离后，设计师还可对绕排的形状进行更改，操作步骤如下。

1 置入一张带剪切路径的图片，如图8-87所示。

图8-87

2 用【选择工具】选中置入的图片，然后打开【文本绕排】调板，单击调板中的【沿对象形状绕排】按钮，如图8-88所示。

图8-88

3 用【直接选择工具】选中使用了文本绕排的对象，将光标放置在锚点上，编辑文本绕排边界，如图8-89所示。

 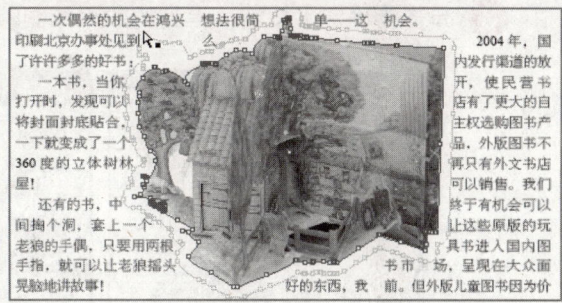

图8-89

8.5 图层的运用

InDesign CS5的每个文档至少包含一个图层，设计师可以通过使用多个图层来为同一版面中显示不同的设计风格，这样就不用花费大量的时间在做同样的事情上，也可以用图层管理页面上的内容。

8.5.1 创建图层

可通过【图层】调板右下角的【创建新图层】按钮，随时添加新图层，操作步骤如下。

① 执行【窗口】→【图层】命令，调出【图层】调板，如图8-90所示。

② 单击【图层】调板右下角的【创建新图层】按钮，创建新图层，即完成创建图层的操作，如图8-91所示。

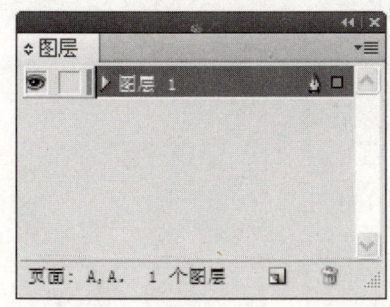 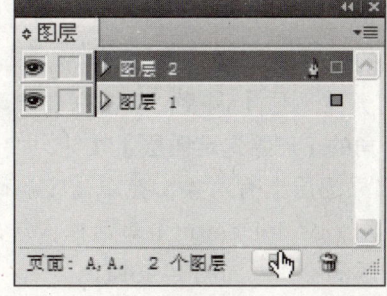

图8-90　　　　　　　　　图8-91

8.5.2 编辑图层

创建完图层后，设计师可以指定图层的选项，操作步骤如下。

① 打开【图层】调板，双击现有的图层，弹出【图层选项】对话框，如图8-92所示。

② 可以通过【图层选项】对话框更改图层的名称、选择图层的颜色、显示或锁定图层和参考线以及图层隐藏时禁止文本绕排设置。在本例中将【名称】改为"图片层"，在【颜色】下拉文本框中选择"金色"，其他保持默认设置，如图8-93所示。

❸ 单击【确定】按钮，得到的效果如图8-94所示。

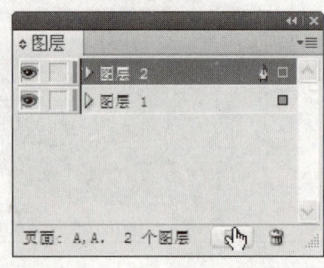 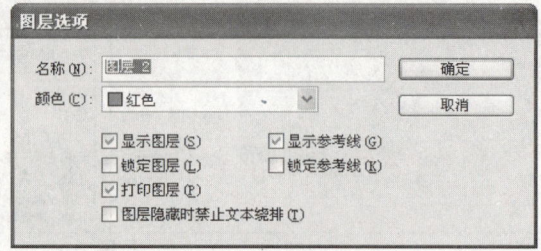

图8-92

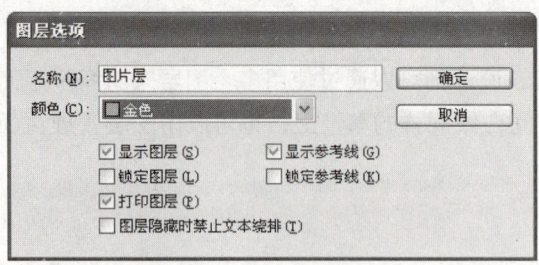 

图8-93　　　　　　　　　　　　　　图8-94

8.5.3 删除图层

在删除图层时要注意，每个图层的内容都是跨整个文档显示在每一页上的。在删除图层之前，最好隐藏其他图层，然后转到文档的各页，以确认删除图层后，其余对象是安全的。

❶ 打开【图层】调板，单击需要删除的图层，然后单击调板右下角的【删除选定图层】按钮，如图8-95所示。

❷ 如果图层上有对象，在单击【删除选定图层】按钮时会弹出【Adobe InDeisgn】对话框，单击【确定】按钮，完成删除图层的操作，如图8-96所示。

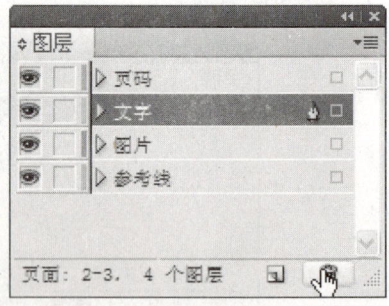

图8-95

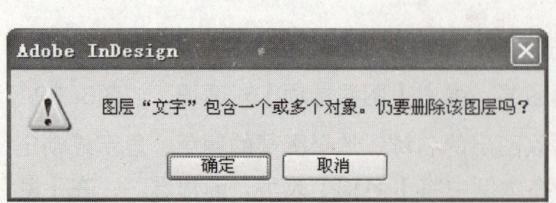 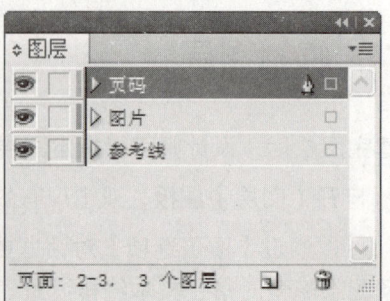

图8-96

8.6 页面的处理

如果要创建书籍、报纸和杂志或其他多页出版物，就需要掌握添加页面、移动页面或删除页面的方法。InDesign CS5除了允许创建多页文档外，还可以将页面设置成多折页。本节主要讲解添加新页面、选择页面与跨页的方法、处理页面以及创建多页跨页的方法。

8.6.1 添加新页面

设计师可通过单击【页面】调板右下角的【创建新页面】按钮，随意添加新页面，操作步骤如下。

① 执行【窗口】→【页面】命令，调出【页面】调板，如图8-97所示。

② 单击【页面】右下角的【创建新页面】按钮，添加新页面，如图8-98所示。

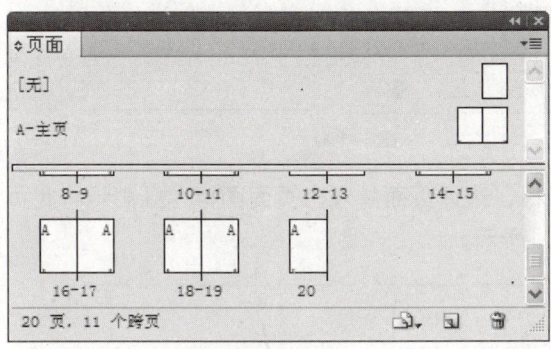

图8-97

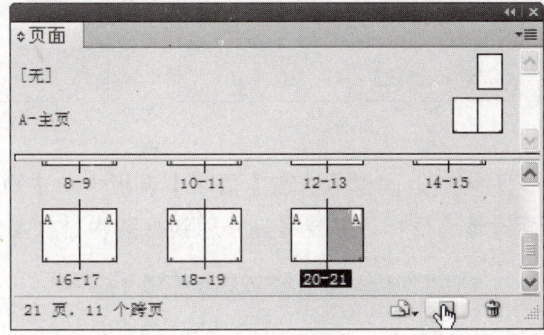

图8-98

8.6.2 页面与跨页

设计师可以将页面或跨页作为目标显示在视图中。

1. 页面与跨页的概念

首先来了解一下什么是页面，什么是跨页。

页面：在执行【文件】→【页面设置】命令时，在弹出的【页面设置】对话框中不选择【对页】选项，文档将排列为"页面"。

跨页：在执行【文件】→【页面设置】命令时，在弹出的【页面设置】对话框中选择【对页】选项，文档页面将排列为跨页。跨页是一组一同显示的页面。例如，在打开书籍或杂志时看到的两个页面。

2. 选择页面与跨页的方法

下面讲解将页面或是跨页移动到当前视图以及选择页面或是跨页的操作方法。

① 执行【窗口】→【页面】命令，打开【页面】调板，当前视图页面为第1页，如图8-99所示。

> **提 示**
>
> 在【页面】调板的跨页上出现方格图案，表示有一些透明图形或图片在页面的某个地方。有时设计师在添加阴影或使用羽化等效果时都会带来上述透明图形。

❷ 在【页面】调板中单击页面图标，选择页面。双击页面图标，则表示将此页面设置为目标，并要将其移动到视图中，如图8-100所示。

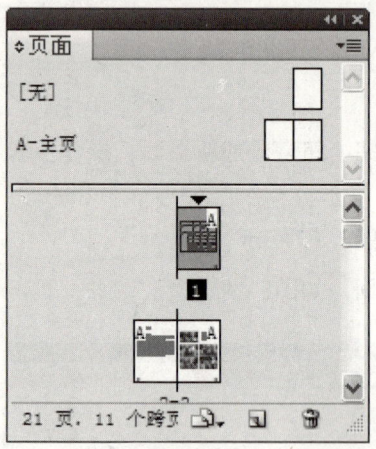
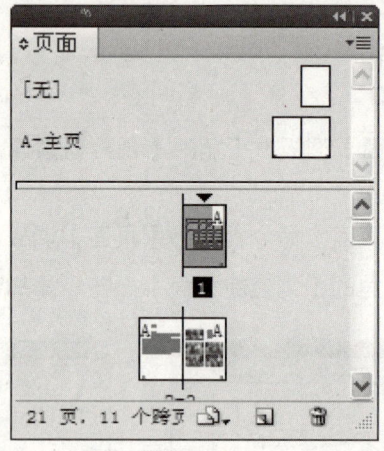

图8-99　　　　　　　　　　　　　　　　　　图8-100

❸ 以同样方法在【页面】调板中单击页面图标，选择页面并双击页面图标，则表示将此页面设置为目标，并要将其移动到视图中，如图8-101所示。

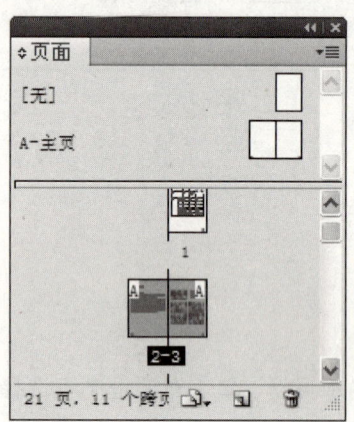
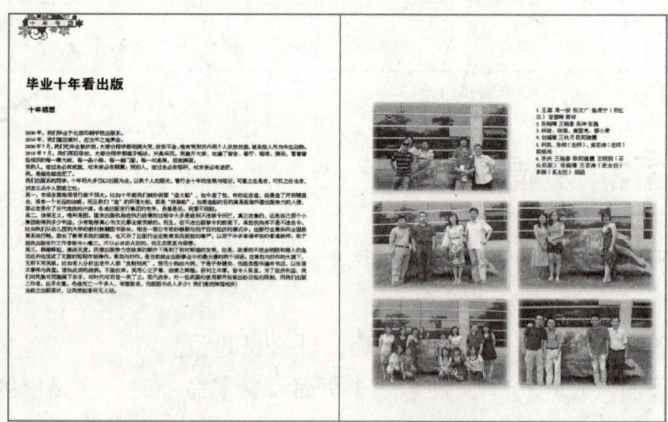

图8-101

8.6.3　处理页面

设计师可以使用【页面】调板自由地对页面和跨页进行排列、复制和删除。在进行排列、复制和移去页面时，InDesign将保留文本框之间的串接，并会根据【允许页面随机排布】命令的设置方式重新分布页面。

1. 排列页面

设计师可在【页面】调板中更改页面的排列顺序，操作步骤如下。

① 执行【窗口】→【页面】命令，打开【页面】调板，如图8-102所示。

② 在【页面】调板中单击需要移动的一个或多个页面，拖动鼠标至移动页面的位置，如图8-103所示。

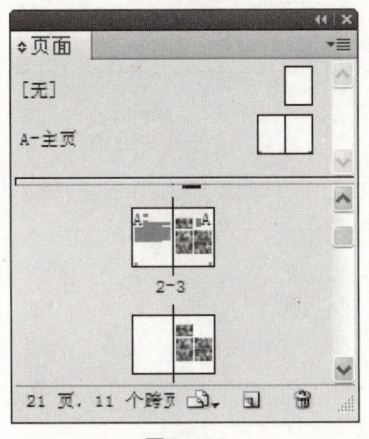
图8-102

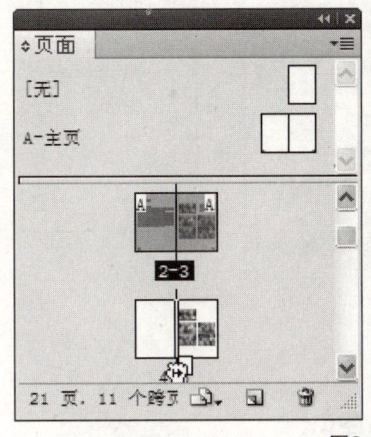
图8-103

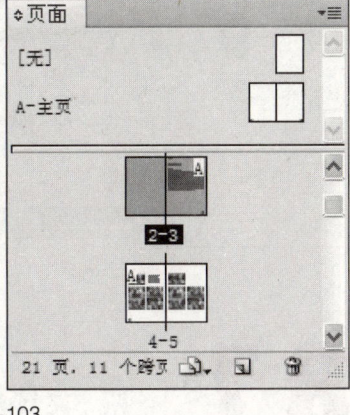

2. 复制页面

打开【页面】调板，单击页面图标，将其拖动到右下角的【创建新页面】按钮中，即完成了复制页面的操作，如图8-104所示。

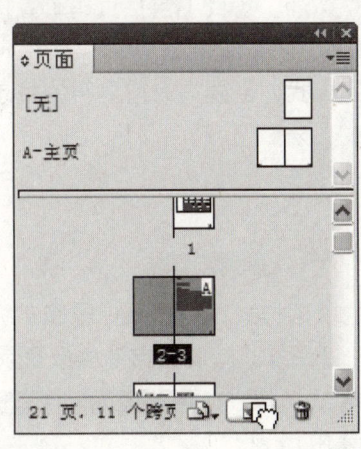
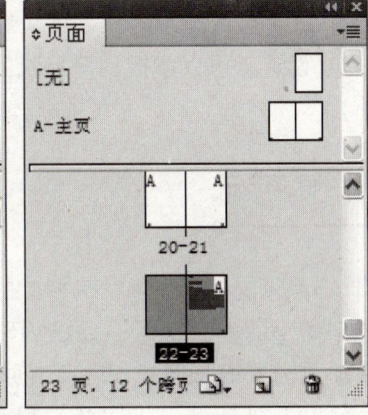
图8-104

3. 删除页面

在删除页面时可能会遇到以下麻烦，InDesign CS5的文档默认为从右页开始，而设计师可能需要从左页开始的文档，但是删除第1页后，文档还是从右页开始，如图8-104所示。下面讲解如何去掉1页内容，并从左页开始文档。

① 打开【页面】调板，在删除页面之前单击【页面】调板右上角的黑色三角按钮，在弹出的下拉菜单中单击【允许页面随机排布】选项，将勾选去掉，如图8-105所示。此时再删除页面时将自动重新分布页面。

❷ 单击页面1，然后再单击【页面】调板右下角的【删除选中页面】按钮，即完成删除第1页的操作，如图8-106所示。

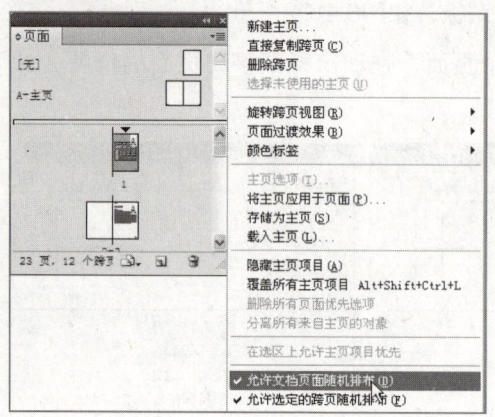

图8-105

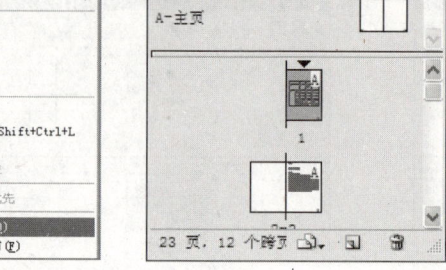

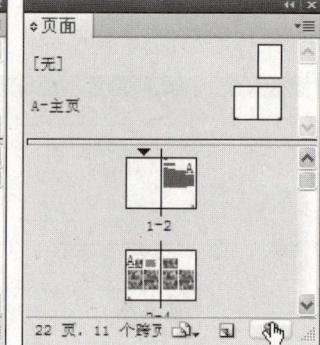

图8-106

8.7 目录的制作

设计师在制作出版物时，其中必不可少的一项就是制作目录。目录中可以列出书籍、杂志或其他出版物的内容大纲，也可以包含有助于读者查找所需内容的信息。每个目录都是一篇由标题和条目列表（按页码或字母顺序排序）组成的独立文章。条目（包括页码）直接从文档内容中提取，并可以随时更新，甚至可以跨越同一书籍文件中的多个文档进行该操作。

通过本节的学习，设计师可以掌握创建目录的样式、创建具有前导符的目录样式以及更新目录的方法。

8.7.1 创建目录样式

要创建目录样式，首先要有应用于目录样式的段落样式，如一级标题和二级标题等。如果设计师在每页的标题中都应用了样式，那么通过创建目录样式就能够自动生成目录。

❶ 创建目录样式需要有段落样式和字符样式，段落样式包括一级标题、二级标题……以及在目录中用到的目录样式；字符样式包括在目录中用到的页码样式，如图8-107所示。设计师可根据出版物的需要进行样式设置，在本例中，将目录段落样式和页码字符样式与其他样式区别开。

❷ 执行【版面】→【目录样式】命令，弹出【目录样式】对话框，单击【新建】按钮后弹出【新建目录样式】对话框，如图8-108所示。

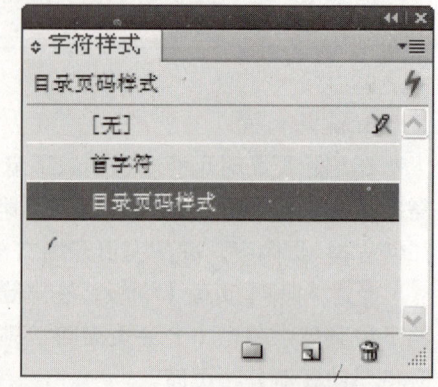

图8-107

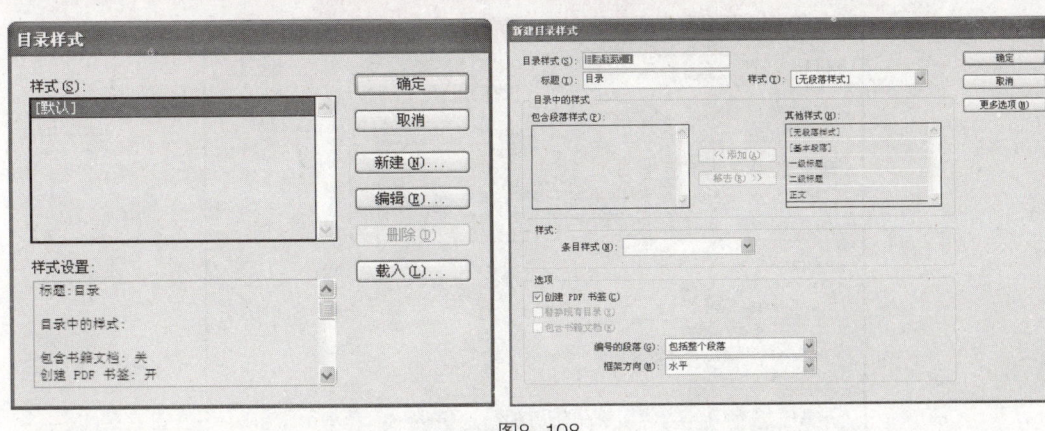

图8-108

③ 在【标题】文本框中输入目录名称为"Contents",在【样式】下拉文本框中选择"目录标题",如图8-109所示。

图8-109

④ 在【其他样式】列表中选择与目录中所含内容相符的段落样式,本例选择"一级标题",然后单击【添加】按钮,将其添加到【包含段落样式】列表中,如图8-110所示。从【条目样式】下拉文本框中选择一个段落样式,便于【包含段落样式】中的"一级标题"样式相关联的目录条目设置格式,本例选择"一级标题",如图8-111所示。

⑤ 在【其他样式】列表中选择"二级标题",然后单击【添加】按钮,将其添加到【包含段落样式】列表中,从【条目样式】下拉文本框中选择"二级标题",如图8-112所示。

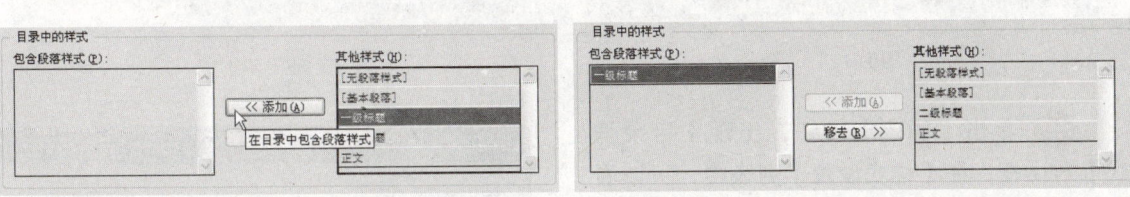

图8-110

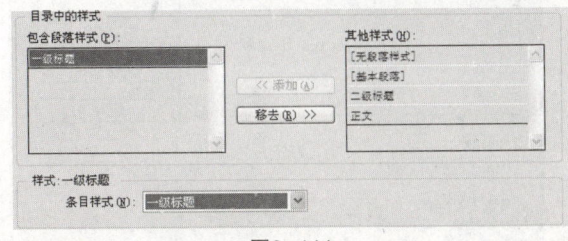

图8-111

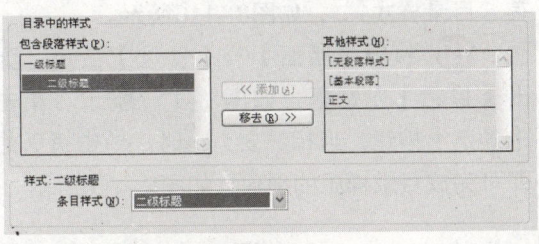

图8-112

⑥ 单击【更多选项】按钮,打开【新建目录样式】对话框的隐藏选项,如图8-113所示。

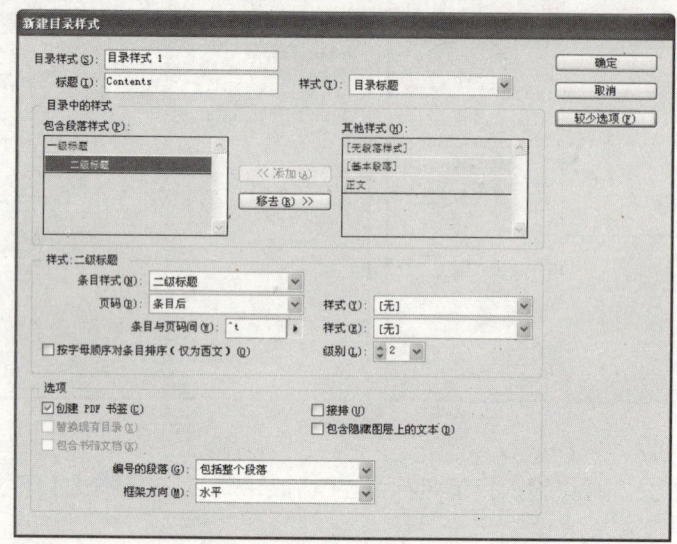

图8-113

⑦ 在【包含段落样式】列表中选择"一级标题",然后在【页码】旁边的【样式】下拉文本框中选择"目录页码样式",如图8-114所示。

⑧ 在【包含段落样式】列表中选择"二级标题",然后在【页码】旁边的【样式】下拉文本框中选择"目录页码样式",如图8-115所示。

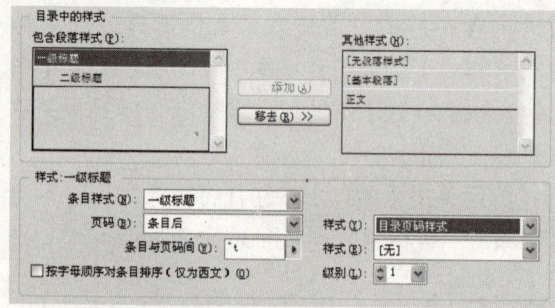

图8-114

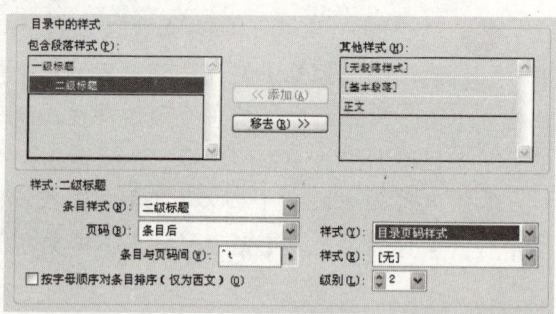

图8-115

⑨ 单击【确定】按钮,出现【目录样式】对话框,在【样式设置】列表中,可以看到新建目录样式的设置,单击【确定】按钮保存"目录样式1",如图8-116所示。

⑩ 执行【版面】→【目录】命令,弹出【目录】对话框,如图8-117所示。单击【确定】按钮,当指针变为 时,单击页面处即可完成目录样式的创建,如图8-118所示。

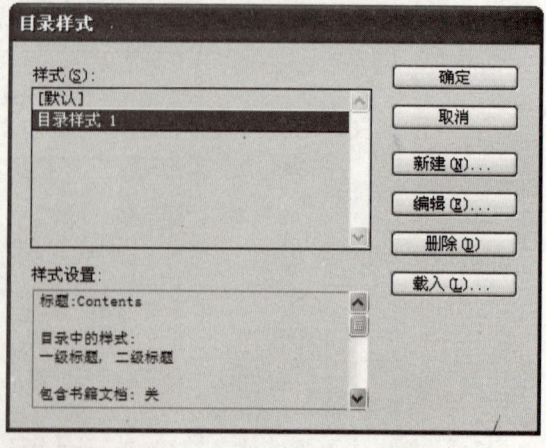

图8-116

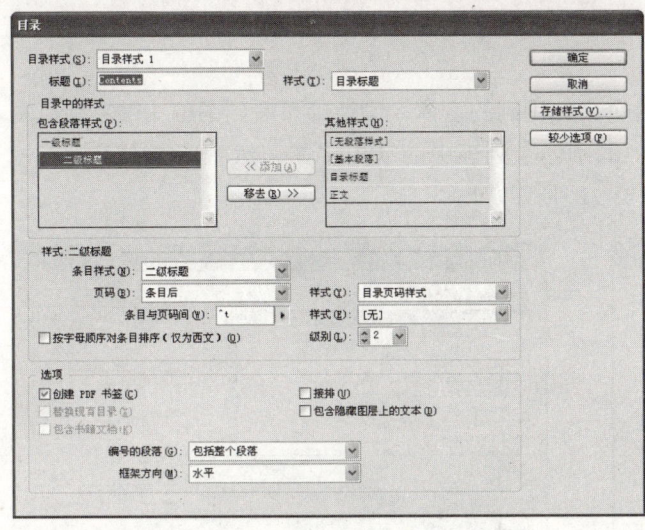

图8-117　　　　　　　　　　　　图8-118

8.7.2　更新目录

当标题进行了修改后，使用【更新目录】可保持目录与当前文档中修改的标题内容的一致。当页面中的标题有变化时，用【选择工具】选中目录，执行【版面】→【更新目录】命令，弹出【信息】对话框，单击【确定】按钮，即可完成更新目录的操作，如图8-119所示。

图8-119

8.8　综合检查

制作完成出版物后，通常要进行排版成品的输出。为了在最大限度上防止可能发生的错误，减少不必要的损失，对输出文件的字体、链接图片、颜色等进行一次全面系统地检查是非常必要的。InDesign CS5提供了查找字体功能和预检，使用查找字体命令能检查输出文件中的所有字体。使用预检命令能显示字体、链接和图像、颜色和油墨以及打印设置等信息，并显示有错误的地方，以方便设计师修改。

8.8.1　检查字体

设计师可通过查找字体命令先检查文档中是否有缺失字体或是使用系统字体的情况，下面通过案例讲解查找字体的操作，步骤如下。

① 打开一个文档，执行【文字】→【查找字体】命令，弹出【查找字体】对话框，如图8-120所示。

② 在【文档中的字体】列表中显示整个文档用到的字体，设计师可看到图8-119中有缺失字体和使用系统字体的情况。单击【文档中的字体】列表中的缺失字体，然后单击【查找下一个】按钮，查看文中缺失字体的位置，如图8-121所示。

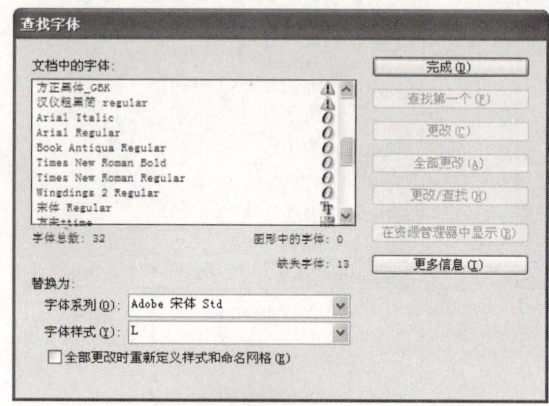
图8-120

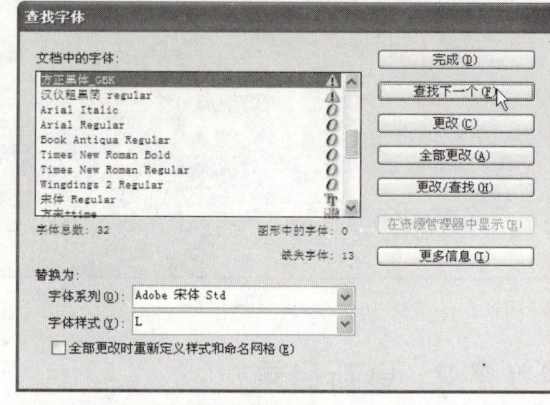
图8-121

③ 确定查找位置之后，在【字体系列】下拉文本框中选择替换的字体，然后单击【全部更改】按钮，统一进行替换。

8.8.2 综合检查

检查字体完成后，需要进行全面的综合检查，预检功能可以在打印文档或将文档提交给客户之前，对此文档进行品质检查。预检程序会警告可能影响文档或书籍不能正确成像的问题，例如，缺失文件或字体。它还提供了有关文档或书籍的帮助信息，例如，使用的链接、显示字体的第一个页面和打印设置。

① 在文档的左下角有一个小圆圈，当文件无错误时，小圆圈显示为绿色。当文件存在错误时，小圆圈显示为红色，此时，用鼠标双击小圆圈，会弹出【印前检查】对话框，如图8-122所示，显示文件需要处理的问题。

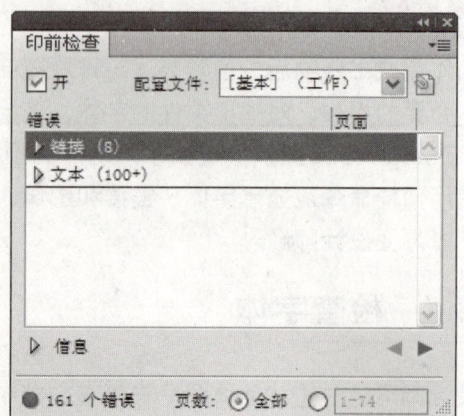
图8-122

❷ 此时，设计师可检查链接、图形和其他信息。而以此进行对文件的修改，修改完成后，【印前检查】将显示无错误，如图8-123所示。

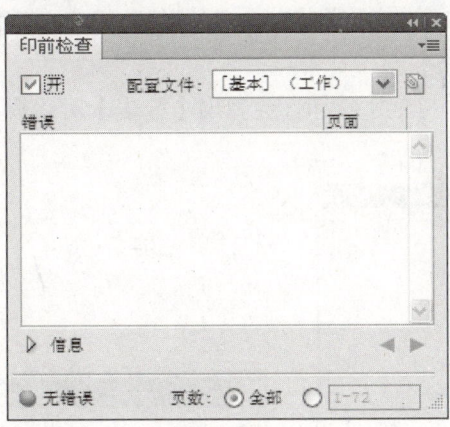

图8-123

8.8.3 输出前的打包

为了方便输出，InDesign CS5提供了打包功能，设计师可用【打包】命令对需要输出的文件进行预检，并将输出文件中所有用到的字体与链接图片复制到指定的文件夹中，还能自定报告的文件夹。此报告（存储为文本文件）包括"打印说明"对话框中的信息，打印文档需要的所有字体、链接和油墨的列表，以及打印设置。

❶ 执行【文件】→【打包】命令，会弹出【打包】对话框，如图8-124所示，可再次检查文件是否有错误。单击【打包】按钮，则会弹出【打印说明】对话框，如图8-125所示。

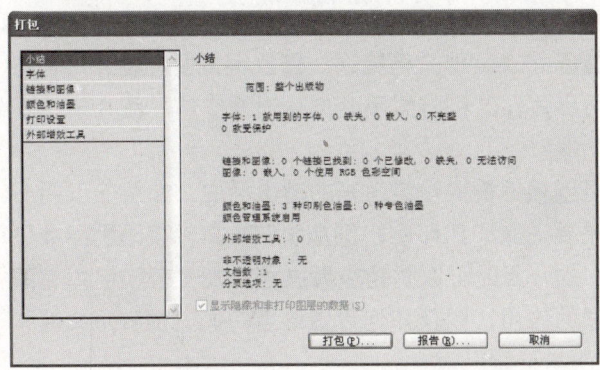

图8-124

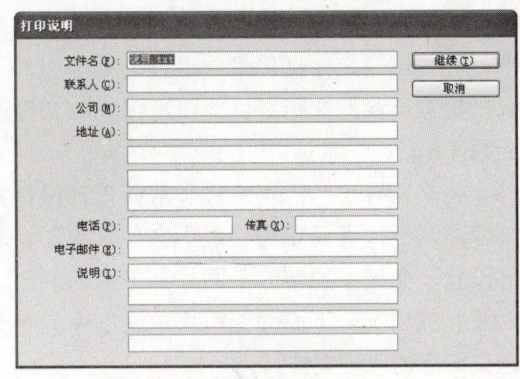

图8-125

❷ 填写完打印说明后，单击【继续】按钮进行下一步打包出版物的操作，如图8-126所示。

❸ 设计师可根据需要选择下列选项。

复制字体（CJK 除外）：复制所有必需的字体文件，而不是整个字体系列。

复制链接图形：复制链接图形文件。链接的文本文件也将被复制。

更新包中的图形链接：将图形链接（不是文本链接）更改为包文件夹的位置。如果要重新链接文本文件，必须手动执行这些操作，并检查文本的格式是否还保持原样。

包含隐藏的文档图层中的字体和链接：打包位于隐藏图层上的对象。

查看报告：打包后，立即在文本编辑器中打开打印说明报告。若要在完成打包过程之前编辑打印说明，请单击【说明】按钮。

❹ 选择完毕后，单击【打包】按钮，会弹出【警告】对话框，如图8-127所示。单击【确定】按钮后，打包完成。

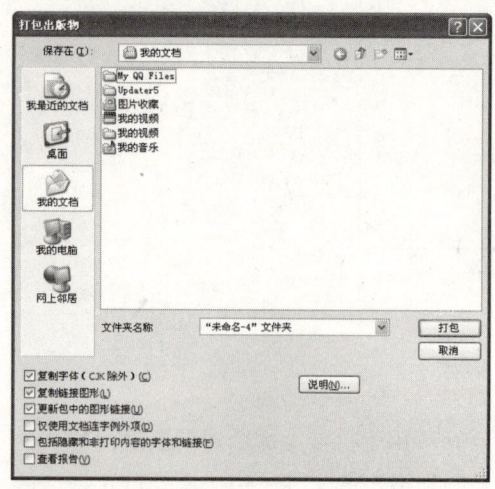

图8-126　　　　　　　　　　　　　　　图8-127

8.9　输出PDF

出版物的排版工作完成之后，如果将文档中用到的字体、图片和原文件打包到指定的文件夹中，并将这些文件直接带到出片公司去出片，其间如果发现文档错误，修改很方便。设计师还可以把检查无误的文档导出为PDF格式的文件进行出片，这种方式不会产生遗漏字体、图片链接不上等问题。

将文档导出为PDF格式非常简单，设计师可以根据需要设定PDF的输出标准，如果仅仅用于给客户浏览，可设置为"最小文件大小"；若是要送交印厂印刷，则应将PDF文件按印刷标准进行设置。文档中的字体与图片都是嵌入到PDF中的，因此可以防止查看文档时发生替换字体和图片丢失的情况。下面介绍PDF对话框中的各选项的作用，以及如何设置给客户浏览的PDF文件和送交印厂的PDF文件。

8.9.1　导出PDF

①常规——指定基本的文件选项，包括【说明】、【页面】、【选项】和【包含】4个选区，如图8-128所示。

【Adobe PDF预设】：在【Adobe PDF预设】下拉文本框中有6个选项，分别是"PDF/X-1a：2001"、"PDF/X-3：2002"、"高质量打印"、"印刷质量"、"最小文件大小"和"自定"。选择其中一个选项，其他设置会发生相应的改变，以此来统一文件的质量及大小。

【兼容性】：创建PDF文件时，需要决定要使用的PDF版本。可在【兼容性】下拉文本框中选择版本。其中，Acrobat 7 (1.6)为最新版本，它包括所有的最新功能。如果要创建广泛发布的文档，请考虑选择Acrobat 6 (PDF 1.5)或Acrobat 5 (PDF 1.4)版本，以确保更多的用户可以查看和打印文档。如果要将PDF文件提交给印前服务提供商，通常应选择Acrobat 4 (1.3)版本，或与服务提供商进行协商。

【标准】：PDF/X 是图形内容交换的ISO标准，它可以消除导致打印问题的许多颜色、字体和陷印变量。InDesign CS5支持PDF/X-1a:2001和PDF/X-1a:2003（对于 CMYK 工作流程），以及PDF/X-3:2002 和PDF/X-3:2003（对于颜色管理工作流程）。

②压缩——当将文档导出为Adobe PDF时，可以压缩文本和线状图，并对位图图像进行压缩和缩减像素采样，如图8-129所示。通过选择【Adobe PDF预设】的设置，压缩和缩减像素采样，可以明显减小PDF文件的大小，并且不会影响到图片的细节和精度。

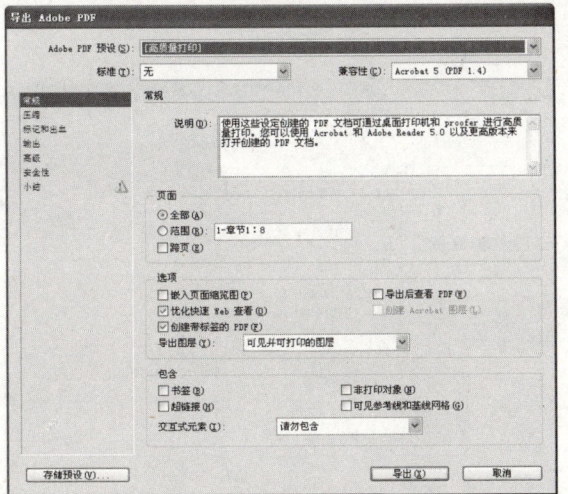

图8-128　　　　　　　　　　　　　　图8-129

③标记和出血——出血是图片位于打印定界框外的或位于裁切标记和裁切标记外的部分。标记是排版时为了方便而向文件中添加的各种印刷标记，包括裁切标记、出血标记、套准标记、颜色条和页面信息，如图8-130所示。

④输出——在【输出】调板中，可以设置颜色管理的开关状态、是否使用颜色配置文件为文档添加标签以及选择PDF标准，如图8-131所示。

⑤高级——在【高级】调板中可以设置下列选项，如图8-132所示。

【子集化字体，若被使用的字符百分比低于】：根据文档中使用的字体字符的数量，设置此临界值以嵌入完整的字体。

【OPI】：能够在将图像数据发送到打印机或文件时有选择地忽略不同的导入图形类型，并只保留OPI链接（注释）以由OPI服务器进行以后的处理。

【预设】：如果将"兼容性"设置为"Acrobat 4 (PDF 1.3)"，则可以指定预设（或选项的集合）以拼合透明度。

⑥安全性——当导出为Adobe PDF时，添加口令保护和安全性限制，可以限制打开此文件的用户，而且可以限制复制或提取内容、打印文档及执行其他操作的用户，如图8-133所示。

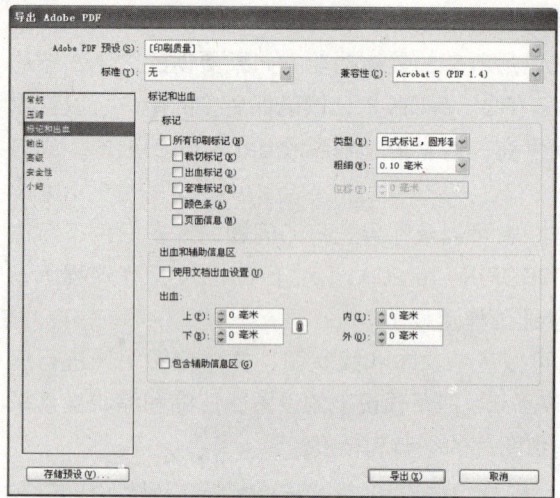

图8-130

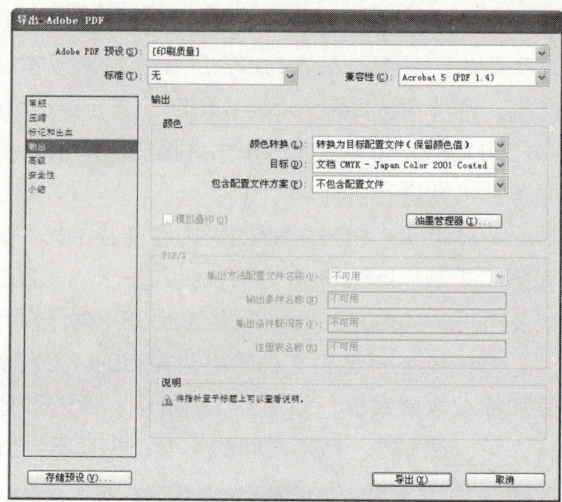

图8-131

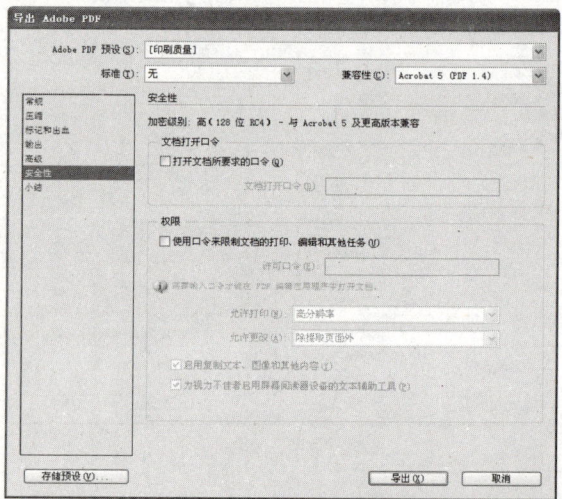

图8-132

图8-133

⑦小结——显示当前PDF设置的小结。包括常规、压缩、标记和出血、输出、高级和安全性的设置，如图8-134所示。

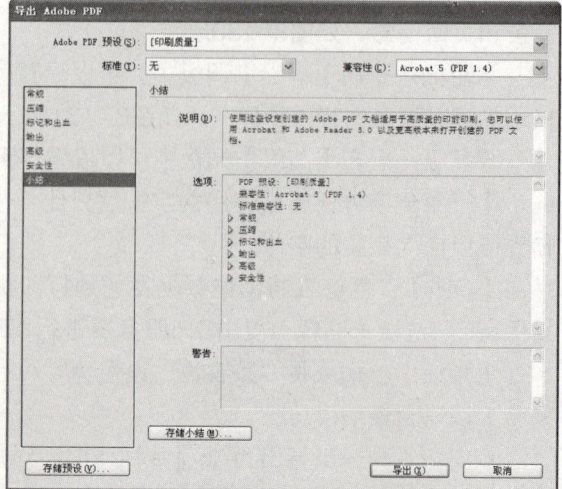

图8-134

8.9.2 用于客户查看的PDF文件的设置

导出PDF时,最常用到的地方是给客户查看文件和送交印厂印刷。在给客户查看文件时,需要设置容量小的文件,便于传输。下面介绍如何设置用于客户浏览的PDF文件,操作步骤如下。

❶ 在导出文件时,在【Adobe PDF预设】下拉文本框中选择"最小文件大小",在【页面】复选区中勾选【跨页】复选框,其他保持默认设置,如图8-135所示。

❷ 单击左边的【压缩】选项卡,可以看到图像的像素比较低,图像的品质也低,如图8-136所示。剩下的标记和出血、输出、高级和安全性的各选项均保持默认设置即可。

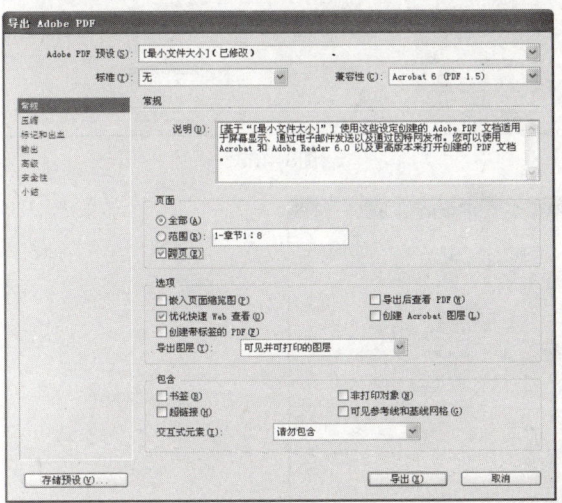

图8-135

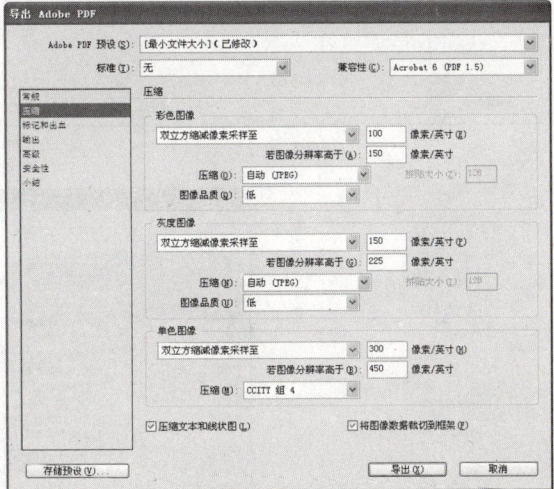

图8-136

❸ 单击【导出】按钮,完成输出PDF的操作。可以在保存的路径中通过Adobe Acrobat打开PDF文件。

8.9.3 用于印刷的PDF文件的设置

除了输出文件量小的PDF外,还能输出高质量的PDF文件,这种PDF文件主要用于印刷。输出印刷质量的PDF时,文字与图片都嵌入到了PDF文件中,可以防止字体缺失和丢失图片的情况。下面讲解如何输出印刷质量的PDF文件,操作步骤如下。

❶ 在导出PDF文件时,在【Adobe PDF预设】下拉文本框中选择"印刷质量",在【预设】下拉文本框中选择"PDF/X-1a:2001",在【页面】复选区中勾选【跨页】复选框,其他保持默认设置,如图8-137所示。

❷ 单击左边的【压缩】选项卡,可以看到图像的像素比较高,图像品质是最大值,如图8-138所示。

❸ 单击左边的【标记和出血】选项卡,在【标记】复选区中勾选【所有印刷标记】复选框,然后在【出血和辅助信息区】复选区中勾选【使用文档出血设置】复选框,如图8-139所示。

❹ 单击【导出】按钮,完成输出PDF的操作。可以在保存的路径中打开PDF文件。

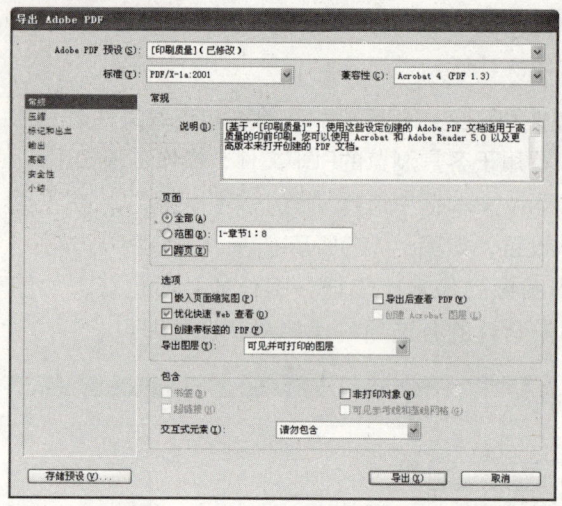
图8-137

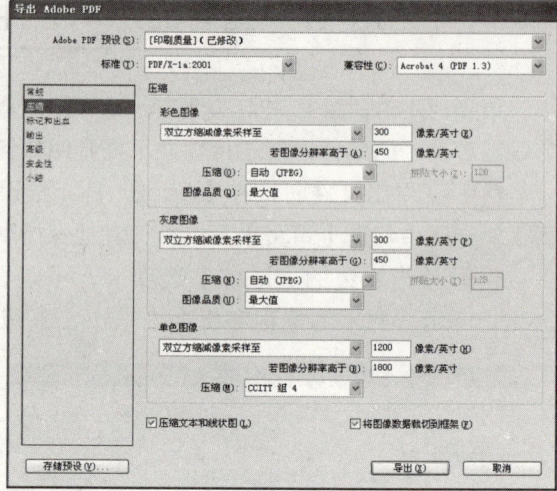
图8-138

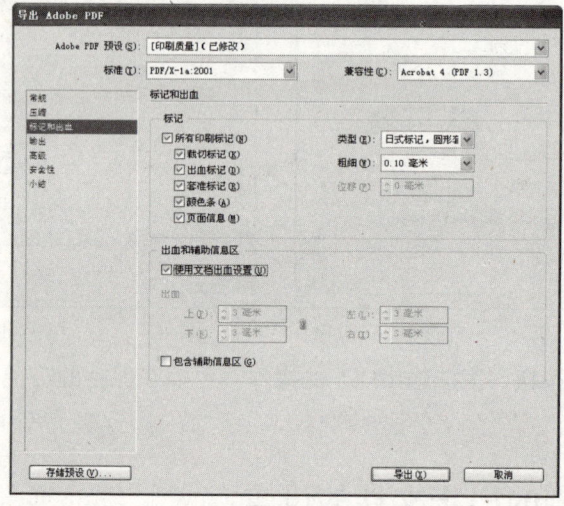
图8-139

8.10 小结

本章按照设计流程来讲解InDesign对多页面的处理功能,包括新建文档,参考线的设置,创建、编辑和应用主页,如何添加页码,页面的处理,利用图层分类放置页面元素,设定标题、正文和图片样式,图文混排,目录的制作和输出等。还介绍了文档的输出选项设置,包括预检文档、打包文档和输出PDF文件。

8.11 习题

1. 填空题

（1）期刊杂志的标题与图书标题的设定不同，图书标题在（　）上比较讲究，而期刊杂志标题比较（　），以字体（　）为特点，为版面起到修饰的作用。

（2）设置边距应考虑出版物的装订方式，骑马订还是无线胶订。如果是无线胶订，在设置边距时，内边距应比外边距稍（　），读者在翻阅杂志时能方便看清（　）旁边的文字。如果是骑马订，则（　）的设置问题。

2. 问答题

（1）如何安排图形、图片、文字、页码、参考线在图层中的顺序，为什么这样安排？

（2）什么是标记和出血？

3. 操作题

（1）练习添加页码。

（2）练习文本绕排。

（3）练习制作目录。

读书笔记

第9章
实战案例

本章将通过实际案例讲解完整的设计流程,从创建文档、添加设计元素、添加文字、设置特殊工艺和存储文件等流程,让读者体验实际设计的各个环节。

9.1 实战案例

设计师在开始制作出版物之前，首先需要考虑页面尺寸是210毫米×285毫米，还是185毫米×260毫米；边距设置多大为宜；分栏设置为2栏还是3栏等问题。下面将根据这些内容进行讲解。

9.1.1 创建多重页面文档

❶ 执行【文件】→【新建】→【文档】命令，弹出【新建文档】对话框，在【页数】数值框中输入"3"，在【页面大小】的【宽度】数值框中输入"170毫米"，【高度】数值框中输入"240毫米"，如图9-1所示。

❷ 单击【边距和分栏】按钮，将【边距】设置为"0"，如图9-2所示，单击【确定】按钮。

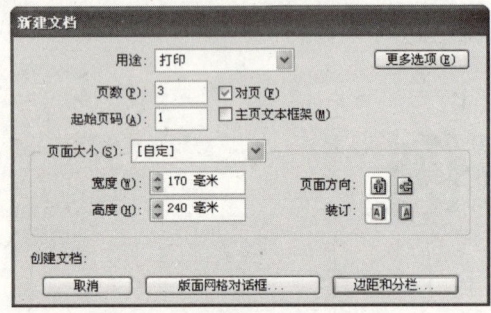
图9-1

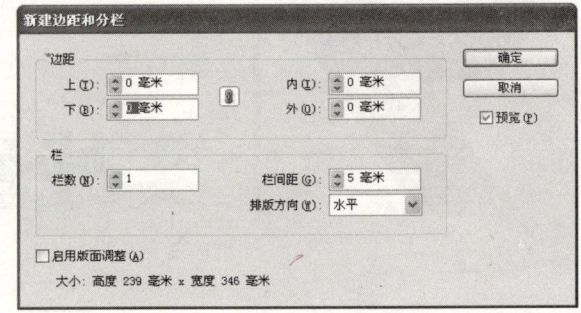
图9-2

❸ 在文档的【页面调板】中单击鼠标右键，在弹出的下拉菜单中取消勾选"允许文档页面随机排布"选项，如图9-3所示。

❹ 在【页面调板】中选中第三页，在调板下拉菜单中选择"插入页面"选项，如图9-4所示。

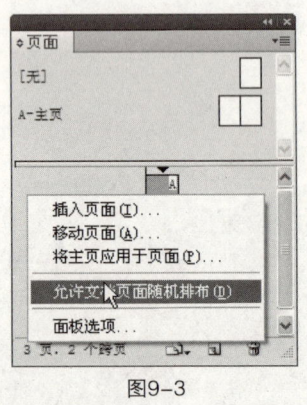
图9-3

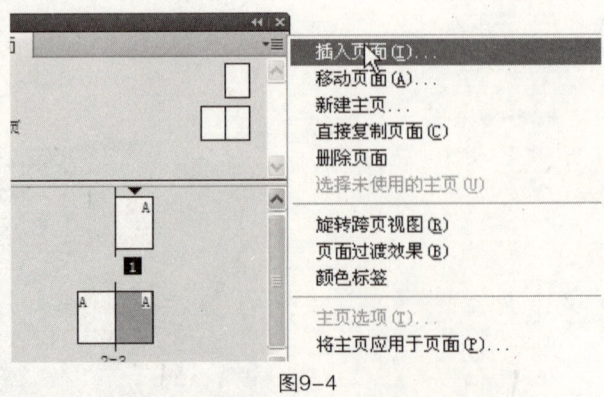
图9-4

❺ 弹出【插入页面】对话框，使用其默认值，如图9-5所示，单击【确定】按钮。

❻ 在【页面调板】中出现插入的页面，如图9-6所示。

图9-5

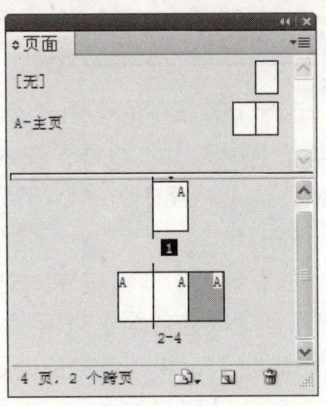
图9-6

⑦ 在【页面调板】中选中第三页,单击调板下方的【编辑页面大小】按钮,弹出下拉菜单,如图9-7所示。

⑧ 在下拉菜单中选择【自定页面大小】对话框,在对话框中设置【名称】为"书脊",【宽度】为"8毫米",【高度】为"240毫米",如图9-8所示,单击【确定】按钮。

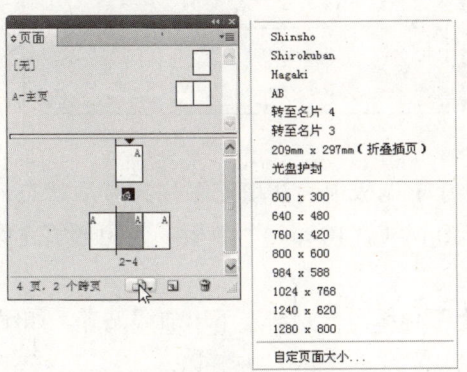
图9-7

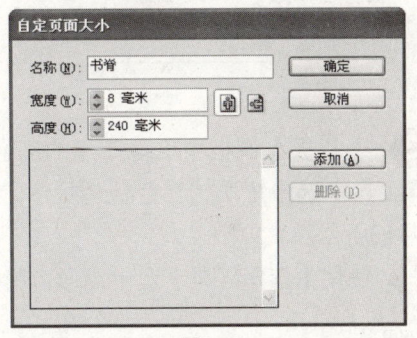
图9-8

⑨ 设置完毕之后,单击【添加】按钮,"书脊"被添加,如图9-9所示,再单击【确定】按钮。

⑩ 第三页的宽度变为"8毫米",用来当做书脊,如图9-10所示。

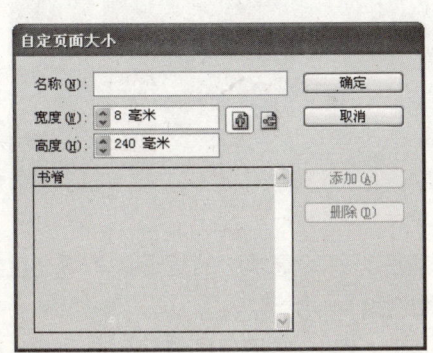
图9-9

图9-10

9.1.2 添加页面元素

1 选择工具箱中的【矩形工具】，在页面中单击鼠标左键，弹出【矩形】对话框，在对话框中输入【宽度】为"89毫米"，【高度】为"246"，如图9-11所示，单击【确定】按钮。

图9-11

2 在【色板】调板菜单中选择"新建颜色色板"选项，弹出【新建颜色色板】对话框，在对话框中将【颜色类型】设置为"印刷色"，【颜色模式】为"CMYK"，将颜色数值设置为"C0,M60,Y100,K0"色板，如图9-12所示，单击【确定】按钮。

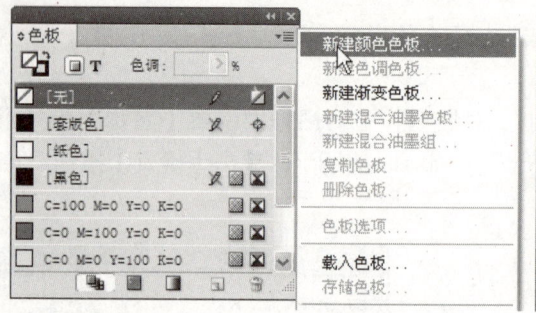 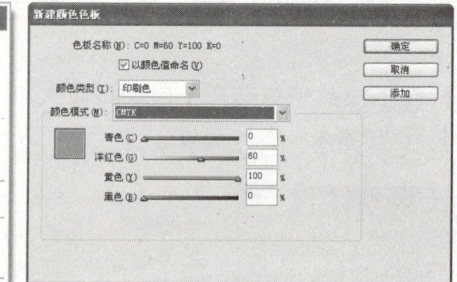

图9-12

3 【色板】调板中出现新建的颜色，在【色板】调板中确认填充图标为激活状态，使用【选择工具】选中矩形，在色板调板中选择颜色"C0,M60,Y100,K0"色板，为矩形填充颜色，如图9-13所示。

4 使用【选择工具】选中矩形，将其移动至上下边缘，分别与上下出血线贴齐，如图9-14所示。

图9-13　　　　　　　　图9-14

5 用同样的方法再绘制一个宽度为"239毫米"、高度为"29毫米"的矩形，其填充色值为"C0,M60,Y100,K0"，并将其放置在文档的合适位置，如图9-15所示。

6 选择工具箱中的钢笔工具，在左侧页面中绘制一个如图9-16所示的路径。

图9-15

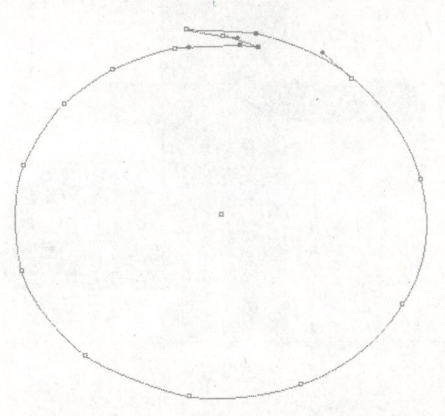
图9-16

⑦ 使用工具箱中的【选择工具】选中绘制的路径，执行【文件】→【置入】命令，弹出【置入】对话框，在【查找范围】下拉文本框中打开光盘目录下的"素材/第9章/家装.jpg"文件，如图9-17所示，单击【确定】按钮。

⑧ 将光标移动至图片的中心，当光标变为【抓手工具】的形状时，按下鼠标左键，将图片选中，如图9-18所示。

⑨ 将光标移动至图片的左上角控制点，按Ctrl键和Shift键的同时，将图像等比例缩小，并将其移动至路径的中心，如图9-19所示。

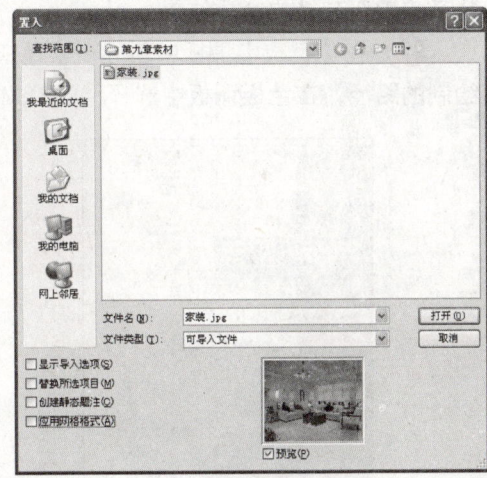
图9-17

图9-18

图9-19

⑩ 使用工具箱中的【选择工具】将图片移动至左边缘，压在矩形色块上，如图9-20所示。

⑪ 保持图片为选中状态，按Ctrl+Shift+[组合键，将图片置于底层，如图9-21所示。

图9-20

图9-21

⑫ 选择工具箱中的钢笔工具,在页面中绘制如图9-22所示的路径。并使用【移动工具】将其放置在文档的合适位置。

⑬ 在【色板】调板中新建一个色值为"C10,M0,Y0,K30"的颜色,使用【选择工具】选中绘制的路径,在色板调板中选择"C10,M0,Y0,K30"颜色,为路径填充颜色,如图9-23所示。

图9-22

图9-23

⑭ 使用同样的方法绘制一个路径,并为其填充颜色,如图9-24所示。

⑮ 保持路径为选中状态,按Ctrl+Shift+[组合键,将路径置于底层,如图9-25所示。

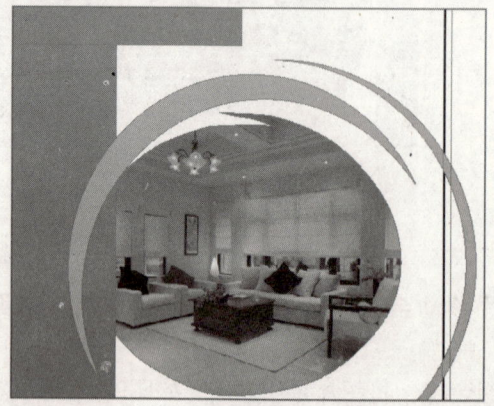
图9-24

图9-25

⑯ 执行【文件】→【置入】命令，弹出【置入】对话框，在【查找范围】下拉文本框中打开光盘目录下的"素材/第9章/图形.ai"文件，如图9-26所示。单击【确定】按钮。

⑰ 在页面空白处单击鼠标左键，将图形置入到文档中，使用工具箱中的【选择工具】将其移动至文档的合适位置，如图9-27所示。

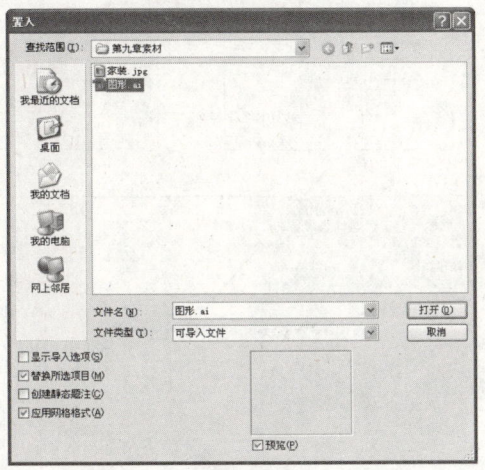

图9-26

图9-27

9.1.3 添加文字

❶ 使用【文字工具】绘制两个文本框，分别输入"家"、"装"两个字，设置字体为"汉仪行楷简"，设置字号为"49点"，填充色值为"C0,M60,Y100,K0"，并放置在文档的合适位置，如图9-28所示。

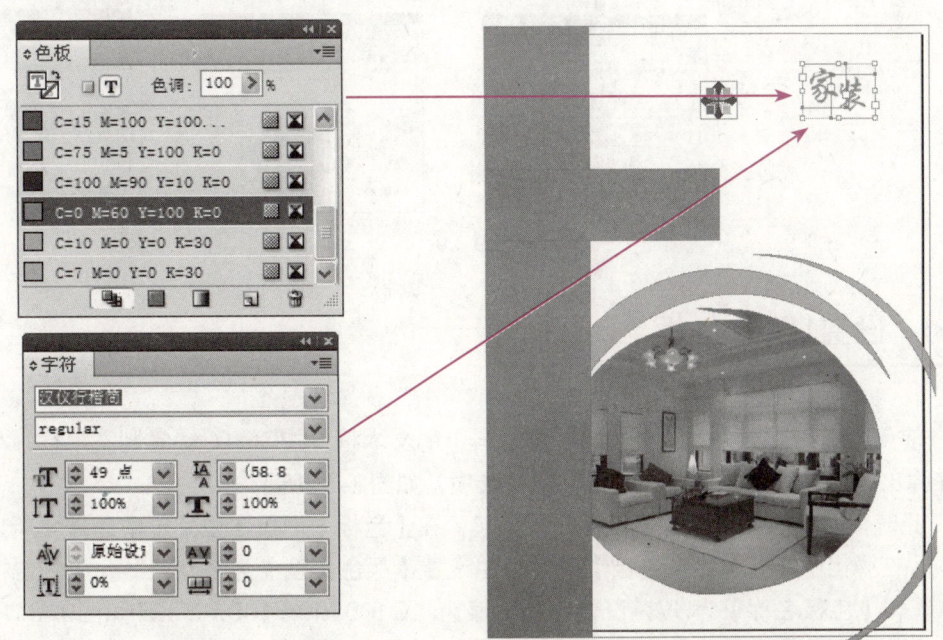

图9-28

❷ 打开光盘目录下的"素材/第9章/文字.txt"文件，将文字复制到InDesign文档中，设置相应的字体、字号、行距和颜色等，如图9-29所示。

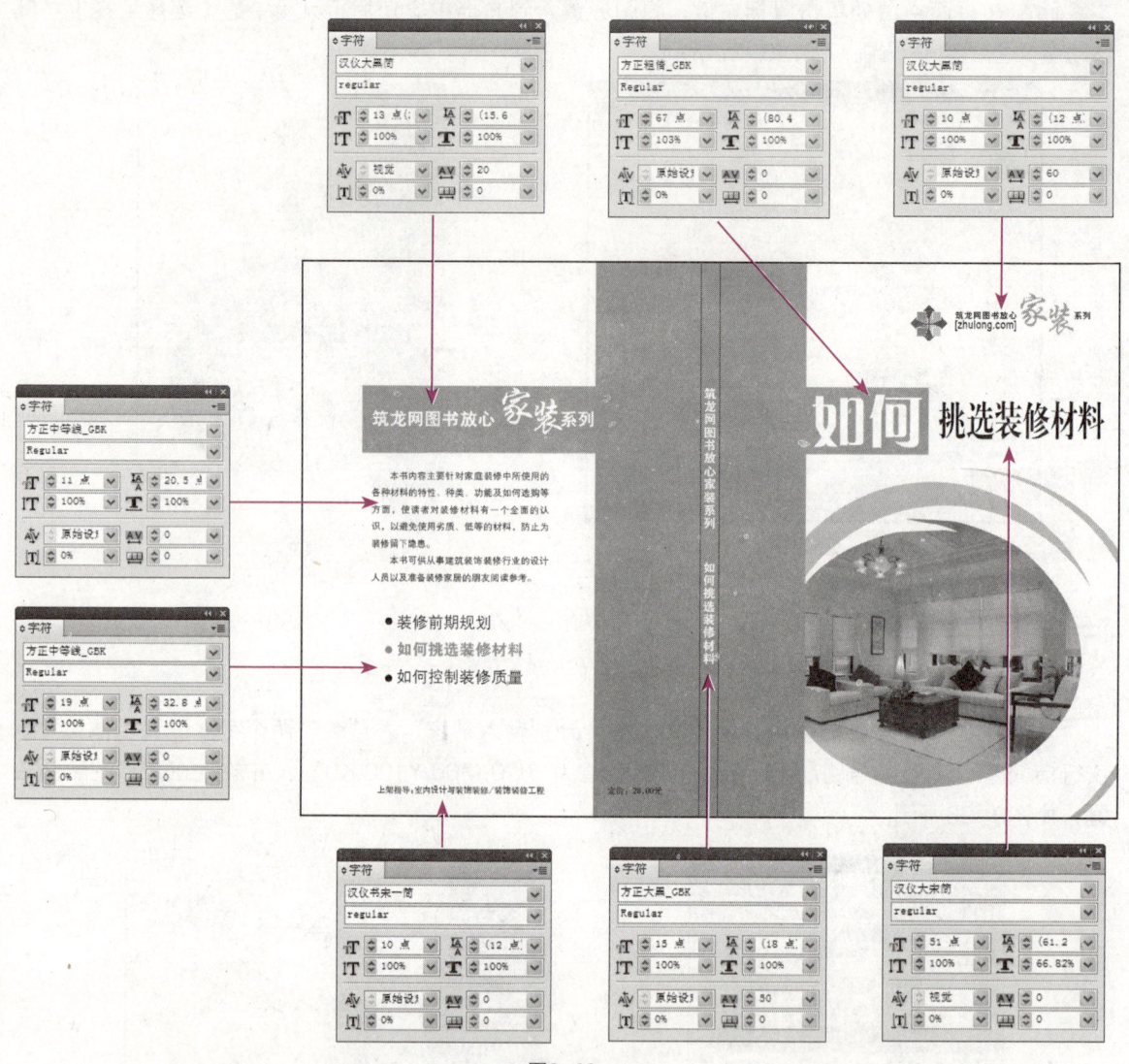

图9-29

9.1.4 设置UV专色板

❶ 使用【选择工具】选中"挑选装修材料"的文本框，按Ctrl+C键复制文本框，单击鼠标右键，在弹出的下拉菜单中选择"原位粘贴"选项，如图9-30所示。

❷ 此时，同样的文字有两层且重叠在一起，在【色板】调板下拉菜单中选择"新建颜色色板"选项，在弹出的【新建颜色色板】对话框中设置【颜色类型】为"专色"，【颜色模式】为"CMYK"，【色板名称】为UV，设置颜色数值为"C100,M0,Y100,K0"，如图9-31所示，单击【确定】按钮。

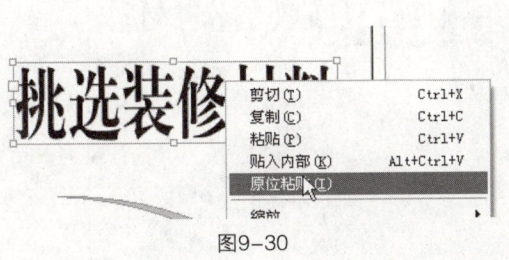
图9-30

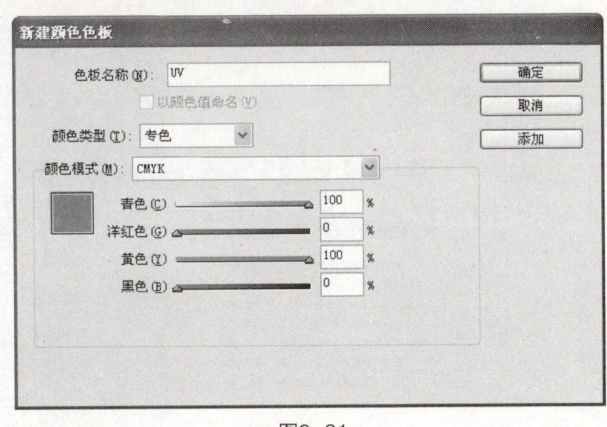
图9-31

❸ 使用【文字工具】将复制的文字选中,在【颜色调板】中选择"UV"专色,为其填充专色,如图9-32所示。

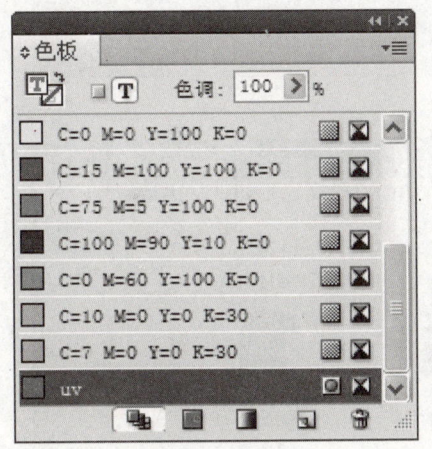
图9-32

❹ 保持文字的选中状态,执行【窗口】→【输出】→【属性】命令,调出【属性】调板,勾选【叠印填充】复选框,如图9-33所示。

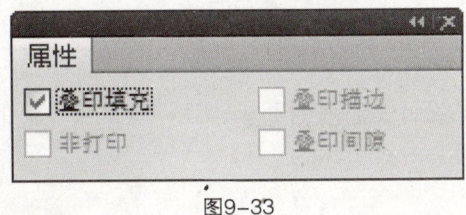
图9-33

❺ 设计效果完成,如图9-34所示。

❻ 执行【文件】→【存储为】命令,弹出【存储为】对话框,在对话框中选择要存储的路径,将【文件名】改为"家装封面",单击【保存】按钮,文件存储到指定的路径文件夹下,如图9-35所示。

图9-34

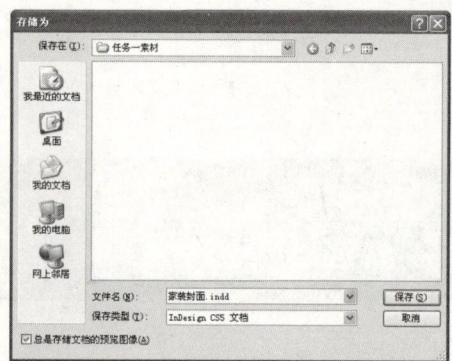 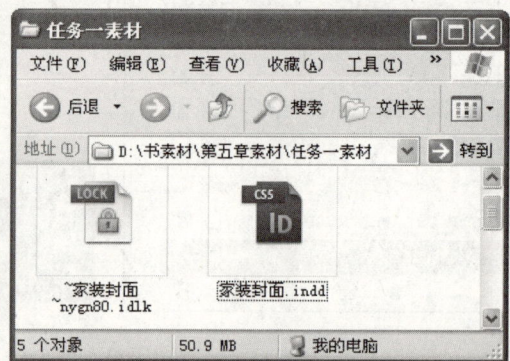

图9-35

9.2 小结

本章主要通过一个完整的设计（家装封面），让读者体会设计的流程。从建立文档到设计完成后存储文档，整个流程使读者一目了然。

第10章
逃出陷阱

本章主要讲解在设计制作过程中碰到的陷阱，包括置入带有RGB颜色的Word文档如何解决，如何将文字对齐文本框以及设计底色时尽量避开黑色。这些都是在设计制作时需要留心注意的问题。

10.1 底色的陷阱

在制作文件时经常会忽略一个问题，就是在设置一个底色时，没有注意避开黑色，而设置了一个由四色组成的底颜色。在设置文字颜色时，设计师会注意设置一个单色文字，比如单色黑，这样可以避免文字套不准，出现重影的问题。而往往会忽略在设置底色时避开黑色。在黑版中只留下黑色的文字，便于在出片时发现错字能及时修补，减少再次出片的成本。下面通过案例讲解如何避免黑色底色陷阱。

操作步骤如下。

① 打开光盘目录下的"素材\第10章\底色的陷阱.indd"文件，如图10-1所示。

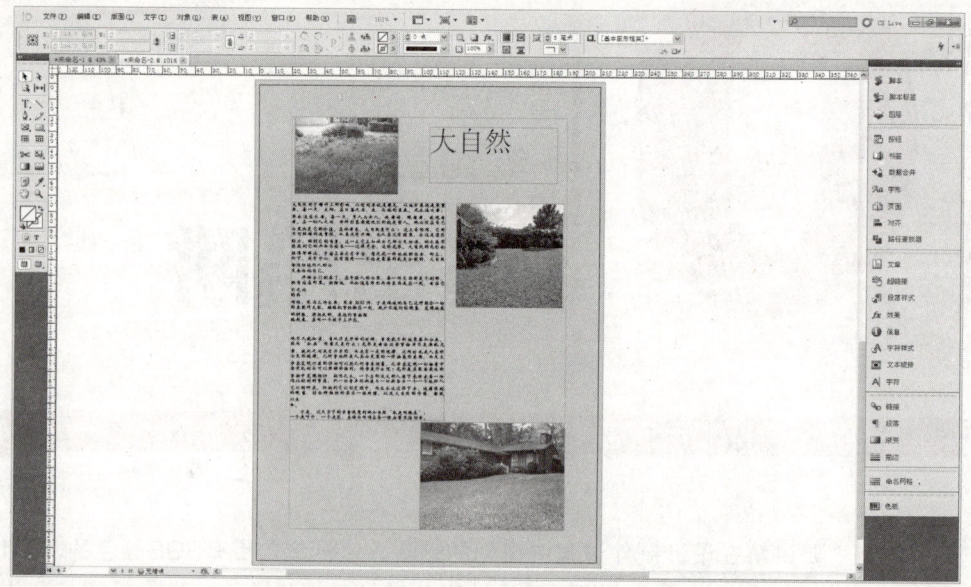

图10-1

② 首先观察页面底色的颜色设置参数，用【选择工具】选择底色，然后打开【色板】调板，可以看到黄色底的数值是（C=5,M=20,Y=55,K=5），如图10-2所示。

③ 通过分色预览观察青版、品版、黄版和黑版中的颜色，执行【窗口】→【输出】→【分色预览】命令，打开【分色预览】调板，如图10-3所示。

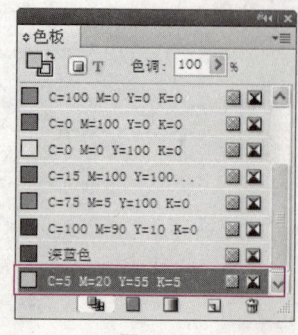

图10-2

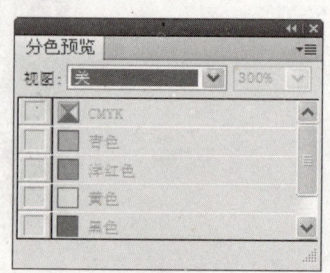

图10-3

❹ 在【视图】下拉文本框中选择【分色预览】选项，单击【分色预览】调板中的"青色"，观察页面中青色的部分，如图10-4所示。

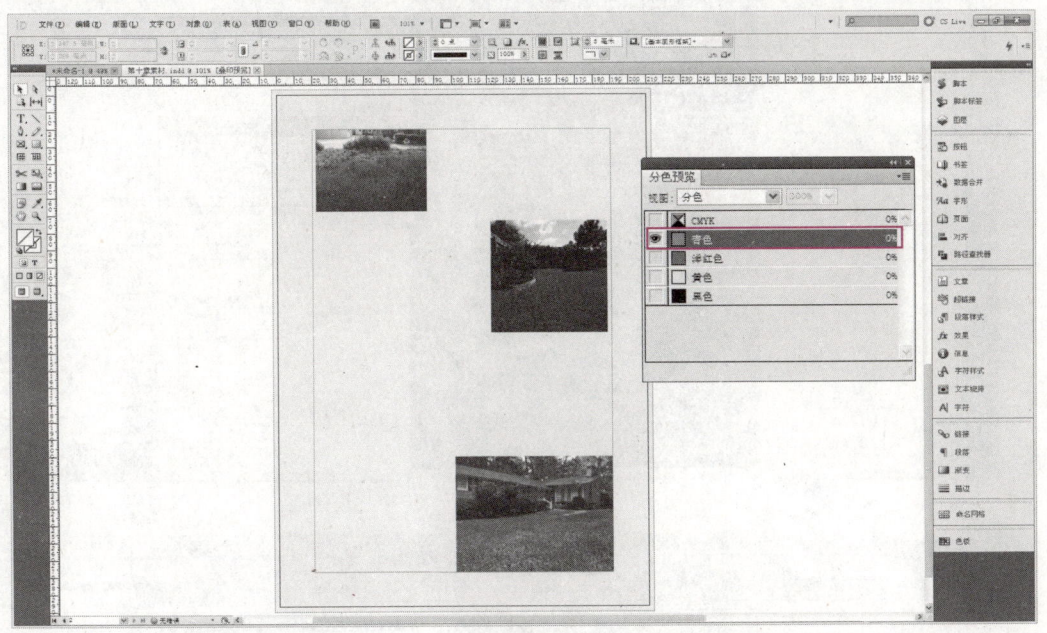

图10-4

❺ 单击【分色预览】调板的"洋红色"，观察页面中洋红色的部分，如图10-5所示。

图10-5

❻ 单击【分色预览】调板的"黄色"，观察页面中黄色的部分，如图10-6所示。
❼ 单击【分色预览】调板的"黑色"，观察页面中黑色的部分，如图10-7所示。

图10-6

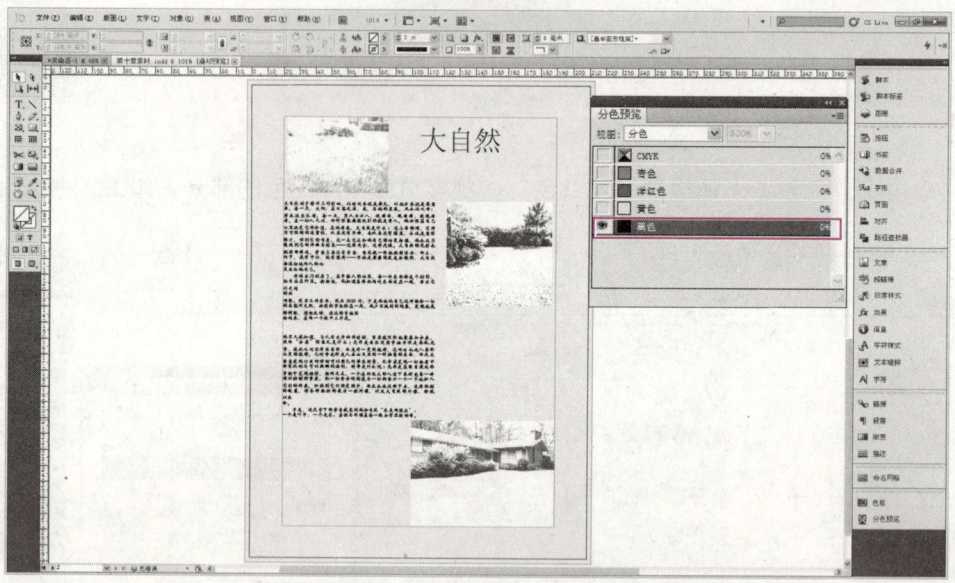

图10-7

⑧ 从【分色预览】中可以看到，底色在青色版、洋红色版、黄色版和黑色版中都有颜色，文字只在黑版中有颜色，因此，出片后发现文字有错误也不方便在黑版上修补。设计师在设置底色时应该尽量避免有黑色，打开【色板】调板，双击（C=5,M=20,Y=55,K=5）的黄色，弹出【色板选项】对话框，在【黑色】输入框中，将5改为0，如图10-8所示。

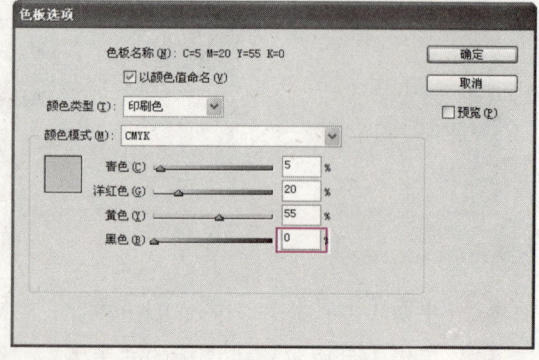

图10-8

⑨ 单击【确定】按钮，打开【分色预览】调板，选中"黑色"，可看到黑版上此时已经没有底色了，只留下文字，如图10-9所示。这样就便于修改菲林片上的错误文字，减少再次出片的成本。

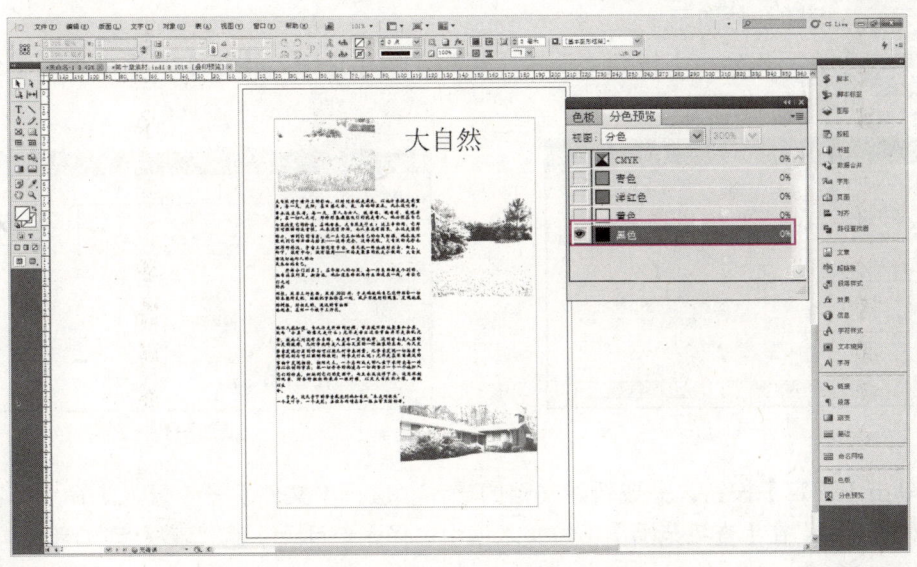

图10-9

10.2 文字对齐文本框的陷阱

在排文字较多的版面时，要注意使用串接文本，这样便于版面的调整。但是在使用串接文本后，有些页面的最后一行文字并没有对齐文本框，如图10-10所示。下面将通过案例介绍如何使文字对齐文本框。

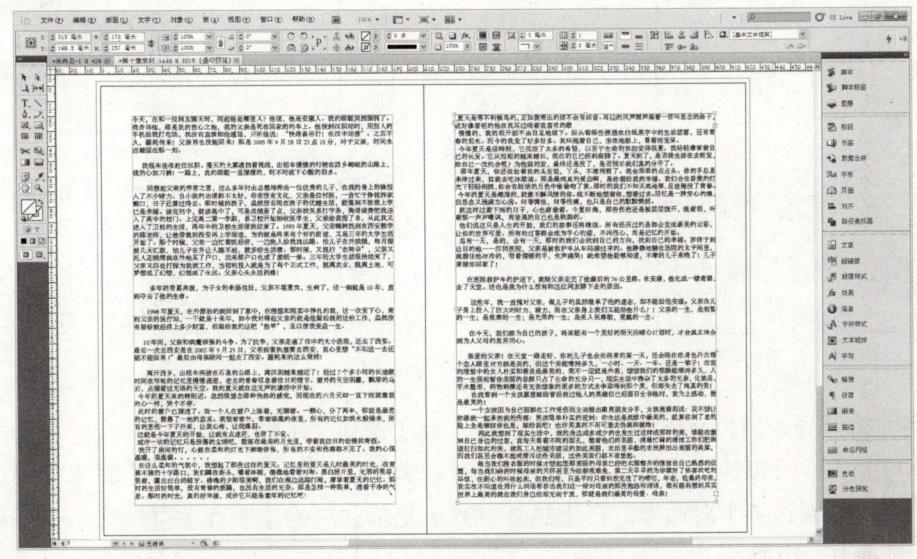

图10-10

操作步骤如下。

① 新建一个文档，执行【文件】→【新建】→【文档】命令，弹出【新建文档】对话框，在【页面】数值框中输入"6"，设置【页面大小】的【宽度】为"140毫米"，【高度】为"210毫米"，如图10-11所示。

② 单击【边距和分栏】按钮，设置【边距】的【上】、【下】、【内】和【外】均为"10毫米"，如图10-12所示。

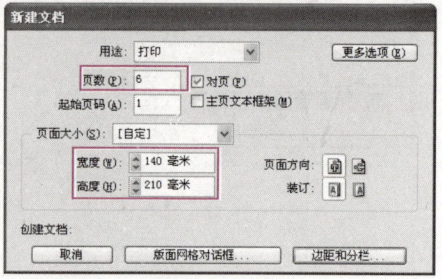
图10-11

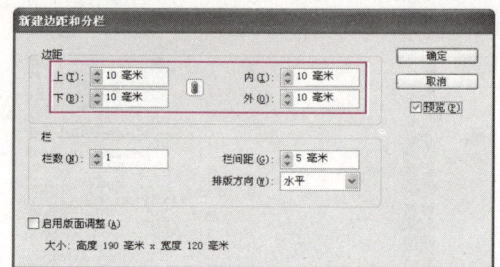
图10-12

③ 单击【确定】按钮，完成新建文档的操作。执行【文件】→【置入】命令，在弹出的【置入】对话框中，在【查找范围】下拉文本框中选择光盘目录下的"素材\第10章\文字.txt"文件，如图10-13所示。

④ 单击【打开】按钮，将光标移至版心的左上角，按住Shift键，单击鼠标左键，完成使文本按照版心大小自动排入到版面中的操作，如图10-14所示。

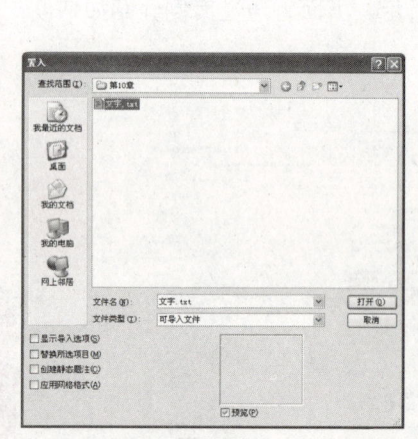
图10-13

图10-14

⑤ 将文本都导入到页面中之后，用【选择工具】选择文本框，可看到文本的最后一行文字没有与文本框对齐，可以通过【文本框架选项】进行调整。执行【对象】→【文本框架选项】命令，弹出【文本框架选项】对话框，在【垂直对齐】复选区中的【对齐】下拉文本框中选择"两端对齐"，如图10-15所示。

❻ 单击【确定】按钮，可看到文本的最后一行文字与文本框对齐了，如图10-16所示。按照上一步骤的方法将文本逐个对齐文本框，在此不再重复叙述。

❼ 将文字对齐文本框的操作就完成了。

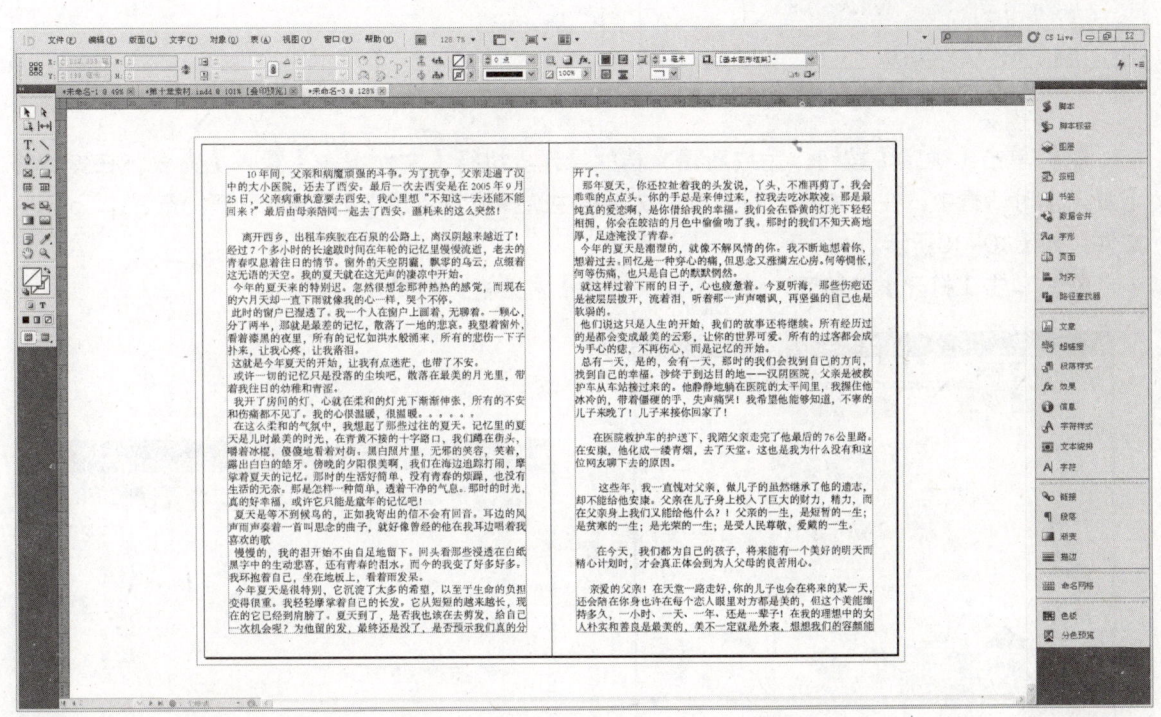

图10-15

图10-16

10.3 置入带Word颜色的陷阱

在进行设计制作时，经常会碰到客户提供的资料是Word文档。但是InDesign不支持Word自带的某些样式，比如Word文档中的下划线、倾斜和阴影等，置入这些带Word样式的文本到InDesign中所出现的问题在前面讲解到了，此处就不再赘述。但设计师还应注意Word自带的颜色陷阱。Word中的颜色为RGB色彩空间，不能用于印刷，因此置入带Word颜色的文本时，都要将其改为CMYK色彩空间，下面通过实例操作讲解如何在InDesign中修改Word自带的颜色。

操作步骤如下。

① 新建文档，执行【文件】→【新建】→【文档】命令，弹出【新建文档】对话框，在【页面】数值框中输入"1"，设置【页面大小】的【宽度】为"210毫米"，【高度】为"285毫米"，如图10-17所示。

② 单击【边距和分栏】按钮，设置【边距】的【上】、【下】、【内】和【外】为"10毫米"，如图10-18所示。

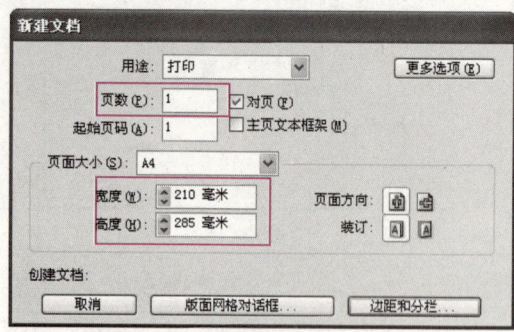
图10-17

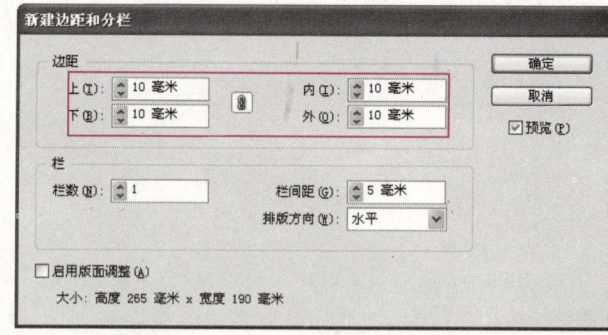
图10-18

③ 单击【确定】按钮，完成新建文档的操作。执行【文件】→【置入】命令，在弹出的【置入】对话框中，在【查找范围】下拉文本框中选择光盘目录下的"素材\第10章\文本.doc"文件，如图10-19所示。

④ 单击【打开】按钮后，弹出【缺失字体】对话框，如图10-20所示。

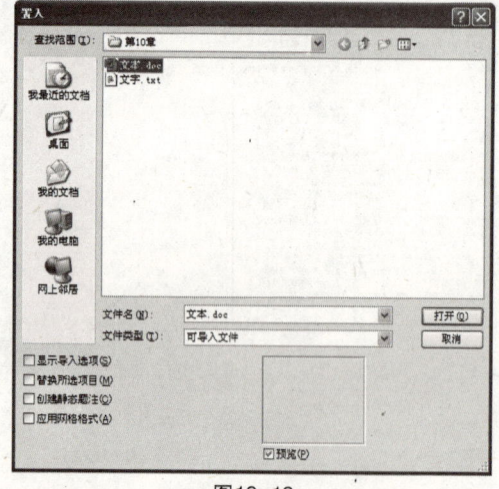
图10-19

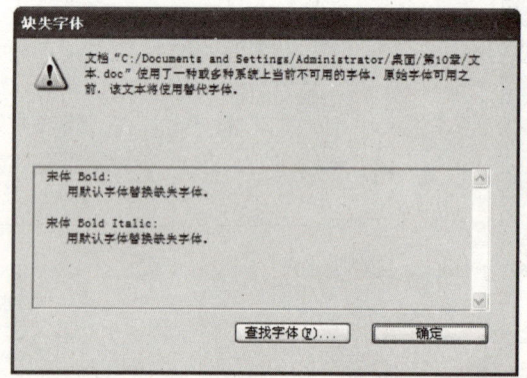
图10-20

⑤ 单击【确定】按钮，将光标移至版心的左上角，按住shift键，单击鼠标左键，则完成使文本按照版心大小自动排入到版面中的操作，如图10-21所示。

⑥ 打开【段落样式】对话框，在【段落样式】对话框中有一个"正文"样式，这是置入Word文档时自带的样式，选中"正文"样式，然后再单击【删除选定样式】按钮，将"正文"样式删除，如图10-22所示。

⑦ 将"正文"样式删除后，页面中带颜色底的文字自动被替换为宋体，如图10-23所示。

图10-21

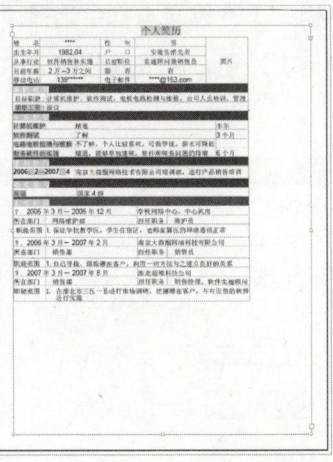

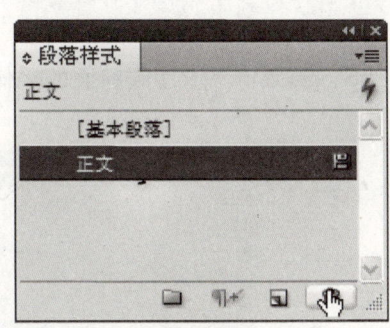

图10-22

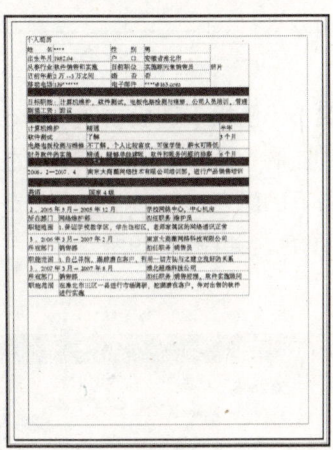

图10-23

❽ 打开【色板】调板,可以看到在颜色名称旁带"■"符号的颜色为RGB颜色,如图10-24所示。

❾ 需要将RGB色彩空间更改为CMYK印刷色彩空间。双击【色板】调板中的"White"颜色,弹出【色板选项】对话框,如图10-25所示。

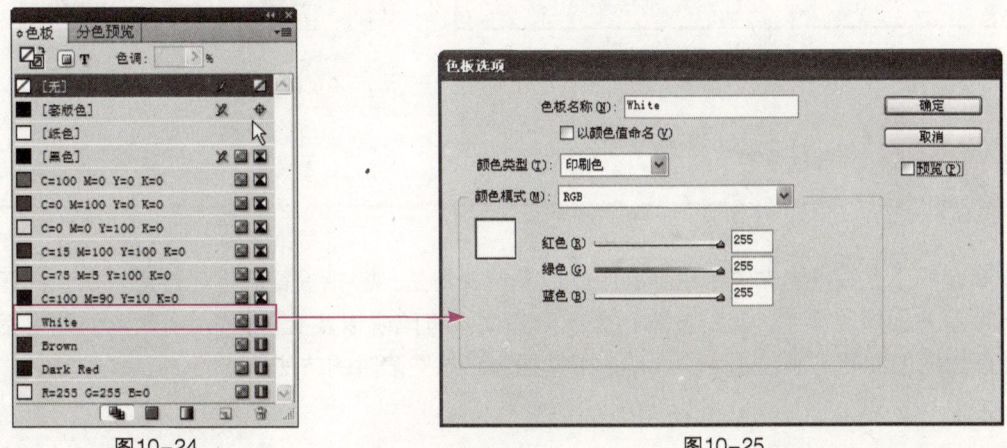

图10-24　　　　　　　　　　　　　图10-25

⑩ 在【颜色模式】下拉文本框中选择"CMYK",如图10-26所示。

⑪ 单击【确定】按钮,完成颜色模式的更换,如图10-27所示。

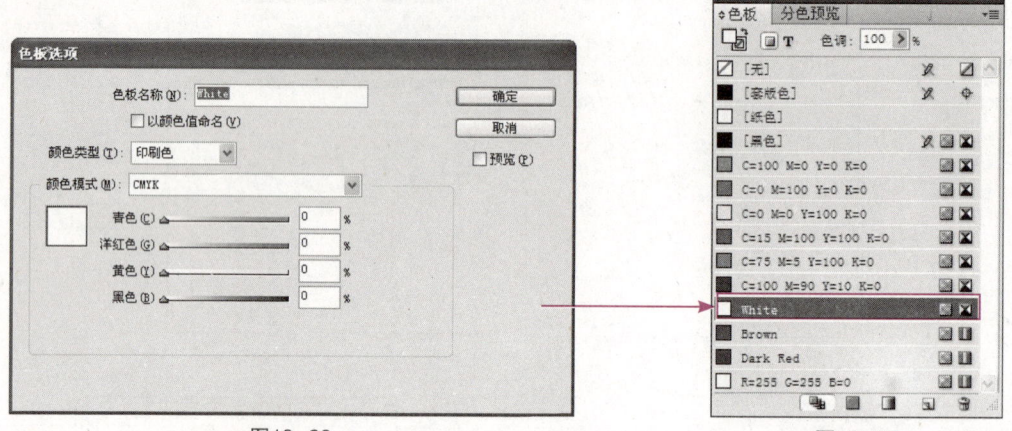

图10-26　　　　　　　　　图10-27

⑫ 双击【色板】调板中的"Brown"颜色,弹出【色板选项】对话框,在【颜色模式】下拉文本框中选择"CMYK",将颜色的个位数值改为5或0,如图10-28所示。

⑬ 剩下的颜色"Dark Red","R=255,G=255,B=0",均按照前面的操作步骤更换为CMYK印刷色,如图10-29所示。

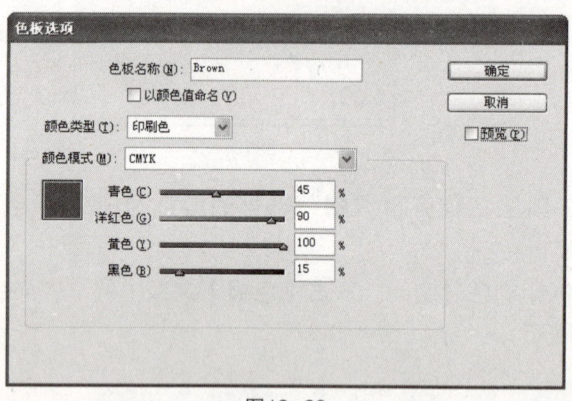
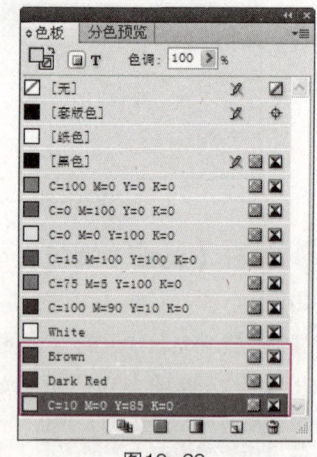

图10-28　　　　　　　　　图10-29

10.4　小结

本章介绍了在设计制作中常碰到的问题以及解决方法,包括设置底色尽量避开黑色问题,这能在出片后方便修改文字,节约成本,文字对齐文本框陷阱以及置入带Word颜色的陷阱都是常被设计师忽略的问题。通过这章的学习,可掌握逃出这些陷阱的方法。

第11章
迅速提高工作效率

本章主要介绍一些正确的工作习惯和正确的设计制作流程,并分类列出常用的快捷键、快速使用样式和粘贴文本内容的方法,介绍有效设置【色板】调板和复合字体,提高工作效率的方法和途径。

11.1 正确的工作习惯与流程

正确的工作习惯能帮助设计师节约时间，妥善管理文件能避免文件丢失，规范的操作能减少出错，设计师在平时工作中能按照这3点规范工作习惯，对提高工作效率是非常有帮助的。下面先来介绍正确的工作习惯和制作流程，为设计师日后的工作提供一些参考。

11.1.1 正确的工作习惯

首先，对客户提供的文件和没有编辑过的素材文件，应统一放在一个文件夹里，将编辑并应用到版面中的图片与制作文件放在同一个文件夹，图片应按放置版面的页数以及位置起好名字。在制作过程中，设计师可能需要发电子文件给客户，提出修改意见，客户根据文件也会提出修改图片、换图片或是移动图片的要求。如果前期没有将文件分类管理，那么在文件修改时可能会导致图片出错等问题。

设计师可参照图11-1所示的文件归类方法对文件进行整理。

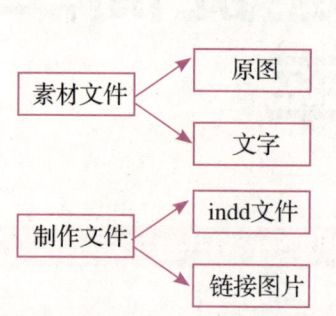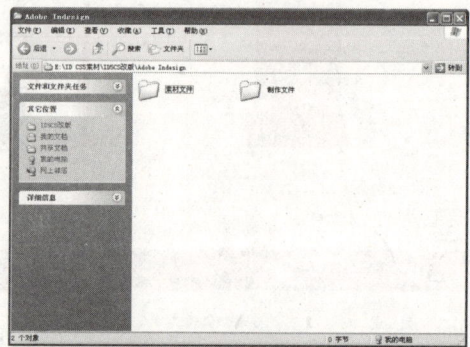
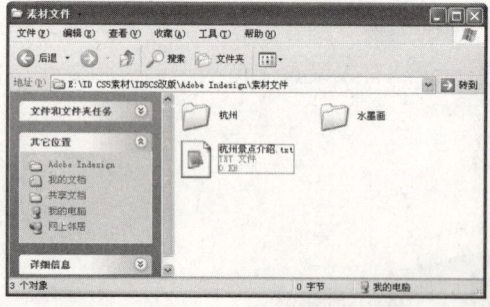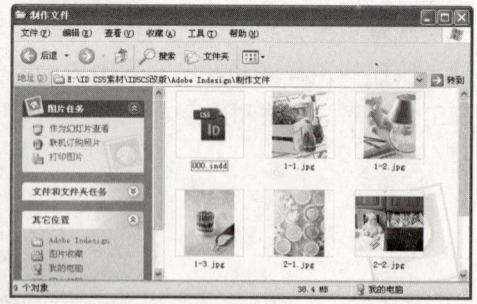

图11-1

11.1.2 设计制作流程

繁琐的设计工作需要设计师的规范操作，下面将设计制作流程分为8个知识点进行介绍，让设计师能正确操作，减少输出时发生的各种错误。

1. 创建文档

当接到一项设计工作时，首先要了解客户的要求，如版面做多大尺寸、多少页、四色印刷还是单色印刷等。在创建文档时，最重要的是尺寸设置要正确，错误的尺寸会导致整个印刷品的失败。

下面列出的是常见出版物在创建文档时各项设置应注意的问题。

①页数

执行【文件】→【新建】→【文档】命令，在弹出的【新建文档】对话框中设置页数，并要考虑装订方式，如图11-2所示。比如，客户要求做骑马钉的宣传册，但只提供了15页的内容，设计师则需提醒客户，骑马钉通常以4的倍数设置页码，那么需要16页的内容。

骑马钉因是两个页面对折装订，所以要选中【对页】复选框。如果是环装书或台历，则是单页装订，不用选中【对页】复选框。

②尺寸

页面尺寸的正确设置关系着整个印刷品的成败，在设置普通宣传册时，一般设置为210毫米×285毫米，如图11-3所示，三折页设置为210毫米×285毫米，名片设置为90毫米×55毫米或90毫米×50毫米，手提袋设置为400毫米×285毫米×80毫米等。

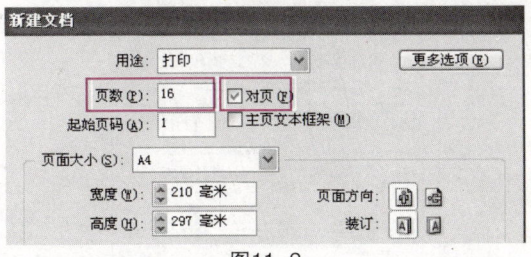

图11-2

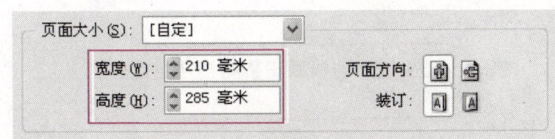

图11-3

③出血

InDesign是专业的排版软件，在设置成品尺寸时，InDesign会自动在页面四周加上出血，因此出版物为跨页时，内出血的设置应为0，这一点常被设计师忽略，如图11-4所示。

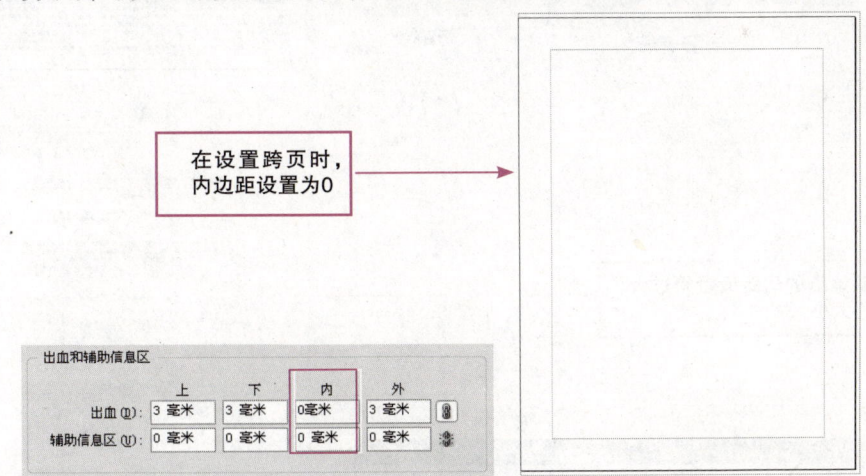

图11-4

④边距

设置边距时，天头地脚的留白宽度一般为10～20毫米，天头要比地脚宽一些，这样使版心看起来比较稳当，避免头重脚轻，如图11-5所示。

如果版心设置得过大，会使页面看起来太满，造成阅读不方便，如图11-6（a）所示。如果版心设置得过小，则会使页面看起来太空、不实，如图11-6（b）所示。

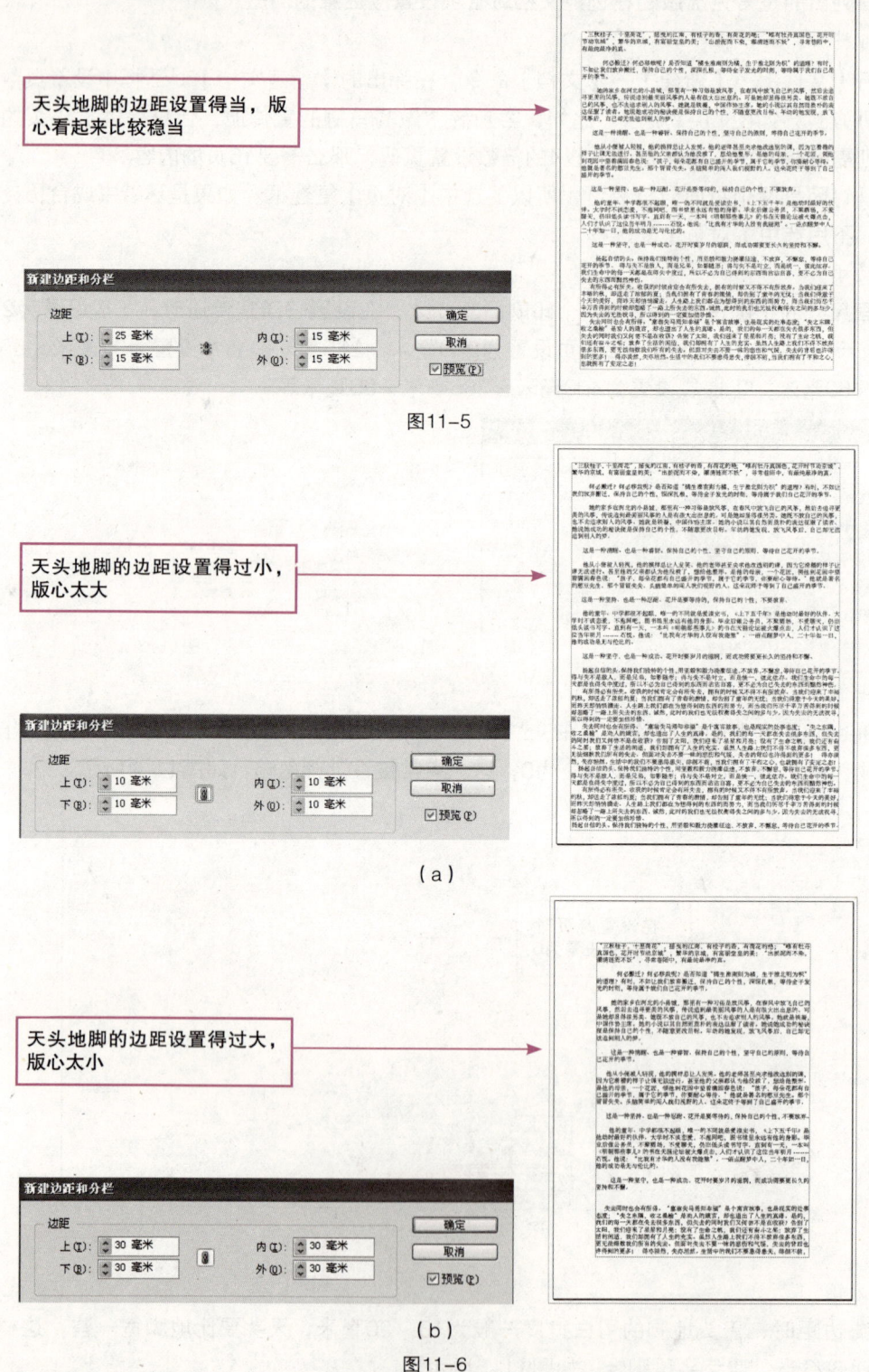

图11-5

（a）

（b）

图11-6

页数比较多的书籍，书本的张合不太方便，订口位置的文字看起来也会有些难度，在这种情况下，订口内侧的空白就应该留得更大一些，如图11-7所示。

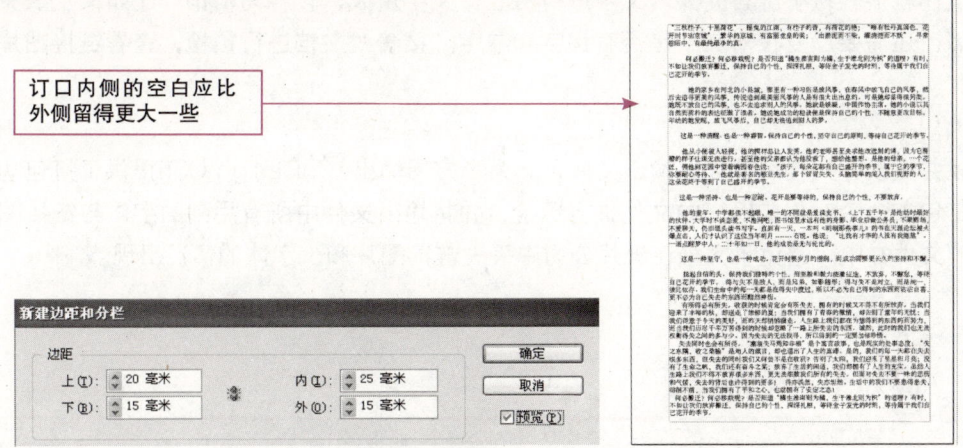

图11-7

⑤分栏

在不同的出版物中设置分栏是很讲究的，报纸通常分为5栏或6栏；期刊杂志通常分为2栏或3栏；文字较多的书籍，如小说、散文、传记通常不分栏；科技类书籍，如果以文字为主，通常是1栏，而以图为辅助性说明的，通常是2栏。

2. 制作主页

创建完文档后，接下来要在主页中添加每页用到的相同元素，比如页眉、页脚、页码和一些颜色块。

在设计制作时应操作规范。运用参考线辅助设置主页，可规范排版页面，节省大量排版时间。运用【文字工具】和【矩形框架工具】绘制占位符，可帮助设计师准确地定位文字与图片的位置，节省对齐文字与图片位置的时间。

3. 制定样式

制定完主页后，接下来为正文、一级标题、二级标题和图注等设定样式。样式能使一个出版物降低出错率，并且快捷方便地完成统一格式的操作。在设定样式时，可以用假字填充选项，以便查看样式设置后的效果，这样可以直观并且方便地更改样式设置。

4. 置入文字和图片

在置入文字和图片时，建议将它们分别放在不同的图层中，避免图压文字，使文字无法正常显示的情况出现。

5. 处理页面

每页的内容安排好后，接下来的工作就是调整页面，如果设计师需要添加内容就需要增加页面，如果改变想法就需要移动页面，如果有多余的页面就需要删除。

6. 制作目录

规范地对样式进行设置并命名，对接下来的制作目录的工作起到很好的开头作用。创建目录样式首先要有应用于目录样式的段落样式，如一级标题和二级标题等。如果设计师在每页的标题中都应用了样式，那么通过创建目录样式就能够自动生成目录。

7. 校对

印刷品设计制作完成后，最后剩下的是校对工作。如果设计师能按照规范要求进行操作，那么校对工作就很轻松了。首先要对文字进行检查，文字量大，较容易出错。比如文字缺失，使用系统字等，还需要反复校对文字是否有错字和漏字。接着对文档进行预检，查看链接图片和色彩空间等。

8. 输出

查找并更改完文档后就可以输出文件了。为了方便输出，InDesign CS5提供了打包功能，可以用【打包】命令对需要输出的文件进行预检，并将输出文件中所有用到的字体与链接图片复制到指定的文件夹中。避免了文档在出片公司中丢失链接图片和少字体的情况出现。

11.2 快捷键

使用快捷键能有效地提高工作效率。InDesign提供了多种快捷键，无需使用鼠标即可快速地处理文档。多数键盘快捷键显示在菜单中的命令名旁边，设计师可以对常用的命令创建自己的快捷键，还可以在编辑器中查看并生成所有快捷键的列表。下面介绍常用快捷键分类、操作快捷键的方法和定义快捷键。

11.2.1 常用快捷键分类

下面列出了常用快捷键分类列表，方便设计师查找和记忆。熟记快捷键能为工作带来极大的方便，建议设计师常使用快捷键操作文档。

1. 用于编辑路径

【钢笔工具】是常用的绘图工具。下面以绘制一个简单图形为例讲解编辑路径的快捷键（见表11-1），操作步骤如下。

表11-1

命令	快捷键
临时选择"转换方向点"工具	【直接选择工具】+ Alt + Ctrl 或【钢笔工具】+ Alt
临时在"添加锚点工具"和"删除锚点工具"之间切换	Alt
临时选择"添加锚点"工具	【剪刀工具】C+ Alt
当指针停留在路径或锚点上时，让"钢笔"工具保持选中状态	【钢笔工具】P + Shift
绘制过程中移动锚点和手柄	【钢笔工具】P+空格键

❶ 绘制一条曲线时，需要两个控制点才能调整好曲线的形状，按P键选择【钢笔工具】，单击页面空白处，并按Alt键向左上角拖出一条方向线，如图11-8所示。

❷ 在左侧空白处单击并向下拖动鼠标，拖出一条方向线，如图11-9所示。

❸ 在图11-8所示的锚点的下方位置单击一个锚点，如图11-10所示。

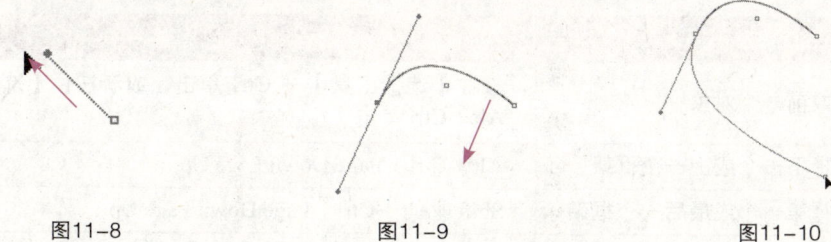

图11-8　　　　　　　图11-9　　　　　　　图11-10

④ 然后在图11-10所示的锚点的左侧位置单击并向上拖动鼠标，拖出一条方向线，如图11-11所示。

⑤ 闭合路径时，按住Alt键，可以在不移动其他方向线的情况下拖出一条方向线，进行调整曲线，如图11-12所示。

⑥ 最后按住Ctrl键调整控制点，如图11-13所示。

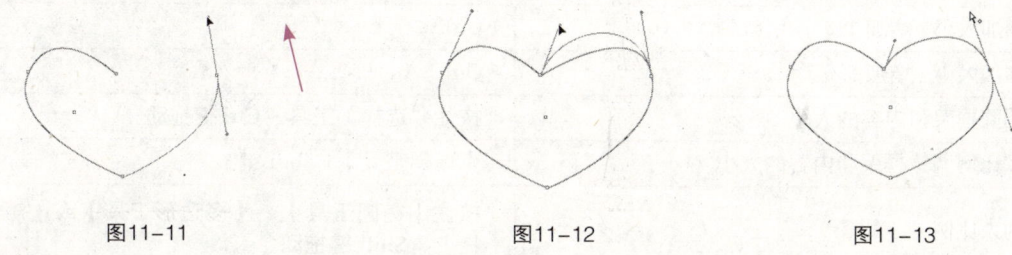

图11-11　　　　　　　图11-12　　　　　　　图11-13

> **提示**
>
> 下面介绍在用其他工具情况下，如何临时调整路径。

2. 选择和移动对象

快捷键如表11-2所示。

表11-2

命令	快捷键
临时选择【选择工具】或【直接选择工具】（上次所用工具	任何工具（选择工具除外）+ Ctrl
向多对象选区中添加对象，或从中删除对象	按住【选择工具】或【直接选择工具】+ Shift 键单击（要取消选择，请单击中心点）
直接复制选区	按住【选择工具】或【直接选择工具】+ Alt 键拖动
直接复制并偏移选区	Alt + 向左箭头键、向右箭头键、向上箭头键或向下箭头键
直接复制选区并将其偏移 10 倍	Alt + Shift + 向左箭头键、向右箭头键、向上箭头键、向下箭头键
移动选区	向左箭头键、向右箭头键、向上箭头键、向下箭头键
将选区移动 1/10	Ctrl + Shift + 向左箭头键、向右箭头键、向上箭头键、向下箭头键
从文档中选择主页项目页面	按住【选择工具】或【直接选择工具】+ Ctrl + Shift，单击

（续表）

命令	快捷键
选择后一个或前一个对象	按住【选择工具】+ Ctrl 单击，或者按住【选择工具】+ Alt + Ctrl 单击
在文章中选择下一个或上一个框架	Alt + Ctrl + Page Down/Page Up
在文章中选择第一个或最后一个框架	Shift + Alt + Ctrl + Page Down/Page Up

3. 变换对象

快捷键如表11-3所示。

表11-3

命令	快捷键
减小大小 / 减小 1%	Ctrl +,
减小大小 / 减小 5%	Ctrl + Alt +,
增加大小 / 增加 1%	Ctrl +.
增加大小 / 增加 5%	Ctrl + Alt + .
调整框架和内容的大小	按住"选择"工具 + Ctrl 键拖动
按比例调整框架和内容的大小	【选择工具】+ Shift 键
约束比例	按住【椭圆工具】、【多边形工具】或【矩形工具】+ Shift 键拖动
将图像从"高品质显示"切换为"快速显示"	Shift + Esc

4. 表格

快捷键如表11-4所示。

表11-4

命令	快捷键
拖动时插入或删除行或列	首先拖动行或列边框，然后在拖动时按住 Alt 键
在不更改表大小的情况下调整行或列的大小	按住 Shift 键并拖动行或列的内边框
按比例调整行或列的大小	按住 Shift 键拖动表的右边框或下边框
移至下一个/上一个单元格	Tab/Shift + Tab
移至列中的第一个/最后一个单元格	Alt + Page Up/Page Down
移至行中的第一个/最后一个单元格	Alt + Home/End
移至框架中的第一行/最后一行	Page Up/Page Down
上移/下移一个单元格	向上箭头键/向下箭头键
左移/右移一个单元格	向左箭头键/向右箭头键
选择当前单元格上/下方的单元格	Shift + 向上箭头键/向下箭头键
选择当前单元格右/左方的单元格	Shift + 向右箭头键/向左箭头键
下一列的起始行	Enter（数字键盘）
下一框架的起始行	Shift + Enter（数字键盘）
在文本选区和单元格选区之间切换	Esc

5. 处理文字

快捷键如表11-5所示。

表11-5

命令	快捷键
粗体	Shift + Ctrl + B
斜体	Shift + Ctrl + I
正常	Shift + Ctrl + Y
下划线	Shift + Ctrl + U
删除线	Shift + Ctrl + /
左对齐、右对齐或居中	Shift + Ctrl + L、R 或 C
全部两端对齐	Shift + Ctrl + F（所有行）或 J（除最后一行外的所有行）
增加或减小点的大小	Shift + Ctrl + > 或 <
将点大小增加或减小5倍	Shift + Ctrl + Alt + > 或 <
增加或减小行距（横排文本）	Alt + 向上箭头键/向下箭头键
增加或减小行距（直排文本）	Alt + 向右箭头键/向左箭头键
将行距增加或减小5倍（横排文本）	Alt + Ctrl + 向上箭头键/向下箭头键
将行距增加或减小5倍（直排文本）	Alt + Ctrl + 向右箭头键/向左箭头键
自动行距	Shift + Alt + Ctrl + A
增加或减小字偶间距和字符间距（横排文本）	Alt + 向左箭头键/向右箭头键
增加或减小字偶间距和字符间距（直排文本）	Alt + 向上箭头键/向下箭头键
将字偶间距和字符间距增加或减小5倍（横排文本）	Alt + Ctrl + 向左箭头键/向右箭头键
将字偶间距和字符间距增加或减小5倍（直排文本）	Alt + Ctrl + 向上箭头键/向下箭头键
清除所有手动字偶间距调整，将字符间距重置为 0	Alt + Ctrl + Q
增加或减小基线偏移（横排文本）	Shift + Alt + 向上箭头键/向下箭头键
增加或减小基线偏移（直排文本）	Shift + Alt + 向右箭头键/向左箭头键
将基线偏移增加或减小五倍（横排文本）	Shift + Alt + Ctrl + 向上箭头键/向下箭头键
将基线偏移增加或减小五倍（直排文本）	Shift + Alt + Ctrl + 向右箭头键/向左箭头键
重排所有文章	Alt + Ctrl + /
插入当前页码	Alt + Ctrl + N

11.2.2 操作快捷键的方法

InDesign把快捷键分为两种：工具箱快捷键和菜单快捷键。

1. 工具箱快捷键

InDesign把最常用的工具都放置在工具箱中，将鼠标放在工具箱按钮上停留几秒就会显示出工具的快捷键（如图11-14所示），熟记这些快捷键可减少鼠标在工具箱和文档窗口间来回移动的次数，提高工作效率。

2. 菜单快捷键

菜单也是在设计工作中经常使用到的命令，同样使用菜单命令的快捷键也能提高工作效率。操作步骤如下。

① 按住Alt键+菜单快捷键，如图11-15所示。

② 在弹出的下拉菜单中，再按需要执行命令的快捷键，如图11-16所示。

图11-14

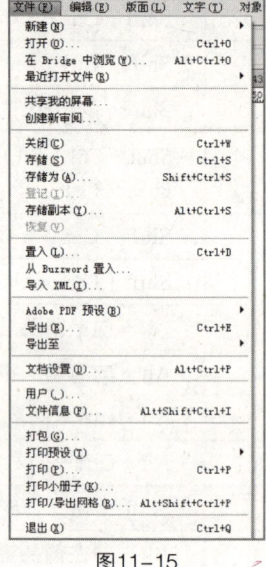
图11-15

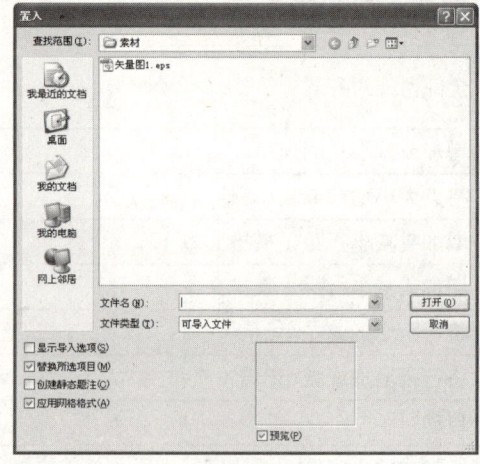
图11-16

11.2.3 定义快捷键

在InDesign的菜单命令中有些没有设置快捷键，对于经常使用的命令设计师可以通过执行【编辑】→【键盘快捷键】命令，在弹出的【键盘快捷键】对话框中进行设置，如图11-17所示。

定义快捷键的操作步骤如下。

① 在【命令】文本框中选择需要设置快捷键的命令。如果该命令当前没有设置快捷键，则在【当前快捷键】文本框中无显示，如图11-18所示。

② 此时可以在【新建快捷键】文本框中设置快捷键，在键盘上输入设置按键即可。如果设置的快捷键与某个命令的快捷键重复，则会在【新建快捷键】文本框的下方给予提示，如图11-19所示。

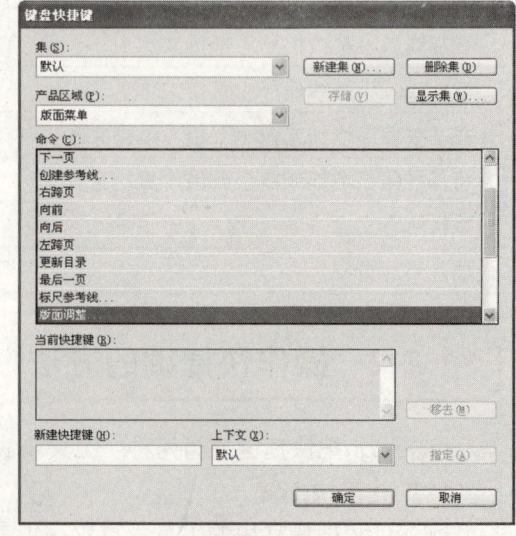
图11-17

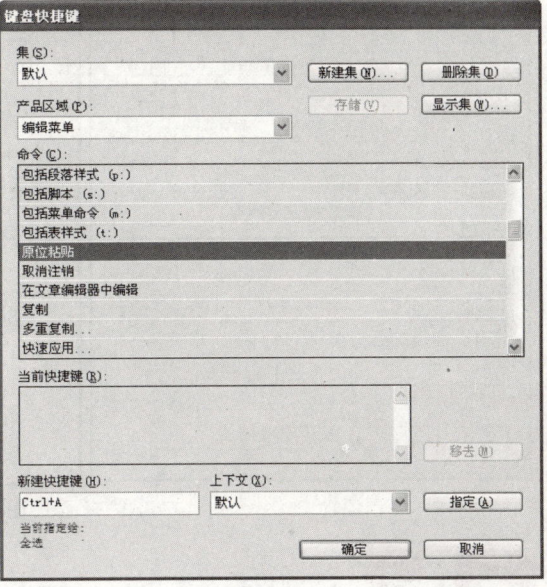

图11-18　　　　　　　　　　　图11-19

❸ 未指定的快捷键会在【新建快捷键】文本框的下方给与提示，如图11-20所示。然后单击【指定】按钮，再单击【确定】按钮，完成设置快捷键的操作。

❹ 需要更改快捷键设置，可以在【当前快捷键】文本框中选择快捷键，然后单击【移去】按钮即可，如图11-21所示。

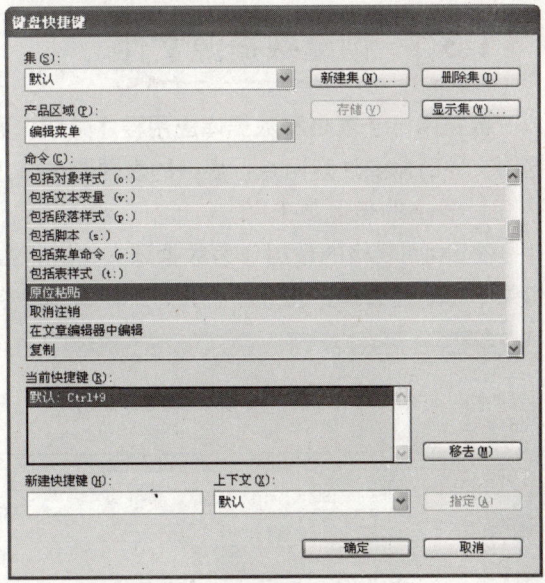

图11-20　　　　　　　　　　　图11-21

❺ 单击【显示集】按钮可看到InDesign CS5菜单中全部快捷键命令，如图11-22所示。【无定义】表示该命令没有设置快捷键。

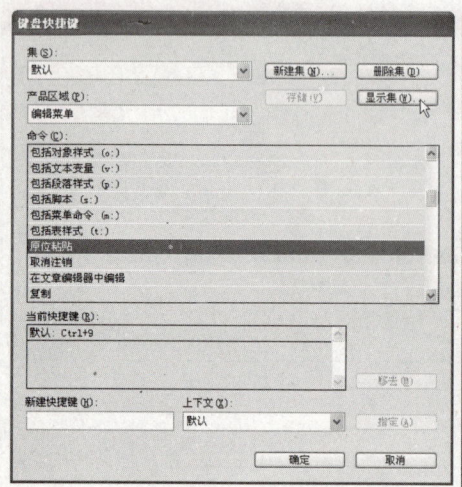 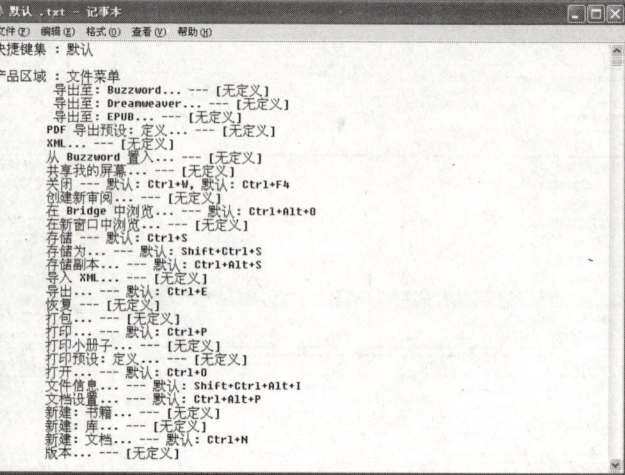

图 11-22

11.3 数据合并

在过去的排版软件中，设计师只能将Excel表格里的数据复制粘贴到InDesign中进行排版。如果表格中的数据内容较多，将增加许多工作量。InDesign的数据合并功能可以将Excel表格数据与indd文档合并，如创建信函、信封、邮寄地址或调查资料等，都可以用数据合并完成。下面讲解创建数据合并对Excel表格和indd文档的要求，以及如何实现数据合并。

11.3.1 创建数据源文件

数据由电子表格和数据库应用程序生成，通常将生成的表格数据称为数据源文件。在创建数据源文件时需要注意两点：表格的表题要去掉，数据源文件的存储格式要正确。

1. 表格的表题要去掉

将Excel表格的数据作为数据源文件进行数据合并时，需要将表题去掉，如图11-23所示。如果不将表题去掉，在数据合并时不能识别表格中的信息。

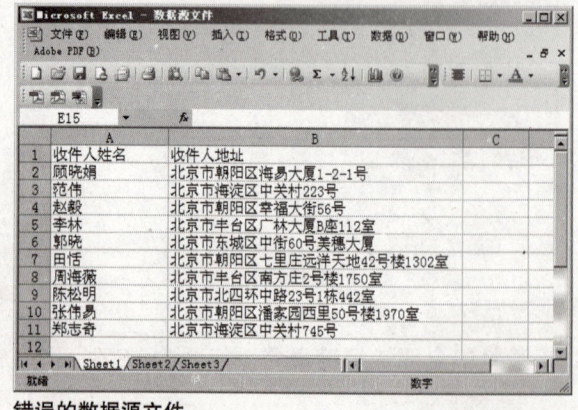 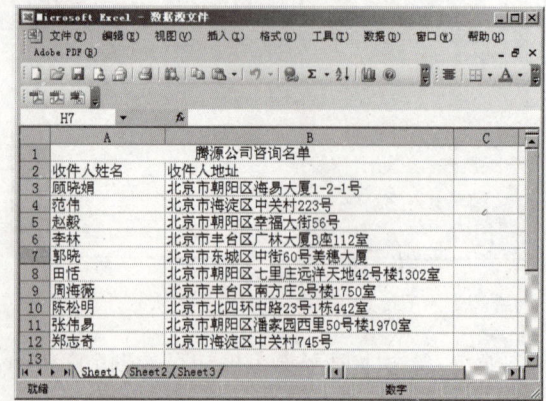

错误的数据源文件　　　　　　　　　　　正确的数据源文件

图 11-23

2. 数据源文件的存储格式

在InDesign中，用逗号和制表符来分隔的每条数据，所以数据源文件应当以逗号分隔（.csv）或制表符分隔（.txt）的文本格式存储。

操作步骤如下。

❶ 将创建好的Excel表格执行【文件】→【另存为】命令，弹出【另存为】对话框，在【保存类型】下拉菜单中选择"csv（逗号分隔）"，如图11-24所示。

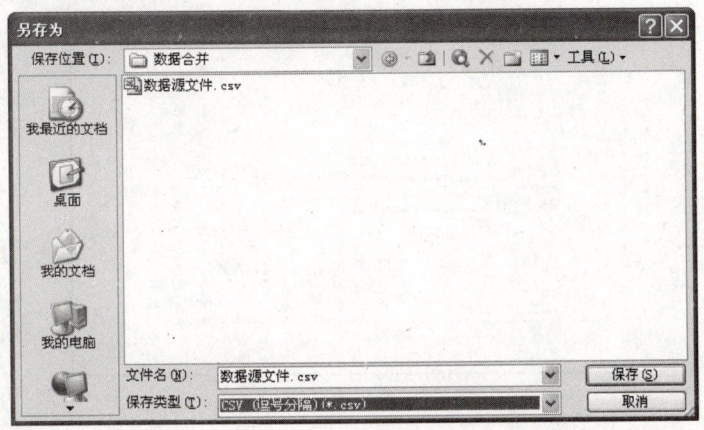

图11-24

❷ 单击【保存】按钮，弹出【Microsoft Excel】对话框，如图11-25（a）所示，单击【确定】按钮，继续单击【是】按钮，如图11-25（b）所示，即完成存储文件的操作。

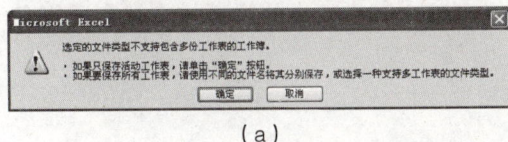

图11-25

❸ 打开存储文件的路径，设计师可以看到，这里存储的文件图标与常见的存储文件不一样，如图11-26所示。

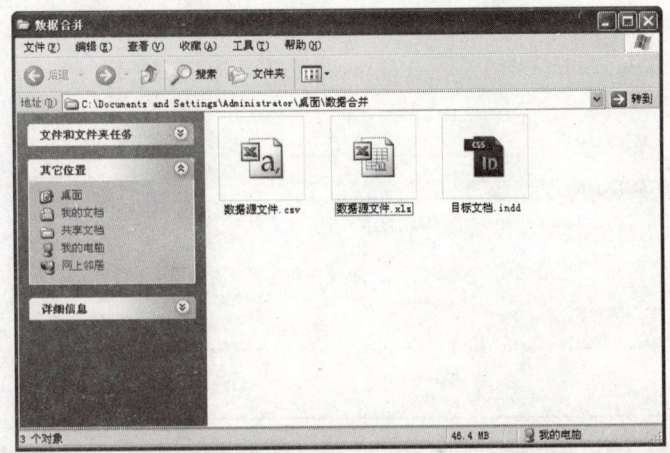

图11-26

11.3.2 创建目标文档

创建完数据源文件之后，接下来需要建立放置Excel表格信息的indd文档，也就是目标文档。目标文档包含数据的占位符，如要在每张明信片上显示人名和地址。设计师可将样板和数据占位符建立在主页或页面上。设计师在建立目标文档时应注意，用于放置数据的文本框要比实际用到的尺寸稍微大一些，避免在数据合并时出现溢流文本，如图11-27所示。

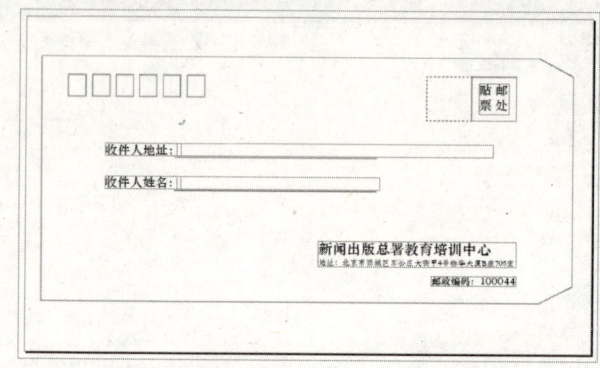

图11-27

11.3.3 数据合并

将数据源文件和目标文档都创建好之后，下面将表格中的数据合并到文档中，合并数据时，InDesign 将创建一个新文档，数据源中有多少条信息，则该文档中建立的样板信息就会重复多少次。下面以信封为例讲解如何进行数据合并的操作。

操作步骤如下。

❶ 打开InDesign文件，如图11-28所示。

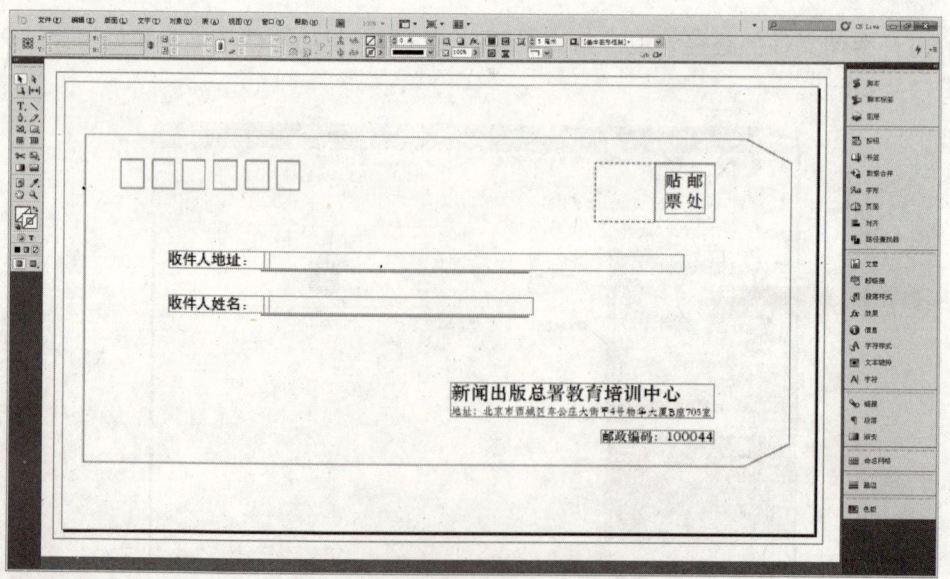

图11-28

迅速提高工作效率 第11章

❷ 执行【窗口】→【实用程序】→【数据合并】命令，打开【数据合并】调板，如图11-29所示。

❸ 单击【数据合并】调板右上角的黑色三角按钮，在弹出的下拉菜单中选择【选择数据源】选项，弹出【选择数据源】对话框，在【查找范围】下拉文本框中选择光盘目录下的"素材\第11章\数据源文件.CSV"文件，如图11-30所示。

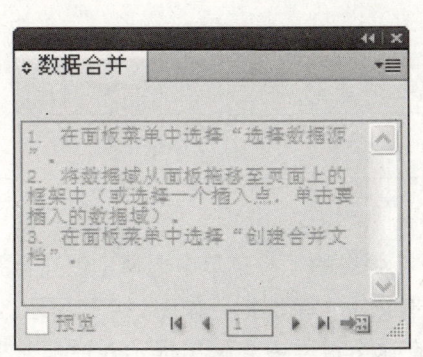

图11-29

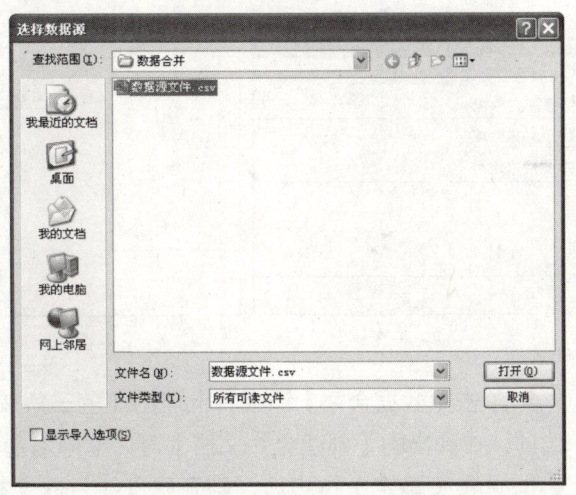

图11-30

> **提示**
>
> 在选择数据源时，要确保数据源文件是关闭的，如图11-29所示。如果在没有关闭数据源文件的情况下选择数据源，则无法将数据源导入到【数据合并】调板中，如图11-30所示。

❹ 单击【打开】按钮，数据源文件中的数据导入到【数据合并】调板中，如图11-31所示。

❺ 单击【数据合并】调板中的【收件人地址】选项，然后拖曳到文档中相应的文本框内，如图11-32所示。

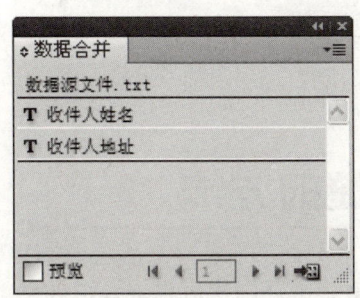

图11-31

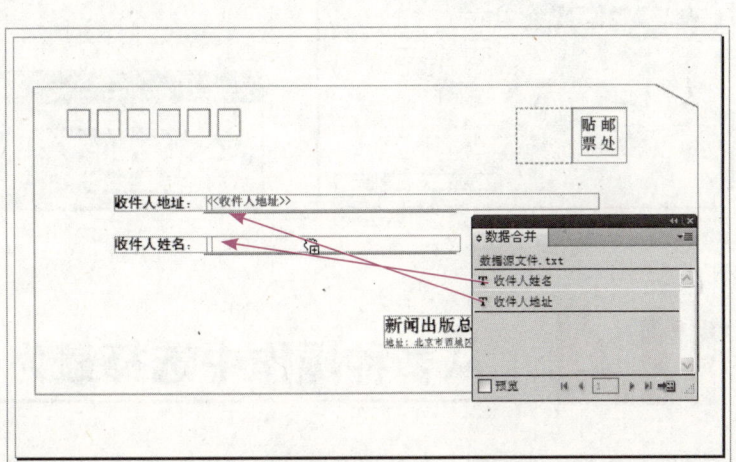

图11-32

InDesign CS5 第11章 235

❻ 勾选【数据合并】调板左下角的【预览】复选框，可预览数据合并后的效果是否与预期的一致，如图11-33所示。

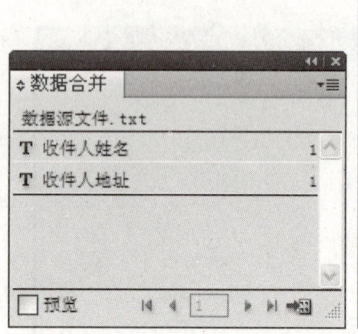
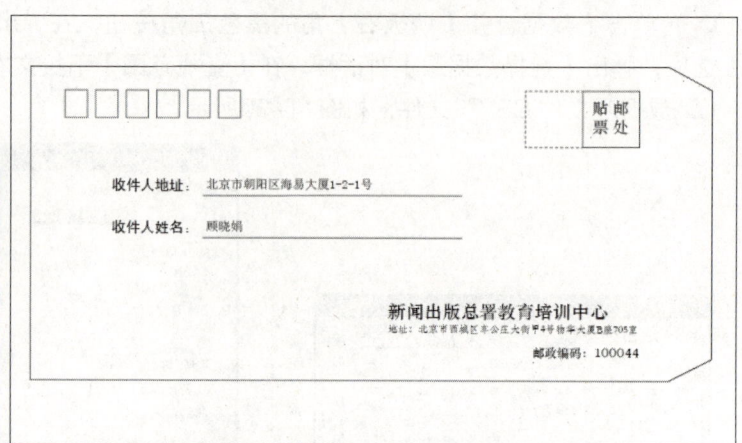

图11-33

❼ 单击【数据合并】调板右上角的黑色三角按钮，在弹出的下拉菜单中选择【创建合并文档】选项，在弹出的【创建合并文档】对话框中勾选【所有记录】单选框，如图11-34所示。

❽ 单击【确定】按钮后，则开始创建合并文档，在这个过程中会弹出提示对话框，提示"合并记录时未生成溢流文本"，如图11-35所示，单击【确定】按钮完成数据合并的操作，如图11-36所示。

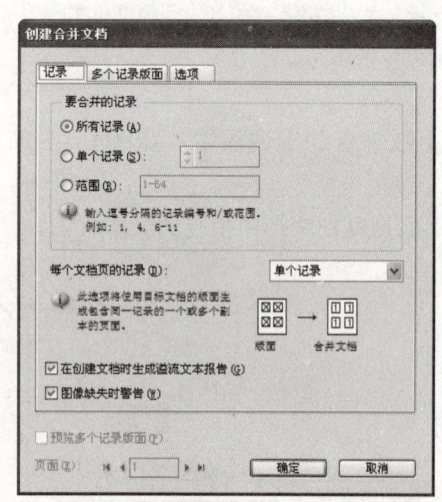
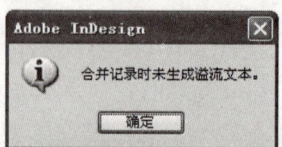
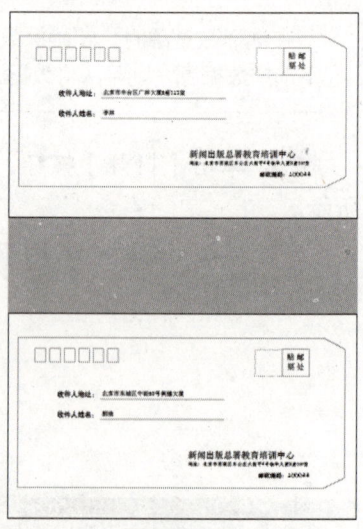

图11-34　　　　　图11-35　　　　　图11-36

11.4 从多种操作中选择最为快捷的方法

在文本框中添加文字有多种方法，比如复制粘贴、置入或是拖曳。设计师可以根据自己的经验总结多种操作中最为快捷的方法，提高自己的工作效率。下面讲解两个快捷操作的方法：快速使用样式法和快速粘贴文本内容。

11.4.1 快速使用样式法

在第3章中已经详细介绍了如何使用样式，在这主要讲解样式的快速操作，在创建样式时设置快捷键。

操作步骤如下。

❶ 为设置好字体字号的正文创建样式，用【文字工具】选择正文内容，然后单击【段落样式】调板右下角的【创建新样式】按钮，新建"段落样式1"，如图11-37所示。

图11-37

❷ 双击"段落样式1"，在弹出的【段落样式选项】对话框中，为样式改名称为"正文"。在【快捷键】文本框中输入Ctrl+Num 0，做为正文的快捷方式，如图11-38所示。

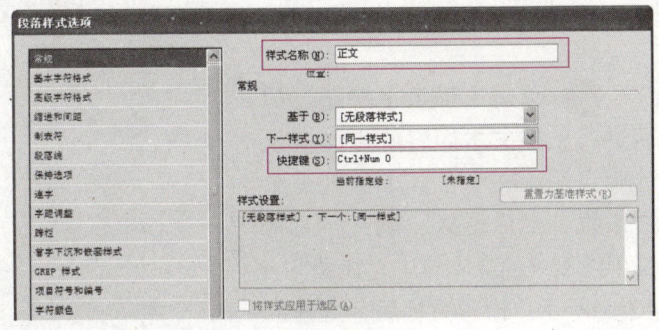

❸ 单击【确定】按钮，然后选择1级标题制定样式，操作方法与"正文"样式相同，在设置快捷键时，设置Ctrl+Num 1为1级标题的快捷方式，如图11-39所示。

❹ 接下来的2级标题与3级标题依次进行创建。创建的快捷键与标题级别相同，可方便记忆，如图11-40所示。

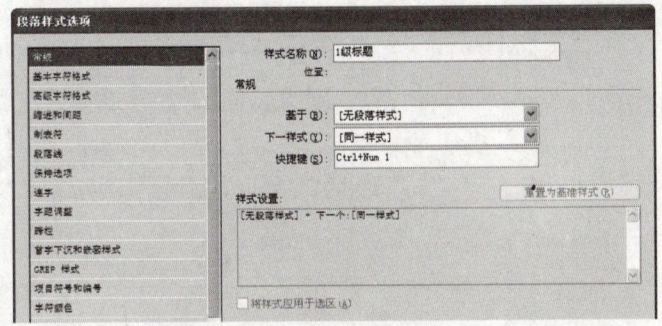

图11-39

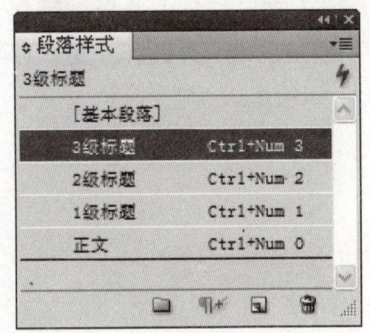

图11-40

1142 快速粘贴文本内容

复制粘贴文本是一个基本操作,在InDesign中提供了一个快速粘贴文本内容的方法,这样在一个页面中粘贴小段文字时就不必往返于文档之间进行复制粘贴了。

操作步骤如下。

① 首先在文档中执行【文件】→【置入】命令,置入一篇文字,如图11-41所示。

② 然后执行【编辑】→【首选项】→【文字】命令,在弹出的【首选项】对话框中,勾选【在版面视图中启用】和【在文章编辑器中启用】复选框,如图11-42所示。

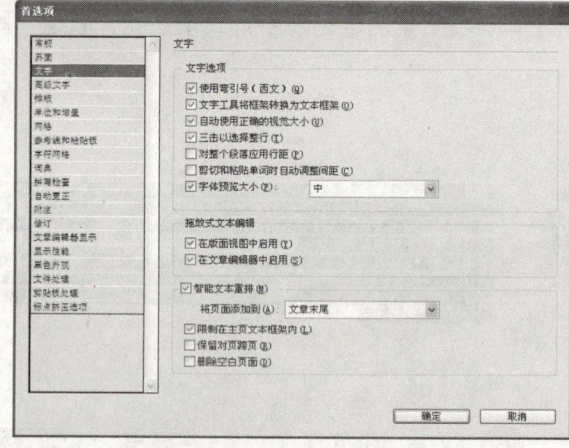

图11-41　　　　　图11-42

③ 单击【确定】按钮,然后进行粘贴文本内容的操作。设计师可用【文字工具】绘制一个文本框,然后选择一段文字后拖曳到绘制好的文本框中,如图11-43(a)所示。松开鼠标后,选择的文字段被移动到另一个文本框中,如图11-43(b)所示。

④ 也可以不绘制文本框,而在拖曳时自动生成一个文本框。用【文字工具】选择一段文字,在拖曳文字时按住Ctrl键,如图11-44所示。

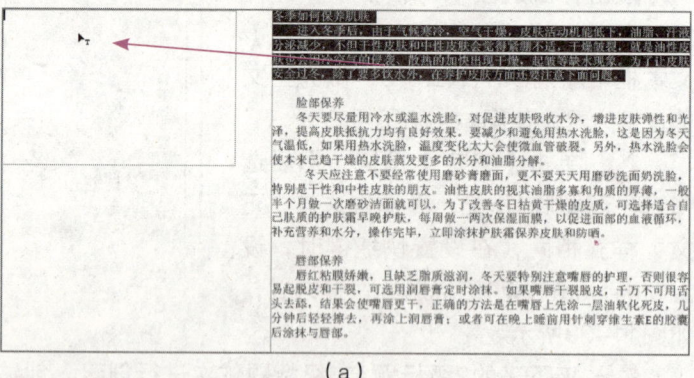

(a)

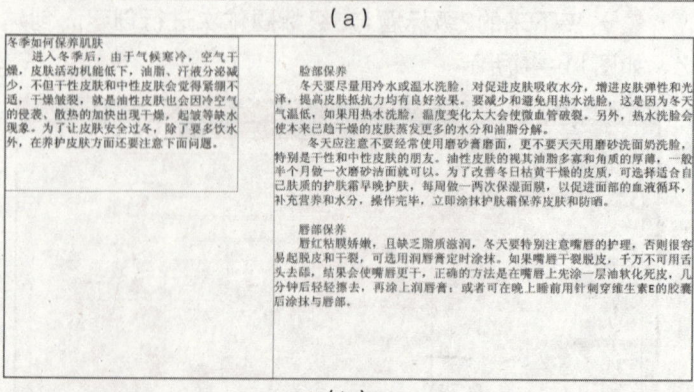

(b)

图11-43

迅速提高工作效率 第11章

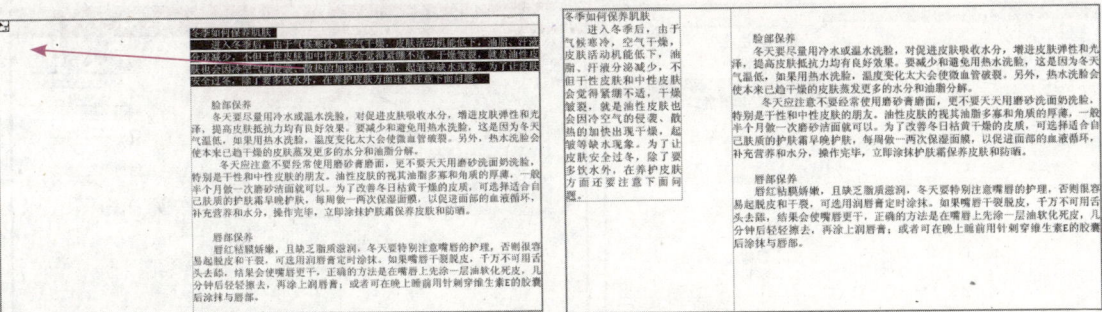

图11-44

11.5 有效工作的界面设置

InDesign CS5的自定义化界面，可以让设计师随心所欲地调整工作界面，以符合自己的工作习惯。在工作中可以将常用的调板互相组合在一起，比如字符和段落调板，渐变和颜色调板，然后存储工作区，再次打开软件时可以方便找到需要的调板。下面主要讲解色板调板的设置和复合字体，将常用的颜色和字体提前进行设置，避免在日后的工作中重复设置。

11.5.1 色板调板设置

下面介绍如何将平时常用的颜色存储到色板调板中以及如何调用存储的颜色。通过本节的学习，能够掌握设置工作界面的技巧。

操作步骤如下。

❶ 首先打开【色板】调板，将【纸色】、【黑色】和【套版色】三个选项留下，其余的选项删除。

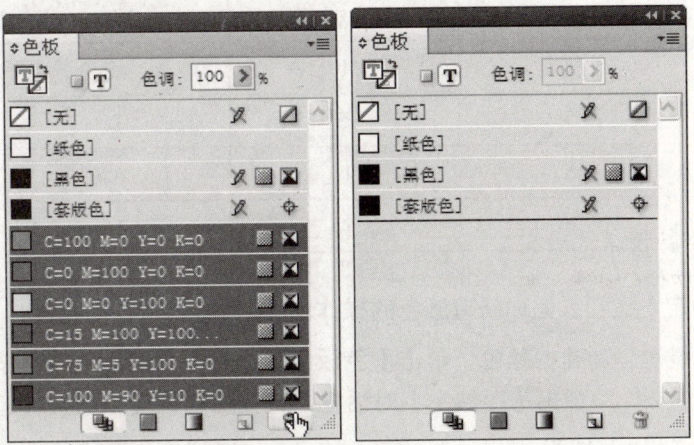

图11-45

❷ 单击【色板】调板右上角的黑色三角按钮，在弹出的下拉菜单中选择"新建颜色色板"，新建颜色，如图11-46所示。

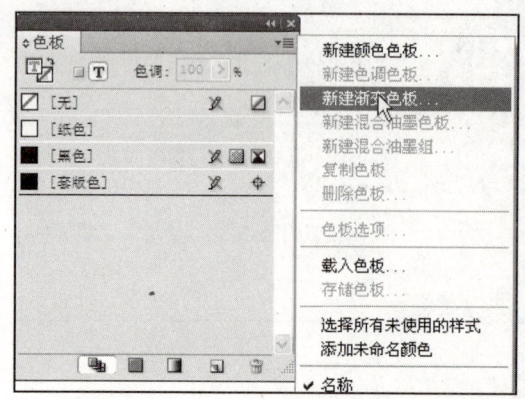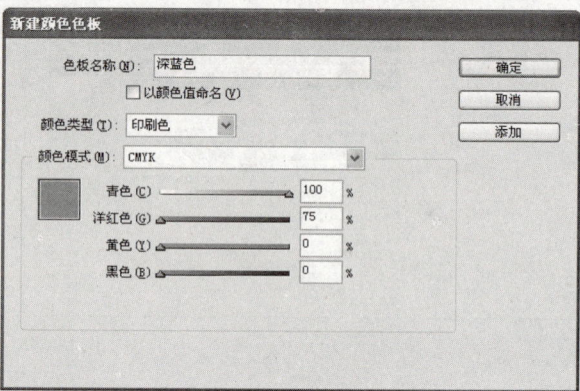

图11-46

可以参照表11-6所示的常用颜色进行设置。

表11-6

颜色名称	C	M	Y	K
深蓝色	100	75	0	0
深紫色	80	100	0	0
蓝天色	60	20	0	0
碧绿	60	0	25	0
草绿	100	0	100	0
柠檬黄	5	15	95	0
橘红色	10	90	100	0
橘色	5	50	100	0
深红	0	100	80	0
粉红	5	40	5	0
米色	5	5	15	0
金色	5	15	65	0
银色	20	15	15	0

❸ 单击【确定】按钮，完成新建颜色的操作。

❹ 按住Shift键选择新建的颜色，单击【色板】调板右上角的黑色三角按钮，在弹出的下拉菜单中选择"存储色板"，弹出【存储为】对话框，选择保存路径，为文件起好名字，然后单击【保存】按钮，如图11-47所示。

❺ 设计师要重新进行下一个设计工作时，可以打开【色板】调板，然后单击【色板】调板右上角的黑色三角按钮，在弹出的下拉菜单中选择"载入色板"，弹出【打开文件】对话框，选择上次保存颜色文件的路径，然后单击【打开】按钮，如图11-48所示。

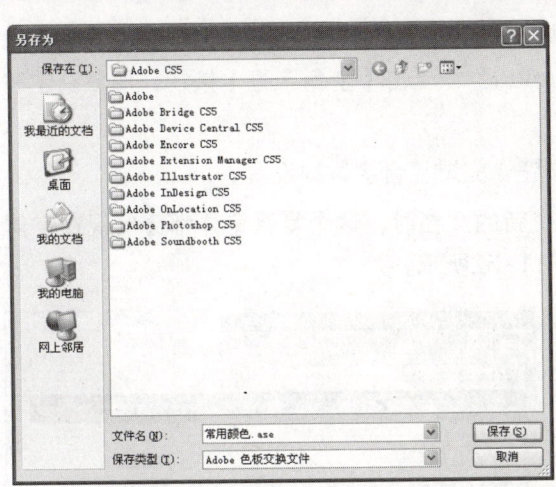
图11-47

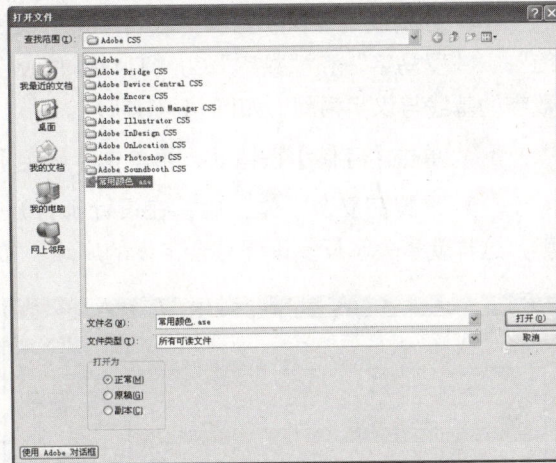
图11-48

❻ 前面设置的颜色将自动导入到【色板】调板中，如图11-49所示。

图11-49

11.5.2 复合字体设置

设置复合字体的操作步骤如下。

❶ 在打开文档之前，执行【文字】→【复合字体】命令，弹出【复合字体编辑器】对话框，单击【新建】按钮，弹出【新建复合字体】对话框，在【名称】文本框中输入"汉仪中等线简+Times New Roman"，如图11-50所示，单击【确定】按钮。

图11-50

❷ 分别设置"汉字"和"假名"为"汉仪中等线简"、"标点"和"符号"为"汉仪中宋简"、"罗马字"和"数字"为"Times New Roman",单击【全角字框】按钮,使罗马字和数字的基线与汉字相同,如图11-51所示。

❸ 单击【存储】按钮后,再单击【确定】按钮,完成复合字体的设置。

❹ 设置完复合字体之后,在设计师打开一个新的文档时,这个复合字体都会出现在字体里,这样就省去了反复设置复合字体的麻烦,如图11-52所示。

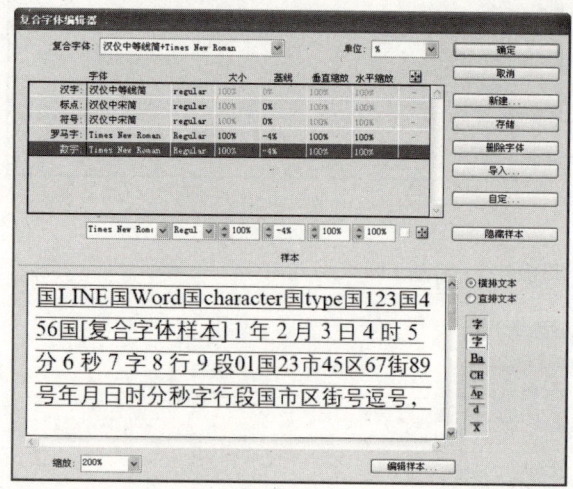

图11-51

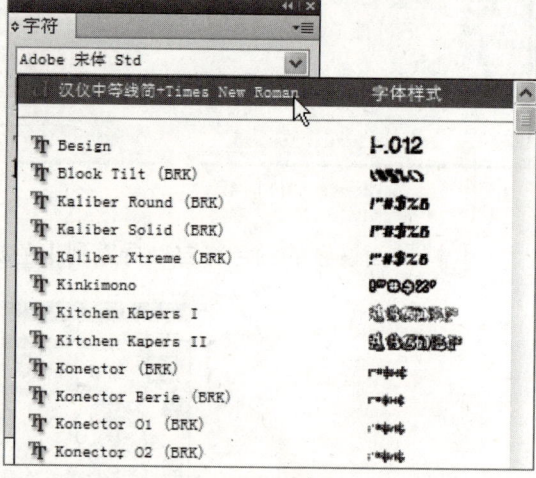

图11-52

11.6 小结

本章主要介绍如何快速正确地完成工作的方法。首先保持正确的工作习惯和制定正确的设计流程。不同快捷键的分类,便于设计师记忆。使用数据合并一步完成将Excel表格内容按制定位置排列到InDesign文档的操作,以及快速使用样式和粘贴文本的小技巧,最后还讲解了有效设置工作界面的方法。